G101

平法钢筋计算

精讲（第四版）

彭　波　编著

中国电力出版社
CHINA ELECTRIC POWER PRESS

内 容 提 要

本书为建筑工程造价实战用书，以实际工程案例系统讲述钢筋工程量的计算。全书分为八章，包括独立基础、条形基础、桩承台基础、筏形基础、梁、柱、板、剪力墙构件，涵盖了各种基础构件及主体构件，以最新《G101》系列平法图集（16G101-1、16G101-2、16G101-3）为基础，并结合近年陆续发布的系列图集，详细讲解每类构件的每种钢筋在各种实际工程情况下的计算。

书中对每根钢筋的计算不仅有详细的实例计算过程，还阐述了计算的来源和依据，帮助读者更好地理解《G101》平法图集。同时，本书所有实例工程都附有实际工程中的三维钢筋绑扎效果图，直观易懂。

本书通过各类实例工程的讲解，系统地梳理了钢筋工程量计算的知识体系，不仅让读者掌握了具体构件具体钢筋的计算过程，更重要的是帮助读者建立钢筋工程量计算的知识系统。

本书可作为土建类各相关专业预算课程的辅助书，也可作为建筑工程造价人员的参考用书。

图书在版编目（CIP）数据

G101平法钢筋计算精讲/彭波编著．—4版．—北京：中国电力出版社，2018.1（2024.8重印）

ISBN 978-7-5198-1672-8

Ⅰ.①G… Ⅱ.①彭… Ⅲ.①钢筋混凝土结构－结构计算 Ⅳ.①TU375.01

中国版本图书馆CIP数据核字（2018）第002582号

出版发行：中国电力出版社
地　　址：北京市东城区北京站西街19号（邮政编码100005）
网　　址：http://www.cepp.sgcc.com.cn
责任编辑：孙　静　（010-63412542）
责任校对：闫秀英
装帧设计：赵姗姗
责任印制：钱兴根

印　　刷：三河市万龙印装有限公司
版　　次：2008年8月第一版　2018年1月第四版
印　　次：2024年8月北京第二十七次印刷
开　　本：787毫米×1092毫米　16开本
印　　张：17.75
字　　数：431千字
定　　价：86.00元

前 言

本书自2008年8月第1版至今，连续出版三版，畅销10年，以其独创的平法钢筋系统学习方法及三维钢筋模拟效果图，成为G101平法钢筋学习的首选教材。

一、出版历程

2008年8月，G101平法钢筋计算精讲出版。

2012年8月，G101平法钢筋计算精讲（第二版）出版。

2014年12月，G101平法钢筋计算精讲（第三版）出版。

二、本书主要特点

1. 全面适应最新16G101系列平法图集

本书先后经历了03G101、11G1010、16G101三版平法图集，此次第四次改版，全面适应最新16G101系列平法图集。

2. 本书创新性地以“单根钢筋”为计算单元进行讲解

市面上介绍钢筋计算的书籍，多以构件为单元，列举一个个构件进行讲解。这种讲解方法难以将一根钢筋在各种情况下的计算串联起来，使得读者还需要自己进一步梳理。本书提出了“各种构件”中的“各种钢筋”在“各种情况”下的计算，三个“各种”就是平法钢筋计算的知识体系。在此基础上，以单根钢筋为计算单元，系统地将该钢筋在各种情况下的计算罗列在一起，便于读者理解和记忆。

先列出一种钢筋的各种情况，分别进行详细阐述，如下表所示。

楼层框架梁上部通长筋的锚固连接情况		
钢筋长度的基本计算公式	端支座	直锚
上部通长筋的锚固		弯锚
	中间支座变截面	斜弯通过
		断开锚固
	悬挑端	斜弯通过
		断开锚固
上部通长筋的连接	上部通长筋由直径相同的钢筋组成	
	上部通长筋由直径不同的钢筋组成	

3. 本书创新性地在讲解过程中列出计算的依据出处

一些专业图更多讲解的是过程，而对于过程背后的来源、出处阐述不够。本书创新性地以单根钢筋为计算单元的基础上，将计算的来源与出处串联起来，并且将不同的参考资料进行前后对比，见表：

楼层框架梁支座钢筋总结				
情　况				出处
延伸长度	第一排	$l_n/3$	若第1排全是通长筋，没有支座负筋	16G101 - 1 第 84 页
	第二排	$l_n/4$	$l_n/3$	
超过两排，由设计者注明				
端支座锚固	同上部通长筋			
贯通小跨	标注在跨中的钢筋，贯通本跨			
支座两边配筋不同	斜弯通过			16G101 - 1 第 87 页
	弯锚	$h_c-c+15d$		
	直锚	max（l_{aE}，$0.5h_c+5d$）		

4. 本书创新性地用钢筋施工模拟效果图进行讲解

G101 平法施工图以“平面表示方法”来表示结构施工图的配筋信息，缺少传统施工图的剖面图、断面图等，许多节点构造需要较强的空间想象力来进行理解。此书在讲解过程中，独创性地用钢筋施工模拟效果图对钢筋的细部构造进行讲解。

示例：独基、条基、承台、筏基钢筋三维效果图。

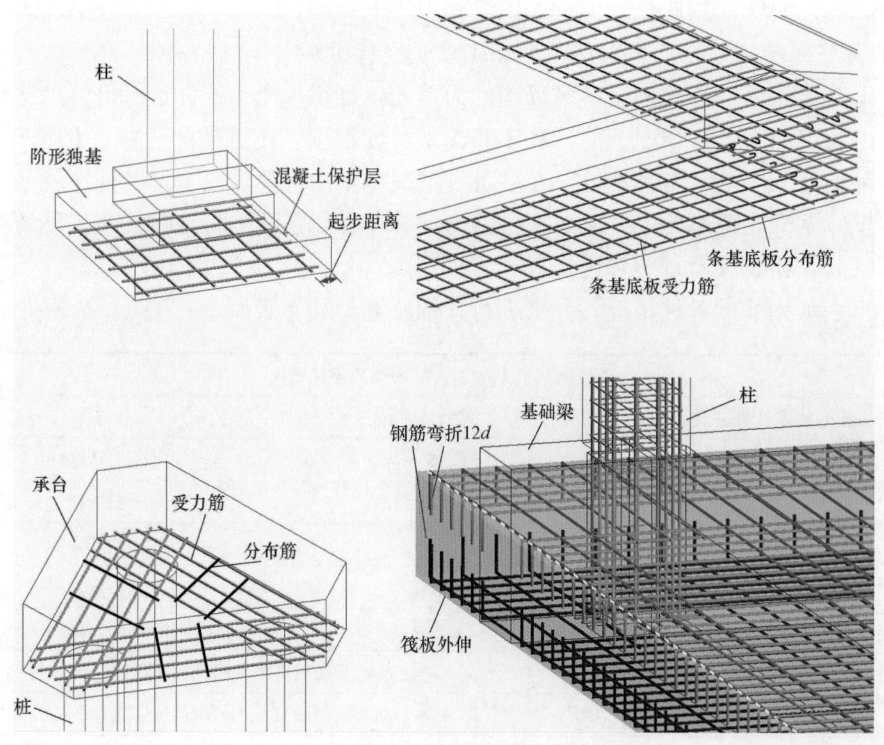

三、本书荣誉

本书荣获中国书刊行业协分颁发的“2012～2013 年度全行业优秀畅销书”的认定。

证书

中国电力出版社：

你社出版的《G101 平法钢筋计算精讲（第二版）》一书，经我会评选委员会评审，被评为“2012～2013 年度全行业优秀畅销书”。

特发此证。

中国书刊发行业协会

二〇一三年十二月

授之与鱼，不如授之与渔，本书的精髓在于系统的教学方法和学习方法，望广大读者能从中领会到系统思考的价值。

本书是根据本人对平法图集的理解及经验编写，学识所限，疏漏之处，请批评指正。

虽然已经多次校对，书中错误在所难免，希望大家谅解。

作者联系邮箱：706717402@qq. com

作者网站：http：//www. peng - bo. com

本书配套 PPT 资源可扫码免费获取。

彭　波

2017 年 12 月

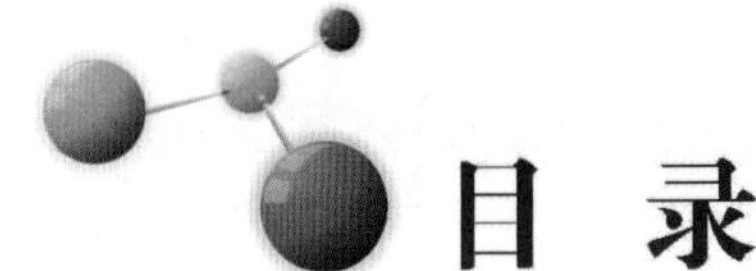

目 录

前言

第一章 梁构件 …… 1

第一节 梁构件钢筋计算知识体系 …… 2
第二节 G101 平法图集梁构件的学习方法 …… 6
第三节 楼层框架梁（KL）钢筋计算精讲 …… 11
第四节 屋面框架梁（WKL）钢筋计算精讲 …… 61
第五节 框支梁（KZL）钢筋计算精讲 …… 69
第六节 非框架梁（L）及井字梁（JZL）钢筋计算精讲 …… 72
第七节 悬挑梁钢筋计算精讲 …… 82
第八节 基础主梁（JL）与基础次梁（JCL）钢筋计算精讲 …… 90
第九节 其他基础类梁钢筋计算精讲 …… 107

第二章 柱构件 …… 113

第一节 柱构件钢筋计算知识体系 …… 114
第二节 柱构件基础插筋计算精讲 …… 120
第三节 中间层柱钢筋计算精讲 …… 123
第四节 顶层柱钢筋计算精讲 …… 142
第五节 抗震框架柱箍筋根数计算精讲 …… 153

第三章 板构件 …… 157

第一节 16G101－1 板构件钢筋计算概述 …… 158
第二节 板底筋钢筋计算精讲 …… 164
第三节 板顶筋钢筋计算精讲 …… 175
第四节 支座负筋计算精讲 …… 184

第四章　剪力墙构件 …… 197

第一节　剪力墙构件钢筋计算概述…… 198
第二节　剪力墙墙身水平钢筋计算精讲…… 200
第三节　剪力墙墙身竖向钢筋及拉筋计算精讲…… 211
第四节　剪力墙墙柱钢筋计算精讲…… 221
第五节　剪力墙墙梁钢筋计算精讲…… 224

第五章　独立基础构件 …… 233

第一节　独立基础钢筋计算知识体系…… 234
第二节　G101 平法图集独立基础构件的学习方法 …… 236
第三节　独立基础钢筋计算精讲…… 237

第六章　桩承台基础构件 …… 241

第一节　桩承台基础钢筋计算知识体系…… 242
第二节　G101 平法图集桩承台基础构件的学习方法 …… 245
第三节　桩承台基础钢筋计算精讲…… 246

第七章　条形基础构件 …… 251

第一节　条形基础钢筋计算知识体系…… 252
第二节　G101 平法图集条形基础构件的学习方法 …… 253
第三节　条形基础钢筋计算精讲…… 254

第八章　筏形基础构件 …… 261

第一节　筏形基础钢筋计算知识体系…… 262
第二节　G101 平法图集筏形基础构件的学习方法 …… 264
第三节　筏形基础钢筋计算精讲…… 265

附录 A　G101 平法钢筋计算总结大表…… 270
附录 B　关于 16G101 新平法图集的相关变化 …… 271
参考文献 …… 273

第一章

梁构件

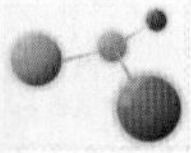

第一节　梁构件钢筋计算知识体系

一、梁构件钢筋计算知识体系

梁构件钢筋计算的知识体系可以这样来分析，首先，梁分为多少种梁；其次，梁构件当中都有哪些钢筋；还有，这些钢筋在实际工程中会遇到哪些情况，见图 1-1-1。

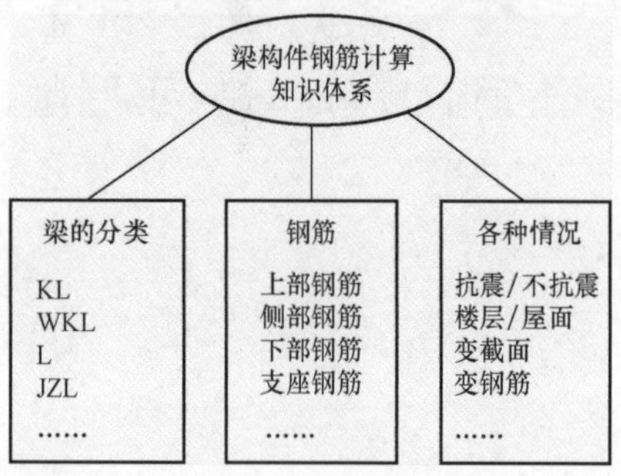

图 1-1-1　梁构件钢筋计算知识体系

如图 1-1-1 所示，这是理解梁构件钢筋计算的思路，在脑子里就要形成这样的一幅蓝图，对梁构件的钢筋计算有个宏观的认识。同时，这也是学习平法钢筋计算的一种学习方法，就是要对知识点进行系统的梳理，形成条理，便于理解和掌握。

二、梁的分类

梁的分类，见表 1-1-1。

表 1-1-1　　**梁　的　分　类**

图　　集	16G101-1	16G101-3	16G101-3
梁类型	KL：楼层框架梁 WKL：屋面框架梁 KZL：框支梁 L：非框架梁 JZL：井字梁 XL：悬挑梁	JL：基础主梁 JCL：基础次梁	JL：条基基础梁 CTL：承台梁 JLL：基础连梁

1. 16G101-1

见图 1-1-2～图 1-1-4。

图 1-1-2　16G101-1 梁类型（一）

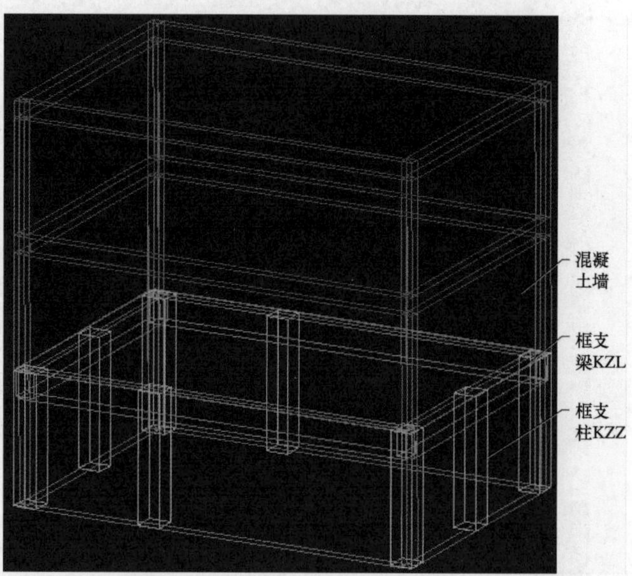

图 1-1-3　16G101-1 梁类型（二）

密肋形楼盖中的非框架梁称为井字梁。

2. 16G101－3

梁板式筏形基础中的基础主梁和基础次梁，见图 1－1－5。

图 1－1－4　井字梁

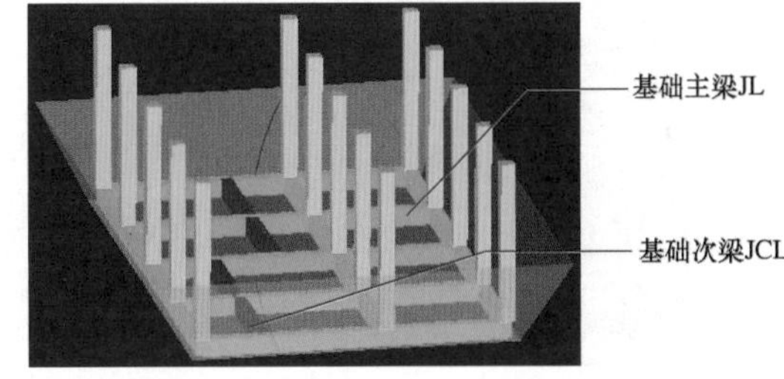

图 1－1－5　16G101－3 基础梁类型

3. 16G101－3

在 16G101－3 中，将条基分为平板和基础梁两部分，条基中间的梁称为基础梁 JL，见图 1－1－6。

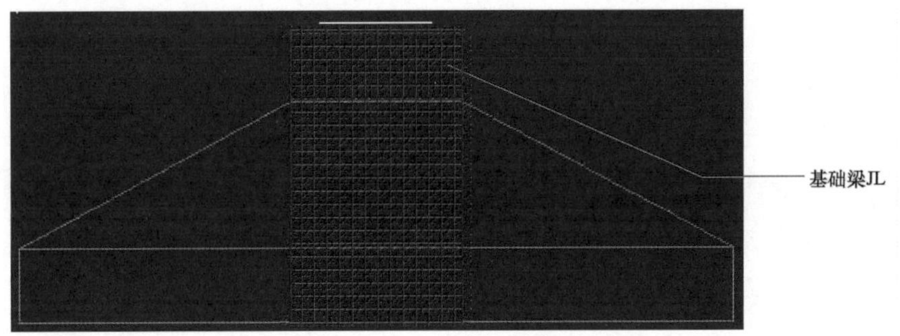

图 1－1－6　基础梁

承台梁是指排形布置的桩（单排桩、双排桩）顶梁，见图 1－1－7。

独基与独基之间、承台与承台之间的连系梁称为基础连梁 JLL，见图 1－1－8。

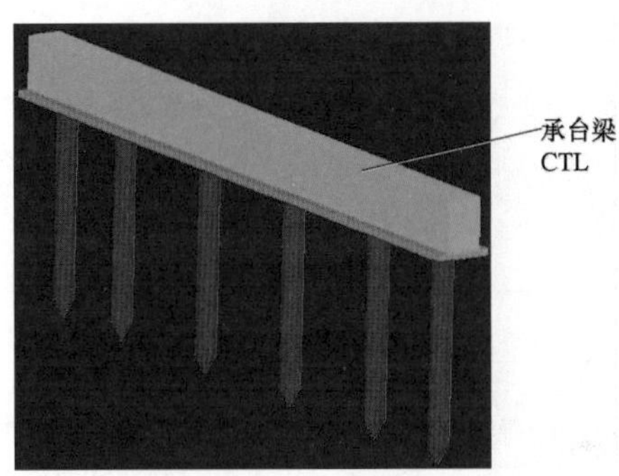

图 1－1－7　承台梁

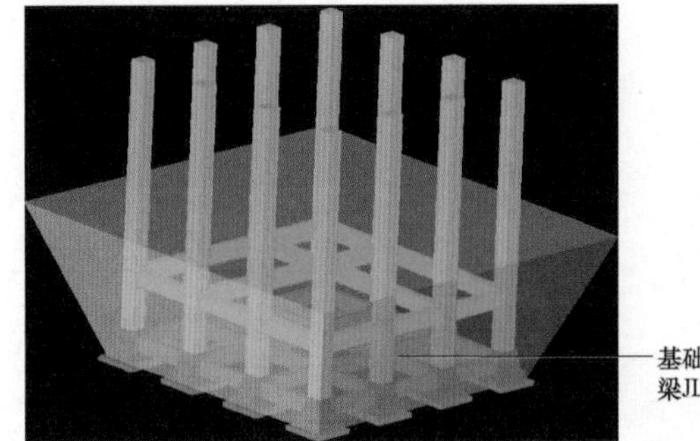

图 1－1－8　JLL

三、梁的钢筋骨架

构件中的钢筋就像人体的骨骼一样，需要形成一个整体的钢筋骨架才能承受力。梁构件的钢筋骨架可以理解为由纵向钢筋和箍筋所组成，见图 1－1－9。

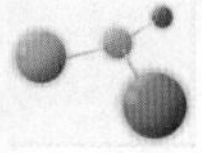

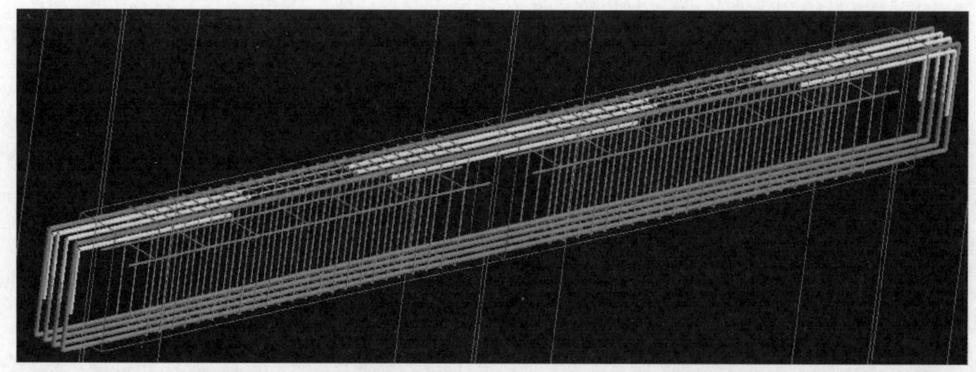

图 1-1-9 梁钢筋骨架

梁的钢筋骨架可以按下表所示进行理解，纵向钢筋根据位置不同可以分为上中下左中右的钢筋，见表 1-1-2。

表 1-1-2 **梁钢筋骨架**

纵向钢筋	上	上部钢筋（上部通长筋）
	中	侧部钢筋（构造或受扭钢筋）
	下	下部钢筋（通长或不通长）
	左	左端支座钢筋（支座负筋）
	中	跨中钢筋（架立筋）
	右	右端支座钢筋
箍筋	—	
附加钢筋	吊筋等	

进行钢筋计算，需要较强的空间理解力，看到梁的平法施工图，要能在脑海里形成钢筋骨架的蓝图，这样才不会漏算错算钢筋。

1. 钢筋骨架示例 1

示例 1 见图 1-1-10、图 1-1-11。

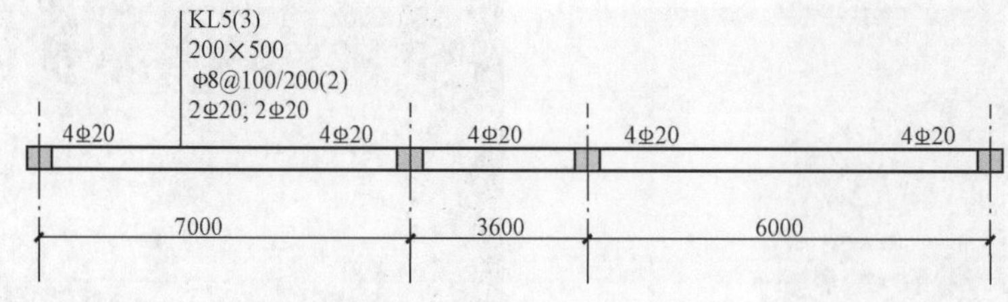

图 1-1-10 梁钢筋骨架示例 1（一）

2. 钢筋骨架示例 2

示例 2 见图 1-1-12、图 1-1-13。

3. 钢筋骨架示例 3

示例 3 见图 1-1-14、图 1-1-15。

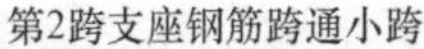

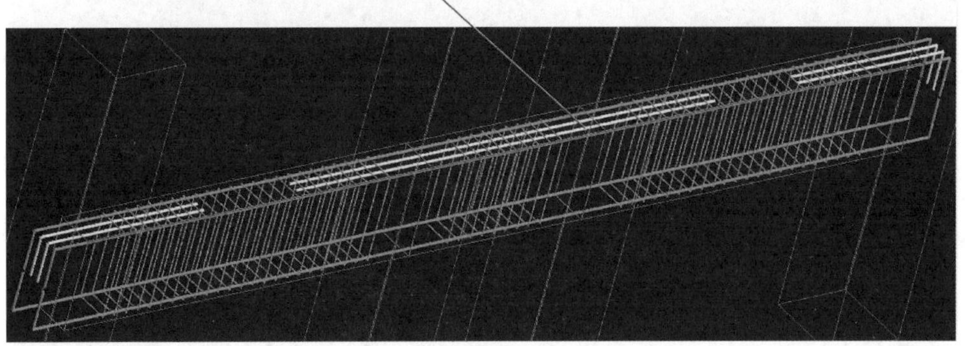

图 1-1-11 梁钢筋骨架示例 1（二）

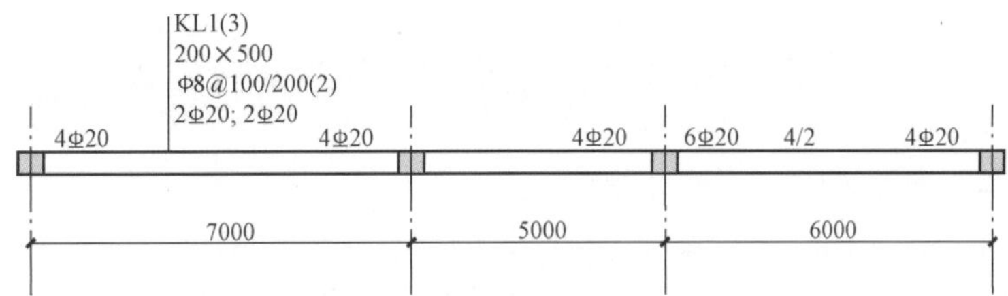

图 1-1-12 梁钢筋骨架示例 2（一）

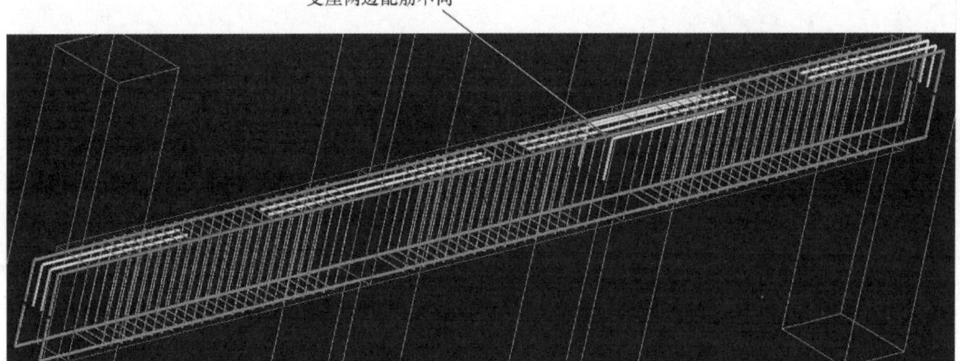

图 1-1-13 梁钢筋骨架示例 2（二）

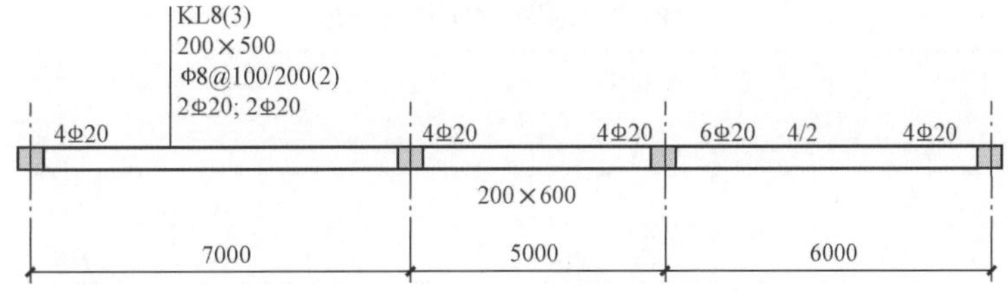

图 1-1-14 梁钢筋骨架示例 3（一）

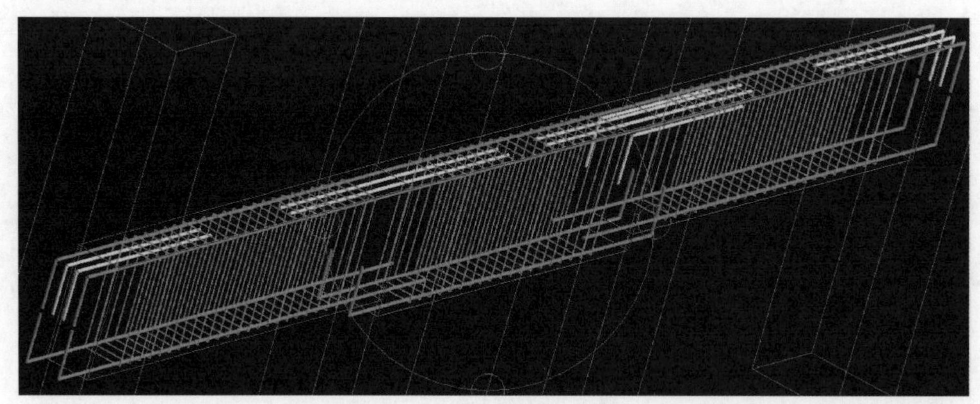

图 1-1-15　梁钢筋骨架示例 3（二）

第二节　G101 平法图集梁构件的学习方法

一、G101 平法图集梁构件的学习方法

翻开 G101 平法图集的有关梁构件的内容，就会发现在 16G101-1 和 16G101-3 图集中一共有 11 种类型的梁构件。那么，如何熟练地掌握平法图集上的内容呢？这就需要一定的学习方法，就像上学时对每门功课都要用更科学的方法来学习。

G101 平法图集梁构件的学习方法，如图 1-2-1 所示。

系统梳理

前后对照　举一反三

G101平法图集学习方法

图 1-2-1　G101 平法图集学习方法

二、系统梳理

系统梳理是指对 G101 平法图集中关于梁构件的内容进行有条理地整理，以便于理解和记忆，比如：关于梁构件的描述，在平法图集上分为几块？分别都描述了哪些具体内容？

（一）平法图集梁构件的构成

平法图集梁构件的构成，见表 1-2-1。

表 1-2-1　　G101 平法图集梁构件的组成

	16G101-1	16G101-3	内　容
	页　码		
制图规则	第 26～38 页 (KL \ WKL \ KZL \ L \ JZL \ XL)	第 30～36 页 (JL \ JCL) 第 21～27 页（JL) 第 49 页（CTL)	(1) 梁构件的分类 (2) 梁构件的平法表示方法 (3) 梁构件的数据项 (4) 梁构件各数据项的标注方法

续表

	16G101-1	16G101-3	内 容
	页 码		
构造详图	第 84～98 页 (KL \ WKL \ KZL \ L \ JZL \ XL)	第 79～87 页 (JL \ JCL \ JL) 第 105 页 (JLL) 第 100、101 页 (CTL)	各种钢筋在各种情况下的锚固连接构造： (1) 各种钢筋（纵筋、箍筋） (2) 各种抗震情况 (3) 各种节点构造（有无悬挑，外伸、变截面）

如表 1-2-1 所示，G101 图集中关于梁构件的内容就系统地梳理出来了，平法图集像我们所学的教科书一样，需要自己在学习的过程中整理出思路和条理，这样才能更好地理解和记忆。这就是“系统梳理”的学习方法。

（二）16G101-1 中的 KL、WKL、KZL、L、JZL、XL

1. 16G101-1 梁构件制图规则

16G101-1 梁构件制图规则，见表 1-2-2。

表 1-2-2　　16G101-1 梁构件制图规则

数据项及标注方法		注写方式	可能的情况	备 注
集中标注	梁编号	类型代号＋序号＋（跨数及是否带悬挑）	KL：楼层框架梁 WKL：屋面框架梁 KZL：框支梁 L：非框架梁 XL：纯悬挑梁 JZL：井字梁	KL1 (3) KL3 (4A)：一端带悬挑 KL6 (7B)：两端带悬挑 XL2：纯悬挑梁
	梁截面尺寸	$b \cdot h$	$b \cdot h$ $b \cdot h$　Yc1(腋长)×c2(腋高) $b \cdot h_1$(根部高)/h_2(远端高)	300×700 300×700　Y500×250 300×700/500
	箍筋		ϕ10@100/200(4) ϕ8@100(4)/200(2) 13ϕ10@150/200(4) 两端各 13 根 18ϕ8@100(4)/200(2)	
	上部通长筋或架立筋		2 Φ 25 2 Φ 25(角部)＋2 Φ 20 2 Φ 22＋(2 Φ 18) 架立筋 2 Φ 25；3 Φ 20 上通筋、下通筋	抗震 KL：通长筋、通长筋＋架立筋 其他梁：架立筋
	侧面构造钢筋或受扭钢筋	注写总数，对称配置	G4 Φ 12 侧面构造钢筋 N6 Φ 14 侧面受扭钢筋	对称配置
	梁顶面标高高差		(−0.100) 相对结构层楼面标高	

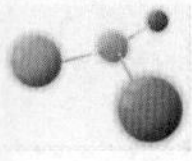

续表

数据项及标注方法		注写方式	可能的情况	备　注
原位标注	梁支座上部筋	该部位含通长筋在内的所有钢筋	6Φ25 4/2 4Φ25/2Φ25 2Φ25（角部）+2Φ22/2Φ22	
	梁下部钢筋		6Φ25 2/4 4Φ25 2Φ25（角部）+2Φ20 2Φ22+3Φ20（−3）/5Φ25	
	附加箍筋或吊筋	直接引注总配筋数	附加箍筋：8ϕ8（2）	

2.16G101－1 梁构件构造详图

16G101－1 梁构件构造详图要求，见表 1－2－3。

表 1－2－3　　16G101－1 梁构件构造详图

	类型		抗震	特 殊 情 况
梁钢筋骨架	纵向钢筋	楼层框架梁 KL	第 84 页	变截面：第 87 页 下部不伸入支座钢筋：第 90 页
		屋面框架梁 WKL	第 85 页	
		非框架梁 L	第 89 页	不区分抗震情况
		井字梁 JZL	第 98 页	
		悬挑梁 XL	第 92 页	
		框支梁 KZL	第 96 页	
	箍筋及附加箍筋	楼层框架梁 KL	第 88 页	—
		屋面框架梁 WKL		
		框支梁 KZL	第 96 页	
		L、JZL、XL	无箍筋加密	

（三）16G101－3 中的筏基 JL、JCL

1.16G101－3 梁构件制图规则

16G101－3 梁构件制图规则，见表 1－2－4。

表 1－2－4　　16G101－3 梁构件制图规则

	数据项	注写形式	表 达 内 容	示 例 及 备 注
集中标注	梁编号	JLxx（xA）	代号、序号、跨数及外伸状况	JL2（3） JCL5（4B）两端外伸 JL1（2A）一端外伸

续表

	数据项	注写形式	表达内容	示例及备注
集中标注	截面尺寸	$b\cdot h$	梁宽×梁高，加腋时用 $Yc_1\cdot c_2$ 表示	若外伸端变截面时，在原位注写 $b\times h_1/h_2$，h_1 为根部高度，h_2 为尽端高度
	箍筋	xxΦxx@xxx/xxx（x）	箍筋道数、强度等级、直径、第一种间距/第二种间距、肢数	11Φ14@150/250（6）两种箍筋间距 9Φ16@100/12Φ16@150/Φ16@200（6）三种箍筋间距
	纵向钢筋	BxΦxx； TxΦxx	底部（B）贯通纵筋根数、强度、直径 顶部（T）贯通纵筋根数、强度、直径	
	侧部构造钢筋	GxΦxx	侧部构造钢筋根数、强度、直径	G8Φ16 两侧各 4 根 G6Φ16+4Φ16 腹板较高侧面 6 根
	梁底标高差	（x.xxx）	梁底面相对于基准标高的高差	
原位标注	基础主梁柱下或基础次梁支座区域底部钢筋	xxΦxx x/x		为该区域底部包括贯通筋与非贯通在内的全部纵筋
	附加箍筋	xΦxx	附加箍筋总根数	

2. 16G101－3 梁构件构造详图

16G101－3 梁构件构造详图，见表 1－2－5。

表 1－2－5　　16G101－3 梁构件构造详图

钢筋骨架	纵向钢筋	基础主梁	端部构造（有外伸、无外伸）	第 81 页
			柱下区域底部纵筋	第 79 页
			变截面	第 83 页
		基础次梁	端部构造（有外伸、无外伸）	第 85 页
			变截面	第 87 页
			底部支座钢筋	第 85 页
	箍筋	基础主梁		第 80 页
		基础次梁		第 86 页
	基础主梁与柱结合部加腋			第 80、84、86 页

（四）16G101－3 中的条形基础 JL、CTL、JLL

1. 16G101－3 梁构件制图规则

16G101－3 梁构件制图规则，见表 1－2－6。

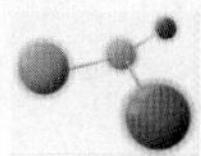

表 1-2-6　　　　16G101－3 梁构件制图规则

	数据项	注写形式	表达内容	示例及备注
集中标注	梁编号	JLxx（xA）	代号、序号、跨数及外伸状况	JL2（3） JL5（4B）两端外伸
	截面尺寸	$b \cdot h$	梁宽×梁高，加腋时用 Y$c_1 \times c_2$ 表示	若外伸端变截面时，在原位注写 $b \cdot h_1/h_2$，h_1 为根部高度，h_2 为尽端高度
	箍筋	xx Φ xx@xxx/xxx（x）	箍筋道数、强度等级、直径、第一种间距/第二种间距、肢数	11 Φ 14@150/250（6）两种箍筋间距 9 Φ 16@100/12 Φ 16@150/Φ 16@200（6）三种箍筋间距
	纵向钢筋	Bx Φ xx； Tx Φ xx	底部（B）贯通纵筋根数、强度、直径 顶部（T）贯通纵筋根数、强度、直径	B：4 Φ 28；T：4 Φ 20 B：4 Φ 25；T：12 Φ 20 8/4
	侧部构造钢筋	Gx Φ xx	侧部构造钢筋根数、强度、直径	G8 Φ 16 两侧各 4 根
	梁底标高差	（$x.xxx$）	梁底面相对于基准标高的高差	
原位标注	支座区域底部钢筋	xx Φ xx x/x		为该区域底部包括贯通筋与非贯通在内的全部纵筋
	外伸部分截面尺寸	$b \cdot h_1/h_2$		h_1 为根部高度，h_2 为尽端高度
	附加箍筋	x Φ xx	附加箍筋总根数	
特殊说明	JLL、CTL 的制图规则同上，JLL 和它们不同的是没有支座区域底部钢筋			
	DKL 的制图规则同 16G101－1 的梁构件，只是编号不同（16G101－3 没有了 DKL，可参照 06G101－6 第 68 页）			

2. 16G101－3 梁构件构造详图

16G101－3 梁构件构造详图见表 1-2-7。

表 1-2-7　　　　16G101－3 梁构件构造详图

钢筋骨架	纵向钢筋	基础梁 JL	端部构造（有外伸、无外伸）	第 81 页
			支座底部纵筋	第 79 页
			变截面	第 83 页
			侧部构造筋	第 82 页
		承台梁 CTL		第 100、101 页
		基础连梁 JLL		第 105 页
		单跨基础连梁 JLL		第 105 页
	箍筋	基础梁 JL		第 80 页
		基础连梁 JLL		第 105 页

三、前后对照

在系统梳理的基础上，还要对同一种钢筋在不同类型的梁中、在不同的抗震情况等进行对照比较，以此进一步理解和记忆。

2. 前后对照示例二

图 1-2-2 中左图为屋面框架梁梁顶有高差时的钢筋构造，图 1-2-4 中右图为楼层框架梁梁顶有高差时的钢筋构造（可参见 16G101-1 第 87 页）。

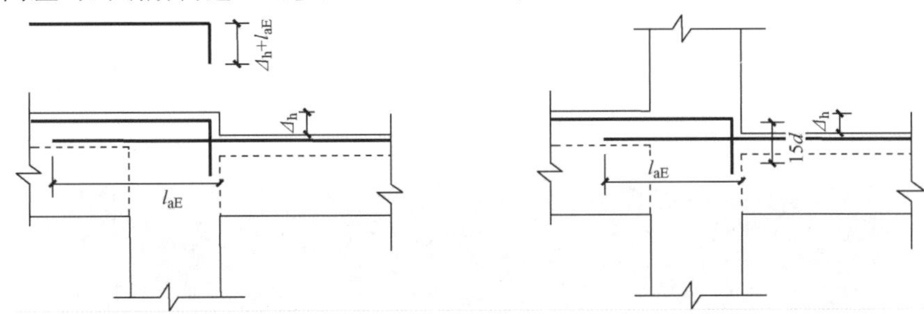

图 1-2-2　前后对照示例（二）

图 1-2-2 中，在梁顶有高差，且高差达到 $\Delta_h/h_c>1/6$ 时，上部钢筋需要断开，此时，高标高的钢筋按端支座锚固，端部弯折长度是：楼层框架梁 $15d$，屋面框架梁 $\Delta_h+l_{aE}(l_a)$。

这是楼层框架梁和屋面框架梁在变截面时不同，通过这种前后对照就更能理解屋面框架梁比楼层框架梁的要求会高一些。

第三节　楼层框架梁（KL）钢筋计算精讲

一、楼层框架梁（KL）的钢筋计算的知识体系

（一）楼层框架梁的分类

为了便于详细讲解楼层框架梁的钢筋计算，就要先列出楼层框架梁的各种情况，在这里，按表 1-3-1 所示对楼层框架梁进行分类。

表 1-3-1　　楼层框架梁分类

分类	楼层框架梁（1）	楼层框架梁（2）	直形梁	弧形梁	带悬挑	不带悬挑
区别	上部通长筋贯通	上部贯通筋由不同直径的钢筋搭接组成	纵筋长度和箍筋间距均按梁中心线长度度量	箍筋间距按凸面度量	上部钢筋伸至悬挑端	上部钢筋在端支座锚固

（1）楼层框架梁（1），见图 1-3-1。

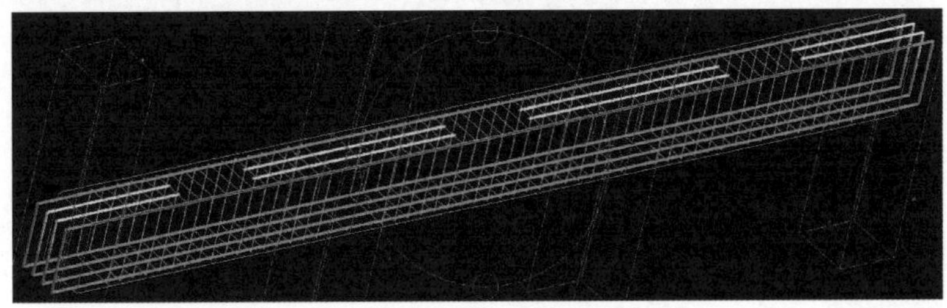

图 1-3-1　楼层框架梁（1）钢筋骨架

（2）非抗震楼层框架梁，见图 1-3-2。

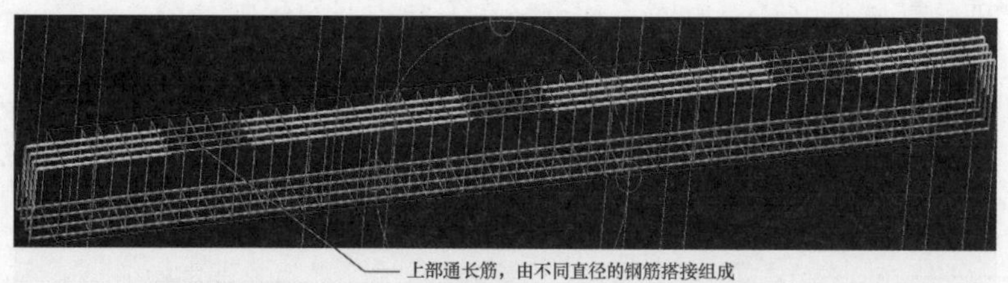

图 1-3-2　楼层框架梁（2）钢筋骨架

（3）直形梁，见图 1-3-3。

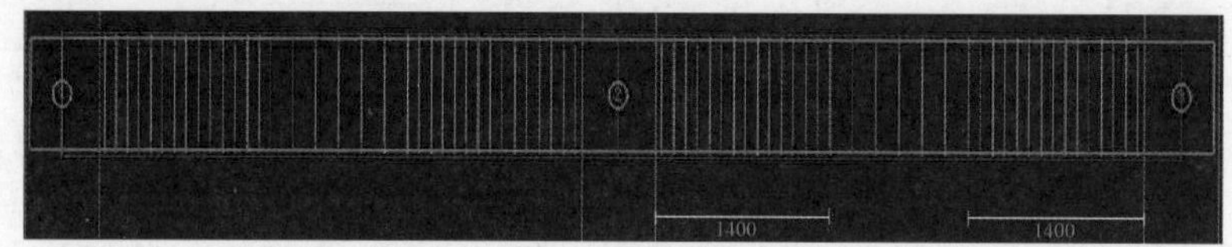

图 1-3-3　直形梁钢筋构造

直形梁纵筋和箍筋间距均按梁中心线长度度量。

（4）弧形梁，见图 1-3-4。

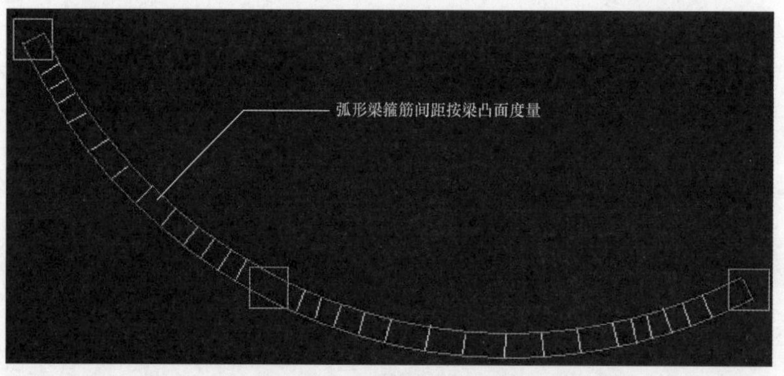

图 1-3-4　弧形梁钢筋构造

（5）悬挑梁，见图 1-3-5。

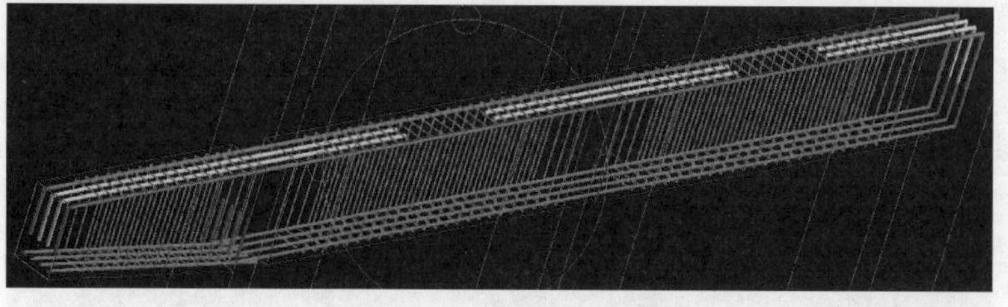

图 1-3-5　悬挑梁钢筋构造

（二）楼层框架梁的钢筋骨架

楼层框架梁的钢筋骨架，见表 1-3-2。

表 1-3-2　　楼层框架梁钢筋骨架

<table>
<tr><th colspan="3">抗震楼层框架钢筋骨架</th><th colspan="3">非抗震楼层框架钢筋骨架</th></tr>
<tr><td rowspan="6">纵筋</td><td colspan="2">上部通长筋（或还有架立钢筋）</td><td rowspan="6">纵筋</td><td colspan="2">架立钢筋</td></tr>
<tr><td rowspan="2">侧部钢筋</td><td>侧部构造筋</td><td rowspan="2">侧部钢筋</td><td>侧部构造筋</td></tr>
<tr><td>侧部受扭筋</td><td>侧部受扭筋</td></tr>
<tr><td rowspan="2">下部钢筋</td><td>通长钢筋</td><td rowspan="2">下部钢筋</td><td>通长钢筋</td></tr>
<tr><td>非通长钢筋</td><td>非通长钢筋</td></tr>
<tr><td colspan="2">支座负筋</td><td colspan="2">支座负筋</td></tr>
<tr><td colspan="3">箍筋</td><td colspan="3">箍筋</td></tr>
<tr><td colspan="3">吊筋</td><td colspan="3">吊筋</td></tr>
</table>

以下就按照表 1-3-2 的钢筋骨架，一根钢筋一根钢筋地进行详细讲解。

二、楼层框架梁上部通长筋

（一）上部通长筋概述

（1）上部通长筋的形状，见图 1-3-6。

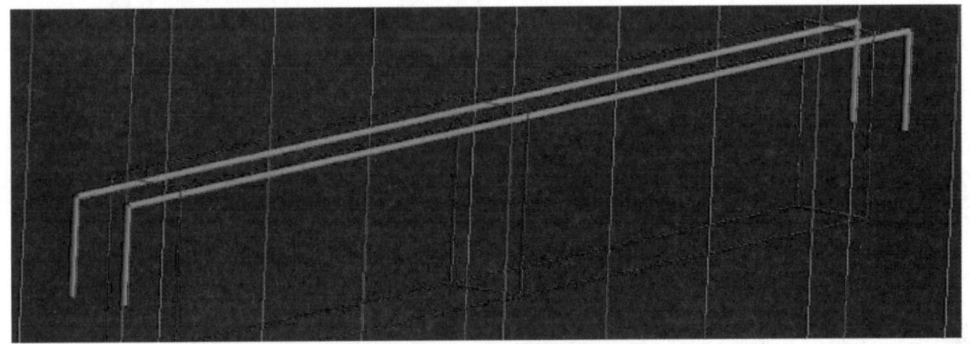

图 1-3-6　上部通长筋形状

（2）上部通长筋的锚固与连接情况，见表 1-3-3。

表 1-3-3　　上部通长筋锚固连接情况

<table>
<tr><th colspan="3">楼层框架梁上部通长筋的锚固与连接</th><th>图集出处</th></tr>
<tr><td>钢筋长度的基本计算公式</td><td colspan="3">净长＋锚固＋连接</td></tr>
<tr><td rowspan="5">上部通长筋的锚固</td><td rowspan="2">端支座</td><td>直锚</td><td>第 84 页</td></tr>
<tr><td>弯锚</td><td>第 84 页</td></tr>
<tr><td rowspan="2">中间支座变截面</td><td>斜弯通过</td><td>第 87 页</td></tr>
<tr><td>断开锚固</td><td>第 87 页</td></tr>
<tr><td>悬挑端</td><td></td><td>第 92 页</td></tr>
<tr><td rowspan="2">上部通长筋的连接</td><td>直径相同</td><td></td><td>第 84 页</td></tr>
<tr><td>直径不相同</td><td></td><td>第 84 页</td></tr>
</table>

（二）上部通长筋端支座锚固

上部通长筋端支座锚固见 16G101－1 第 84 页。

1. 计算条件

计算条件，见表 1－3－4。“l_{aE}/l_a”的取值见 16G101－1 第 58 页。

表 1－3－4　　计 算 条 件

混凝土强度	梁纵筋混凝土保护层	支座纵筋混凝土保护层	抗震等级	定尺长度	连接方式	l_{aE}/l_a
C30	20	20	一级抗震	9000	对焊	$33d/29d$

2. 平法施工图

平法施工图，见图 1－3－7。

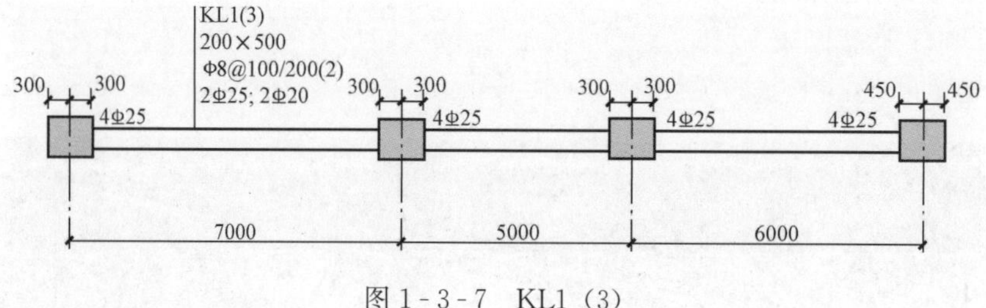

图 1－3－7　KL1（3）

3. 上部通长筋计算过程及施工效果图

上部通长筋计算过程见表 1－3－5 及施工效果图见图 1－3－8。

表 1－3－5　　计 算 过 程

第一步	查表得 l_{aE}	查 16G101－1 第 58 页，得到 $l_{aE}=33d=33\times25=825$		
第二步	判断直锚/弯锚	左支座 $600<l_{aE}$，故需要弯锚		
		右支座 $900>l_{aE}$，故采用直锚		
第三步	分别计算直锚和弯锚长度	左支座弯锚长度	$h_c-c+15d$	$600-20+15\times25=955$
		右支座直锚长度	$\max(0.5h_c+5d, l_{aE})$	$\max(0.5\times900+5\times25, 825)=825$
第四步	计算上部通长筋总长度	净长＋左支座锚固＋右支座锚固	$(7000+5000+6000-750)+955+825=19\ 030$	
第五步	计算接头个数	$19\ 030/9000-1=2$ 个		

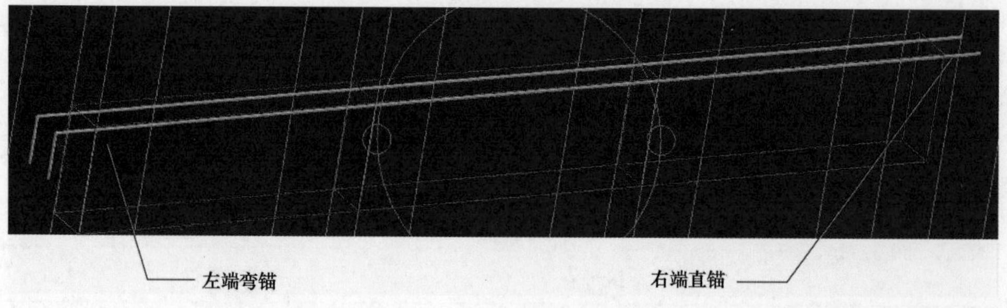

图 1－3－8　钢筋效果图

4. 计算过程分析

(1) 左端支座弯锚计算分析。首先，要理解弯锚的本质是什么，弯锚长度真正要考虑的因素是什么？见表 1-3-6，弯锚考虑两个因素，回答了下表中的两个问题，对梁上部通长筋在端支座的弯锚就理解清楚了。

表 1-3-6 上部通长筋弯锚考虑的因素

楼层框架梁上部通长筋端支座弯锚长度考虑的因素
(1) 伸入支座什么位置下弯？
(2) 弯锚以后的总长度是否满意 l_{aE}？

第一个问题：伸入支座什么位置下弯？

这个问题困扰了广大造价人员若干年，从 1996 年 96G101-1 出版发行到现在，已经十多年了，楼层框架梁上部通长筋的弯锚长度仍然是许多造价工程师在结算审计等钢筋对量过程中争论的焦点之一，总结起来，在全国的广大造价人员中，对此处的算法有以下两种，见表 1-3-7。

表 1-3-7 KL 上部通长筋端支座弯锚长度

楼层框架梁端支座弯锚		备注	谁对谁错
算法 1	$0.4l_{aE}+15d$		???
算法 2	$h_c-c+15d$	h_c 指支座宽度 c 指保护层厚度	???

读者可以对照一下自己平常对楼层框架梁上部通长筋的计算，看看您采用的什么方法，您的依据又是什么？关键就是看如何理解中上部钢筋在支座内平直段的构造（可参见 03G101-1 第 54 页），见图 1-3-9。

对于这个构造详图，有的人看到上部钢筋在端支里标注有“$\geqslant 0.4l_{abE}$”，就理解为伸至该位置然后下弯 $15d$；有的人看到下部钢筋标有“伸至柱外边（柱纵筋内侧），且……”，就理解为上部钢筋要伸到柱的外边而不只是 $0.4l_{abE}$，然后再下弯 $15d$。正是因为这样理解的不一致，使结算审计对钢筋时增加了难度。那么，到底应该伸到什么位置可以下弯呢？

可参见 16G101-1 第 84 页，如图 1-3-10 所示。

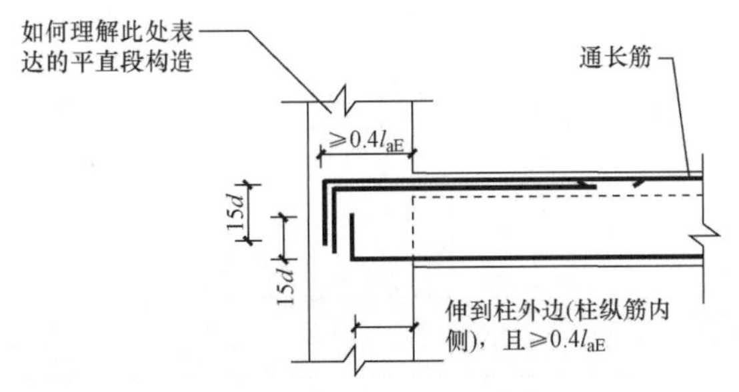

图 1-3-9 KL 纵筋端支座弯锚构造

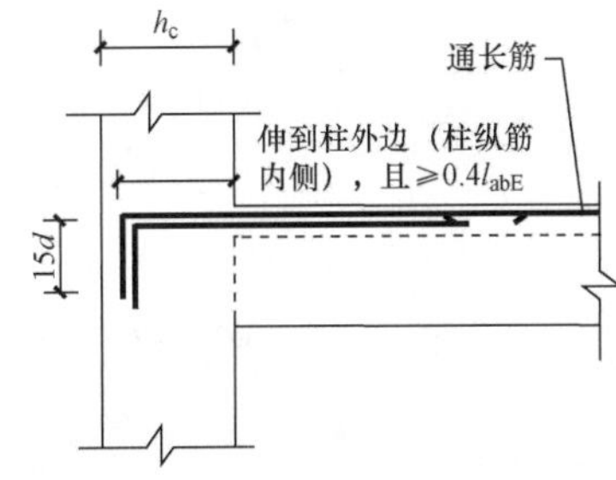

图 1-3-10 KL 纵筋端支座弯锚构造

因此，楼层框架梁上部通长筋端支座弯锚时，其平直段长度应同时满足表 1-3-8 所示两个条件。

第二个问题：弯锚后总长度是否还要满足 l_{aE}？

本例中，如表 1-3-9 所示弯锚后总长度小于 l_{aE}，那最终弯锚的长度是否还要满足 l_{aE} 呢？见表 1-3-9。

表 1-3-8　KL 上部筋端支座弯锚平直段长度

楼层框架梁上部通长筋端支座弯锚时平直段长度	
条件 1	$\geqslant 0.4l_{abE}$
条件 2	$h_c - c$

表 1-3-9　KL 上部筋弯锚总长度与 l_{aE}

例如：弯锚长度＝350－20＋15×20＝630
$l_{aE}=33d=33\times20=660$
弯锚后总长度＜l_{aE}，怎么处理？

答案是否定的！按 $h_c-c+15d$ 计算的弯锚总长度不需要考虑是否还要满足 l_{aE}。因为 l_{aE} 是直锚长度标准。当弯锚时，在弯折点处钢筋的锚固机理发生本质的变化，所以，不应以 l_{aE} 作为衡量弯锚总长度的标准。

（2）右端支座直锚计算分析（见表 1-3-10）。

表 1-3-10　　计 算 分 析

直锚长度	出　处
$\max(l_{aE}, 0.5h_c+5d)$	16G101-1 第 84 页 $\geqslant l_{aE}$ $\geqslant 0.5h_c+5d$

5. 锚固长度的一个特殊情况

受拉钢筋抗震锚固长度 l_{aE} 取值如图 1-3-11 所示，是根据 16G101-1 第 58 页查表。

钢筋种类及抗震等级		受拉钢筋抗震锚固长度 l_{aE}																
		C20	C25		C30		C35		C40		C45		C50		C55		≥C60	
		$d\leqslant25$	$d\leqslant25$	$d>25$	$d\leqslant25$	$d>25$	$d\leqslant25$	$d>25$	$d\leqslant25$	$d>25$	$d\leqslant25$	$d>25$	$d\leqslant25$	$d>25$	$d\leqslant25$	$d>25$	$d\leqslant25$	$d>25$
HPB300	一、二级	$45d$	$39d$	—	$35d$	—	$32d$	—	$29d$	—	$28d$	—	$26d$	—	$25d$	—	$24d$	—
	三级	$41d$	$36d$	—	$32d$	—	$29d$	—	$26d$	—	$25d$	—	$24d$	—	$23d$	—	$22d$	—
HPB335 HRBF335	一、二级	$44d$	$38d$	—	$33d$	—	$31d$	—	$29d$	—	$26d$	—	$25d$	—	$24d$	—	$24d$	—
	三级	$40d$	$35d$	—	$30d$	—	$28d$	—	$26d$	—	$24d$	—	$23d$	—	$22d$	—	$22d$	—
HPB400 HRBF400	一、二级	—	$46d$	$51d$	$40d$	$45d$	$37d$	$40d$	$33d$	$37d$	$32d$	$36d$	$31d$	$35d$	$30d$	$33d$	$29d$	$32d$
	三级	—	$42d$	$46d$	$37d$	$41d$	$34d$	$37d$	$30d$	$34d$	$29d$	$33d$	$28d$	$32d$	$27d$	$30d$	$26d$	$29d$
HPB500 HRBF500	一、二级	—	$55d$	$61d$	$49d$	$54d$	$45d$	$49d$	$41d$	$46d$	$39d$	$43d$	$37d$	$40d$	$36d$	$39d$	$35d$	$38d$
	三级	—	$50d$	$56d$	$45d$	$49d$	$41d$	$45d$	$38d$	$42d$	$36d$	$39d$	$34d$	$37d$	$33d$	$36d$	$32d$	$35d$

图 1-3-11　受拉钢筋抗震锚固长度 l_{aE}

图 1-3-11 中 l_{aE} 的取值由"抗震等级"、"混凝土强度"两个因素确定，在实际工程中，会遇到如下一种特殊情况：某构件的混凝土强度与其支座的混凝土强度不同。比如楼层框架梁与柱架柱的混凝土强度不同，见图 1-3-12。

此时，计算梁构件钢筋查表求 l_{aE} 时，该用 C40 还是 C30 呢？应该用 C40 去查表求 l_{aE}，因为柱是梁的支座，梁的钢筋伸入柱内，是靠柱的混凝土对其起握裹作用。

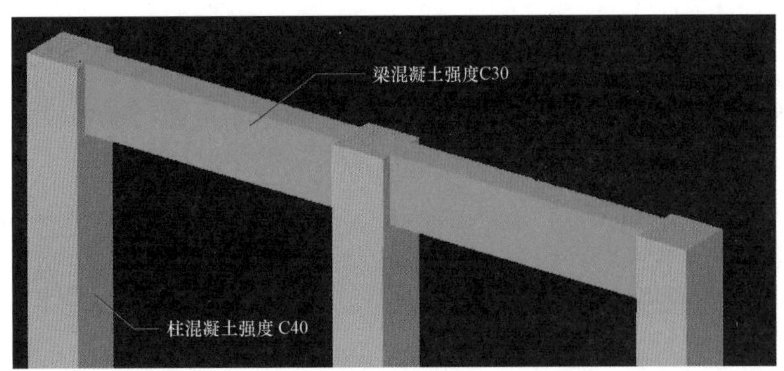

图 1-3-12 框架梁与框架柱示意图

（三）上部通长筋中间支座变截面锚固—梁顶有高差

上部通长筋中间支座变截面锚固—梁顶有高差，见 11G101-1 第 84 页。

1. 计算条件

计算条件，见表 1-3-11。“l_{aE}/l_a” 的取值见 16G101-1 第 58 页。

表 1-3-11 计 算 条 件

混凝土强度	梁混凝土保护层	支座外侧混凝土保护层	抗震等级	定尺长度	连接方式	l_{aE}/l_a
C30	20	20	一级抗震	9000	对焊	$33d/29d$

2. 平法施工图

平法施工图，见图 1-3-13。

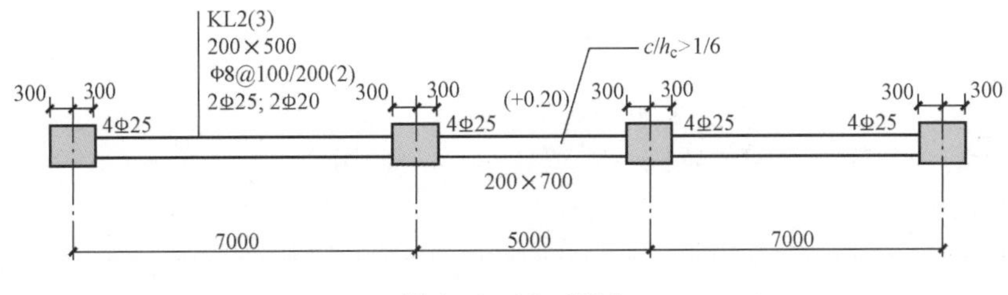

图 1-3-13 KL2

3. 上部通长筋计算过程及施工效果图

上部通长筋计算过程见表 1-3-12，施工效果图见图 1-3-14。$\Delta_h/(h_c-50)>1/6$，故上部通长筋按断开各自锚固计算。

表 1-3-12 计 算 过 程

1 号筋（低标高钢筋）	计算公式：净长＋两端锚固
	净长＝7000－600＝6400
	端支座弯锚＝600－20＋15×25＝955
	中间支座直锚＝max（$0.5h_c+5d$，l_{aE}）＝max（300＋5×25，33×25）＝825
	总长＝6400＋955＋825＝8180
2 号筋（高标高钢筋）	计算公式：净长＋两端锚固
	净长＝5000－600＝4400
	两端伸入中间支座弯锚＝600－20＋15×25＝955
	总长＝4400＋955＋955＝6310

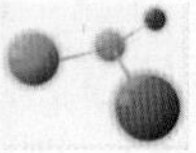

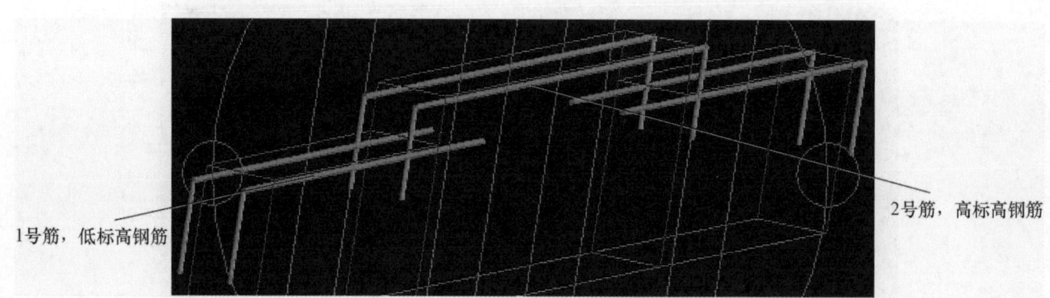

图 1-3-14　钢筋效果图

4. 计算过程分析

计算过程分析，见表 1-3-13。

表 1-3-13　　计算结果分析

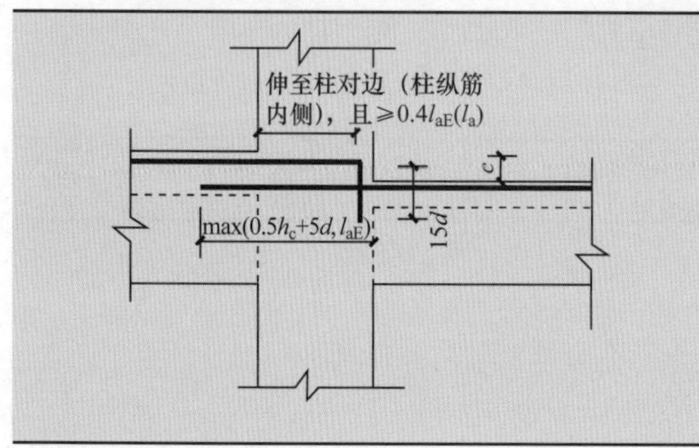	参照 12G901-1 第 2~16 页，高标高钢筋的锚固长度为：$h_c-c+15d$ 参照 16G101-1 第 87 页，低跨直锚钢筋的锚固长度为 max（$0.5h_c+5d$，l_{aE}）

（四）上部通长筋中间支座变截面锚固—梁宽度不同

上部通长筋中间支座变截面锚固—梁宽度不同，见 16G101-1 第 87 页。

1. 计算条件

计算条件，见表 1-3-14。“l_{aE}/l_a”的取值见 16G101-1 第 58 页。

表 1-3-14　　计算条件

混凝土强度	梁混凝土保护层	支座外侧混凝土保护层	抗震等级	定尺长度	连接方式	l_{aE}/l_a
C30	20	20	一级抗震	9000	对焊	$33d/29d$

2. 平法施工图

平法施工图，见图 1-3-15。

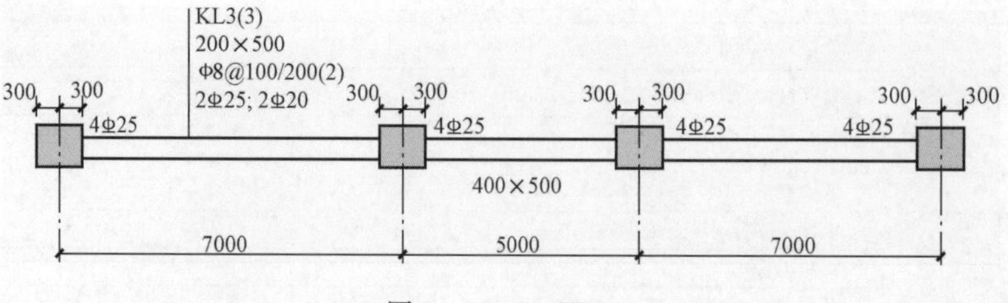

图 1-3-15　KL3

3. 上部通长筋计算过程及施工效果图

上部通长筋计算过程见表 1-3-15，施工效果图见图 1-3-16。

表 1-3-15　　　　计　算　过　程

钢筋	计算过程	钢筋	计算过程
1 号筋（窄梁）	计算公式：净长＋两端锚固	2 号筋（宽梁）	计算公式：净长＋两端锚固
	净长＝7000－600＝6400		净长＝5000－600＝4400
	端支座弯锚＝600－20＋15×25＝955		两端伸入中间支座弯锚＝600－20＋15×25＝955
	中间支座直锚＝max（0.5h_c＋5d，l_{aE}）＝max（300＋5×25，33×25）＝825		
	总长＝6400＋955＋825＝8180		总长＝4400＋955＋955＝6310

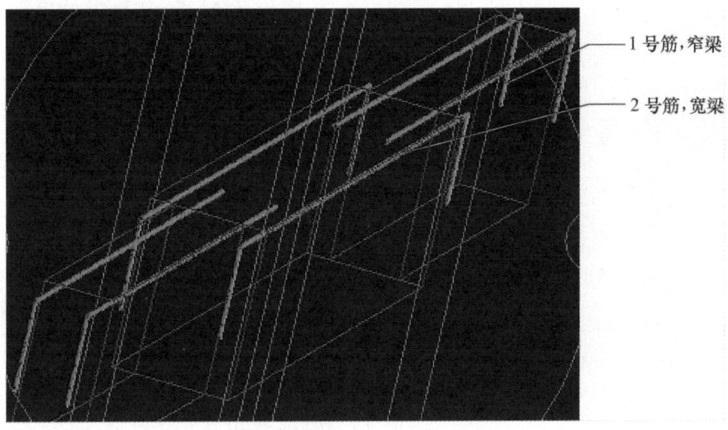

图 1-3-16　钢筋效果图

4. 计算结果分析

计算结果分析，见表 1-3-16。

表 1-3-16　　　　计 算 结 果 分 析

图示	分析
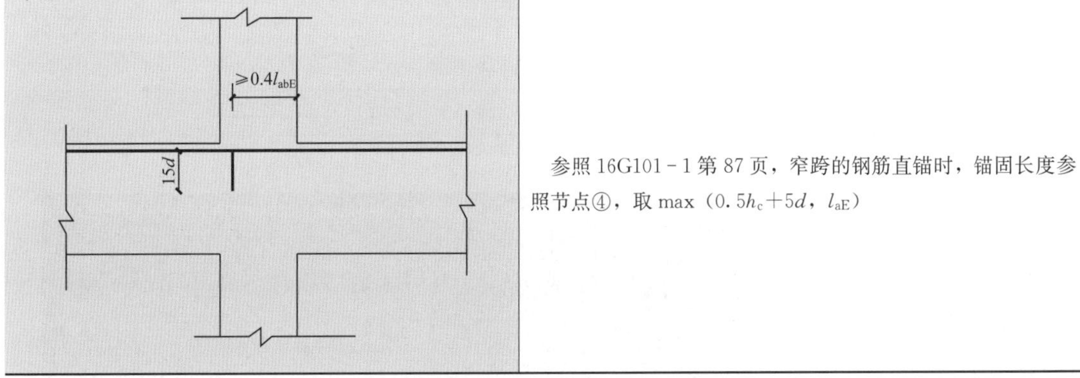	参照 16G101-1 第 87 页，窄跨的钢筋直锚时，锚固长度参照节点④，取 max（0.5h_c＋5d，l_{aE}）

5. 总结上部通长筋中间支座变截面

16G101-1 第 87 页第 4、5、6 三个节点讲述的是楼层框架梁梁顶有高差或梁宽度不同时的情况，现将其实际施工效果分析如下，见表 1-3-17。

表 1-3-17　　中间支座变截面总结

梁顶有高差	$\Delta_h/(h_c-50)>1/6$	上部通长筋断开各自锚固 16G101-1 第 87 页节点④	
	$\Delta_h/(h_c-50)\leqslant 1/6$	上部通长筋斜弯通过 16G101-1 第 87 页节点⑤	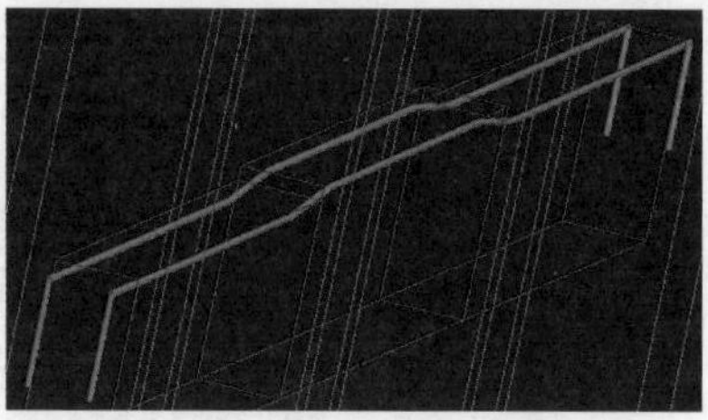
梁宽度不同	宽出部分的钢筋不够直锚时弯锚入柱 16G101-1 第 87 页节点⑥		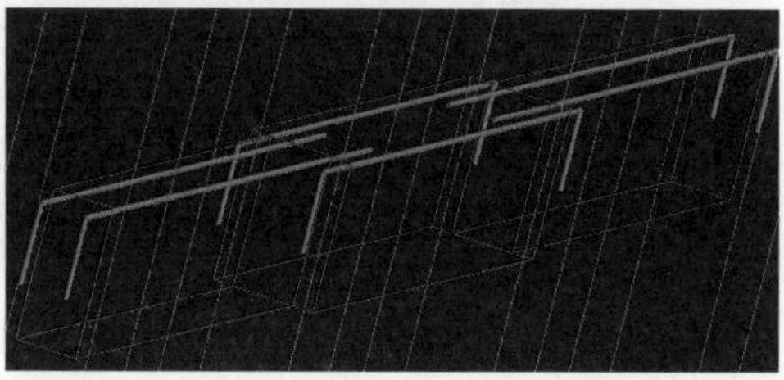

（五）上部通长筋悬挑端

上部通长筋悬挑端见 16G101-1 第 92 页。楼层框架梁上部通长筋遇悬挑端一共有如下一些情况，见表 1-3-18。

表 1-3-18　　上部通长筋悬挑端构造

一　端　悬　挑	
悬挑端长度 $<4h_b$ （16G101-1 第 92 页①节点）	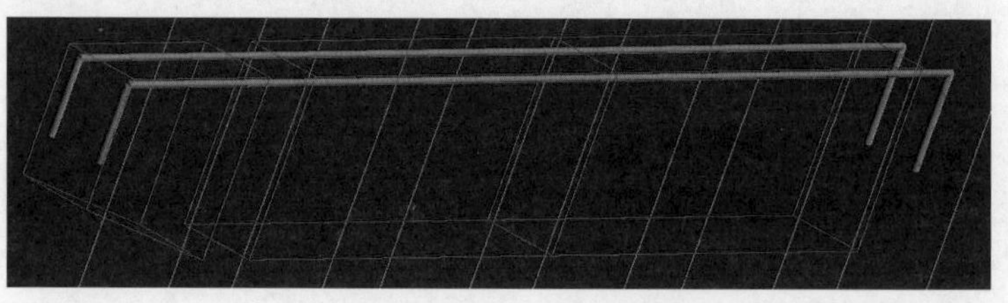

续表

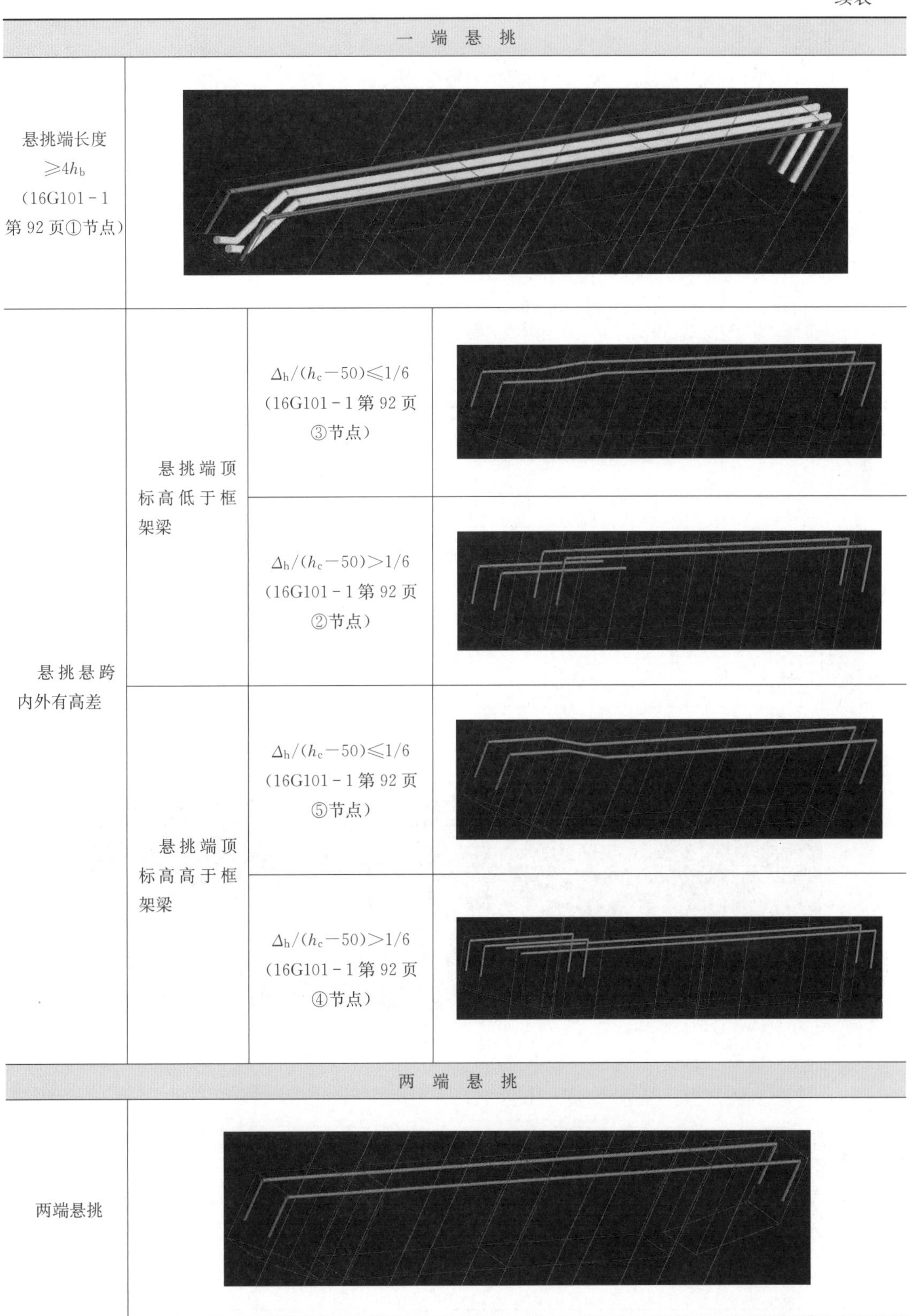

一端悬挑			
悬挑端长度≥$4h_b$（16G101－1第92页①节点）			
悬挑悬跨内外有高差	悬挑端顶标高低于框架梁	$\Delta_h/(h_c-50)\leqslant 1/6$（16G101－1第92页③节点）	
		$\Delta_h/(h_c-50)>1/6$（16G101－1第92页②节点）	
	悬挑端顶标高高于框架梁	$\Delta_h/(h_c-50)\leqslant 1/6$（16G101－1第92页⑤节点）	
		$\Delta_h/(h_c-50)>1/6$（16G101－1第92页④节点）	
两端悬挑			
两端悬挑			

1. 上部通长筋悬挑端

上部通长筋悬挑端长度$<4h_b$。

（1）计算条件，见表1-3-19。“l_{aE}/l_a”的取值见16G101-1第58页。

表1-3-19　　计算条件

混凝土强度	梁混凝土保护层	支座外侧混凝土保护层	抗震等级	定尺长度	连接方式	l_{aE}/l_a
C30	20	20	一级抗震	9000	对焊	$33d/29d$

（2）平法施工图，见图1-3-17。

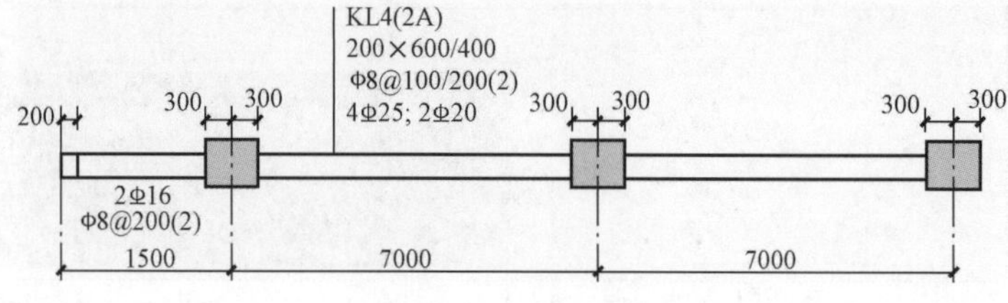

图1-3-17　KL4

（3）上部通长筋计算过程见表1-3-20，施工效果图见图1-3-18。

表1-3-20　　计算过程

上部通长筋	计算公式：净长+锚固	上部通长筋	左端悬挑端弯=12×25=300
	净长=1500+7000×2−300−20=15 180		总长=15 180+955+300=16 430
	右端支座弯锚=600−20+15×25=955		接头个数=16 430/9000−1=1

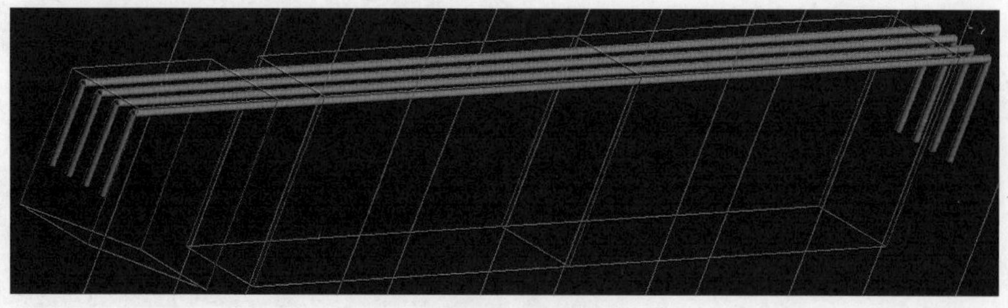

图1-3-18　钢筋效果图

（4）计算结果分析，见表1-3-21。

表1-3-21　　计算结果分析

参照16G101-1第92页	
1500−300<4×600，因此上部通长筋全部伸至远端后下弯12d	12d

2. 上部通长筋悬挑端

悬挑端顶标高低于框架梁，且 $\Delta_h/(h_c-50)>1/6$。

(1) 计算条件，见表 1-3-22。“l_{aE}/l_a”的取值见 16G101-1 第 58 页。

表 1-3-22　　计 算 条 件

混凝土强度	梁混凝土保护层	支座外侧混凝土保护层	抗震等级	定尺长度	连接方式	l_{aE}/l_a
C30	20	20	一级抗震	9000	对焊	$33d/29d$

(2) 平法施工图，见图 1-3-19。

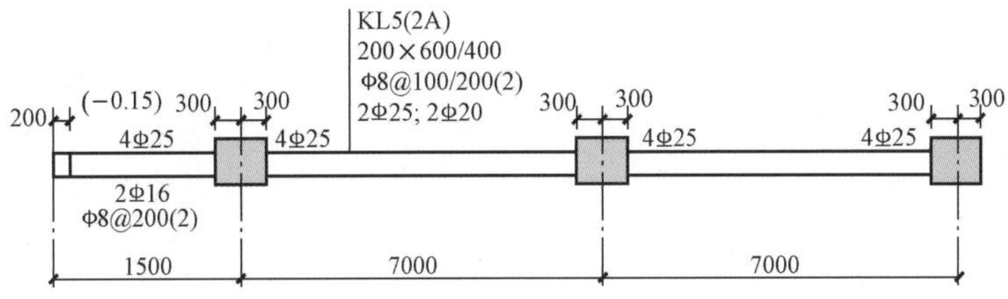

图 1-3-19　KL5

(3) 上部通长筋计算过程见表 1-3-23，施工效果图见图 1-3-20。

表 1-3-23　　计 算 过 程

上部通长筋	1 号筋	计算公式：净长＋锚固
		净长＝7000×2－600＝13 400
		两端支座弯锚＝600－20＋15×25＝955
		总长＝13 400＋955×2＝15 310
		接头个数＝15 310/9000－1＝1
	2 号筋	净长＝1500－300－20＝1180
		右端直锚＝max（l_a，$0.5h_c+5d$）＝max（29×25，300＋5×25）＝725
		左端悬挑远端下弯＝12×25＝300
		总长＝1180＋725＋300＝2205

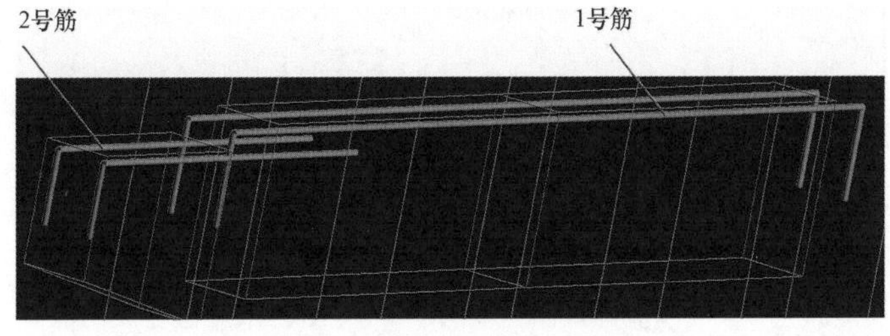

图 1-3-20　钢筋效果图

（4）计算结果分析，见表 1-3-24。

表 1-3-24　　计算结果分析

16G101-1 第 92 页悬挑端钢筋锚固 l_a（Ⓑ节点）
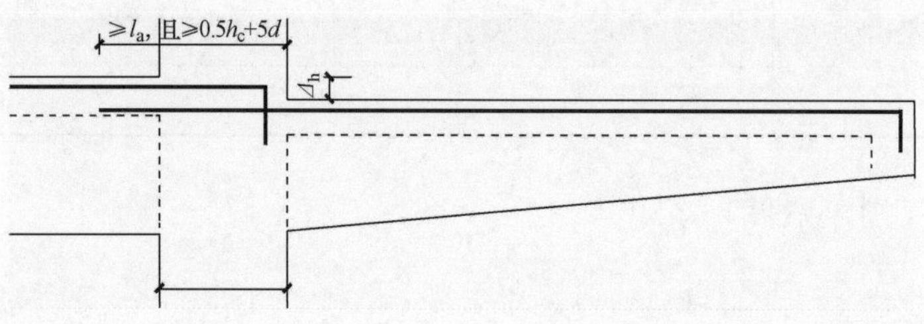
里跨纵筋锚固见下图
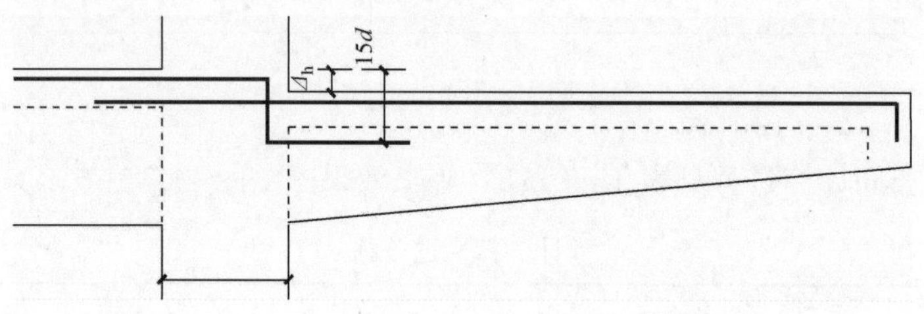

3. 上部通长筋悬挑端

悬挑端顶标高高于框架梁，且 $\Delta_h/(h_c-50)>1/6$，弯锚。

（1）计算条件，见表 1-3-25。“l_{aE}/l_a”的取值见 16G101-1 第 58 页。

表 1-3-25　　计算条件

混凝土强度	梁混凝土保护层	支座外侧混凝土保护层	抗震等级	定尺长度	连接方式	l_{aE}/l_a
C30	20	20	一级抗震	9000	对焊	$33d/29d$

（2）平法施工图，见图 1-3-21。

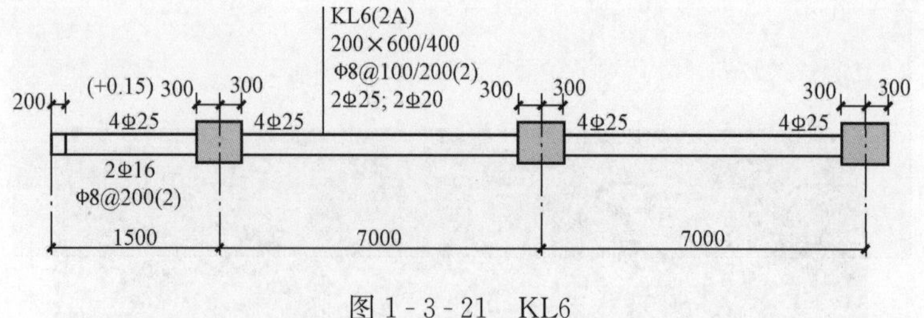

图 1-3-21　KL6

（3）上部通长筋计算过程及施工效果图，见表 1-3-26 及图 1-3-22。

表 1-3-26　　计 算 过 程

上部通长筋	1 号筋	计算公式：净长+锚固
		净长=7000×2−600=13 400
		右端支座弯锚=600−20+15×25=955
		左端支座直锚=max（0.5h_c+5d，l_{aE}）=max（300+5×25，33×25）=825
		总长=13 400+955+825=15 180
		接头个数=15 180/9000−1=1
	2 号筋	净长=1500−300−20=1180
		右端锚固： (l_a=29×25=725)>(h_c=600)，故需要弯锚 弯锚长度=600−20+15×25=955
		左端悬挑远端下弯=12×25=300
		总长=1180+955+300=2435

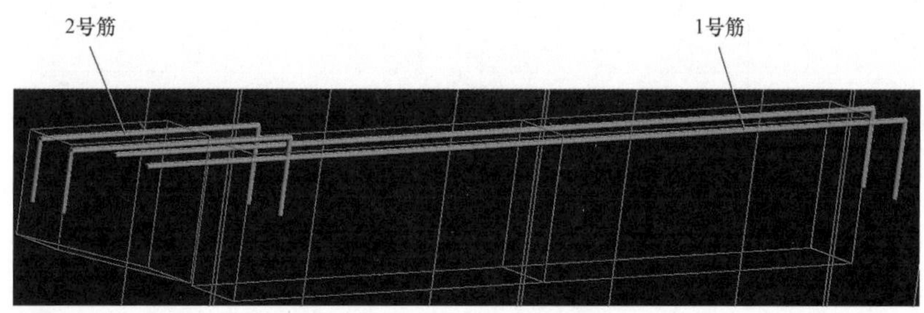

图 1-3-22　钢筋效果图

（4）计算结果分析，见表 1-3-27。

表 1-3-27　　计 算 结 果 分 析

参照 16G101-1 第 92 页④节点
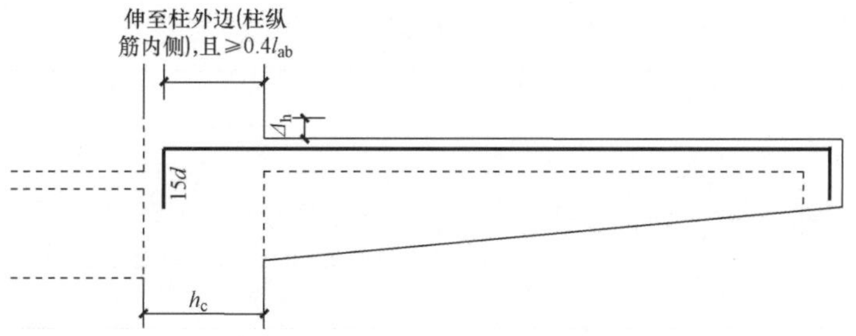

4. 上部通长筋悬挑端

悬挑端顶标高高于框架梁，且 $\Delta_h/(h_c-50)>1/6$，够直锚。

（1）计算条件，见表 1-3-28。“l_{aE}/l_a”的取值见 16G101-1 第 58 页。

表 1-3-28 计算条件

混凝土强度	梁混凝土保护层	支座外侧混凝土保护层	抗震等级	定尺长度	连接方式	l_{aE}/l_a
C30	20	20	非抗震	9000	对焊	$33d/29d$

（2）平法施工图，见图 1-3-23。

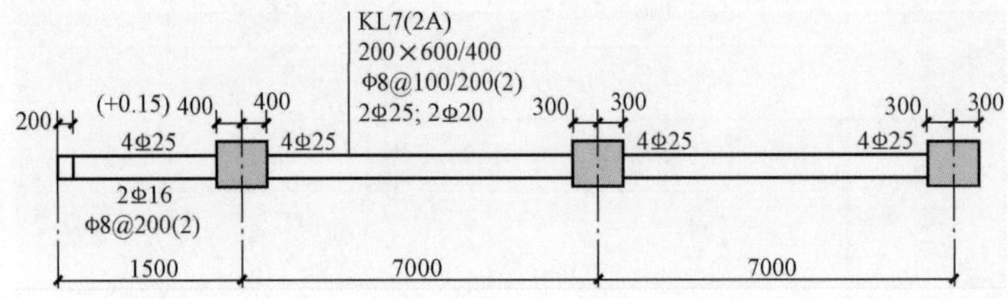

图 1-3-23　KL7

（3）上部通长筋计算过程见表 1-3-29，施工效果图见图 1-3-22。

表 1-3-29 计算过程

上部通长筋	1 号筋	计算公式：净长＋锚固
		净长＝7000×2－700＝13 300
		右端支座弯锚＝600－20＋15×25＝955
		左端支座直锚＝max（0.5h_c＋5d，l_{aE}）＝max（400＋5×25，33×25）＝825
		总长＝13 300＋955＋825＝15 080
		接头个数＝15 105/9000－1＝1
	2 号筋	净长＝1500－400－20＝1080
		右端锚固： （l_a＝29×25＝725）＜（h_c＝800），已够直锚，但仍需 直锚长度＝600－20＋15×25）＝955
		左端悬挑远端下弯＝12×25＝300
		总长＝1080＋955＋300＝2335

（4）计算结果分析，见表 1-3-30。

表 1-3-30 计算结果分析

参照 16G101-1 第 92 页④节点及备注第 1 条
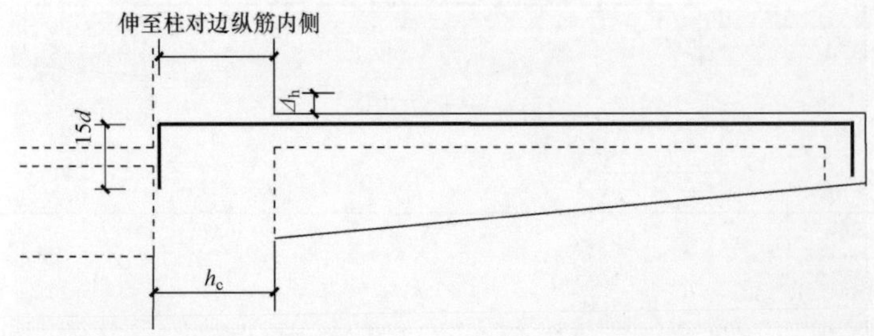

（六）上部通长筋的连接

上部通长筋的连接见16G101－1第84页。

（1）上部通长筋的连接情况，见表1－3－31。

表1－3－31　　上部通长筋连接情况

	情　况	连接位置	依　据
连接位置	当上部通长筋由直径相同的钢筋组成	在跨中1/3的范围进行连接（注：对于这种情况，本教程按定尺长度计算接头个数）	16G101－1第84页注释文字说明第3条
	当上部通长筋由直径不相同的钢筋组成	与支座钢筋搭接	16G101－1第84页构造详图
连接方式	绑扎搭接（16G101－1第61页）	抗震搭接长度 l_{lE} 参见16G101－1第61页查表非抗震搭接长度 l_l 参见16G101－1第60页查表	
	焊接		
	机械连接		

（2）上部通长筋由不同直径的钢筋组成。

1）计算条件，见表1－3－32。"l_{aE}/l_a"的取值参见16G101－1第58页查表。

表1－3－32　　计算条件

混凝土强度	梁混凝土保护层	支座外侧混凝土保护层	抗震等级	定尺长度	连接方式	l_{aE}/l_a
C30	20	20	一级抗震	9000	对焊	$33d/29d$

2）平法施工图，见图1－3－24。

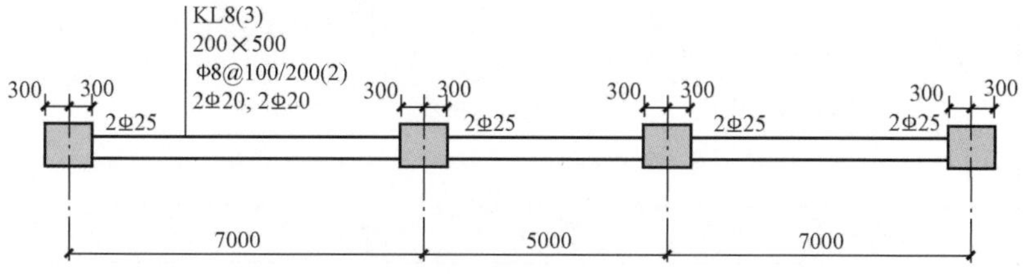

图1－3－24　KL8

3）计算过程见表1－3－33，施工效果图见图1－3－25。

表1－3－33　　计算过程

第1跨上部通长筋	7000－600－2×(7000－600)/3＋2×46×20＝3974
第2跨上部通长筋	5000－600－2×(7000－600)/3＋2×46×20＝1974
第3跨上部通长筋	7000－600－2×(7000－600)/3＋2×46×20＝3974

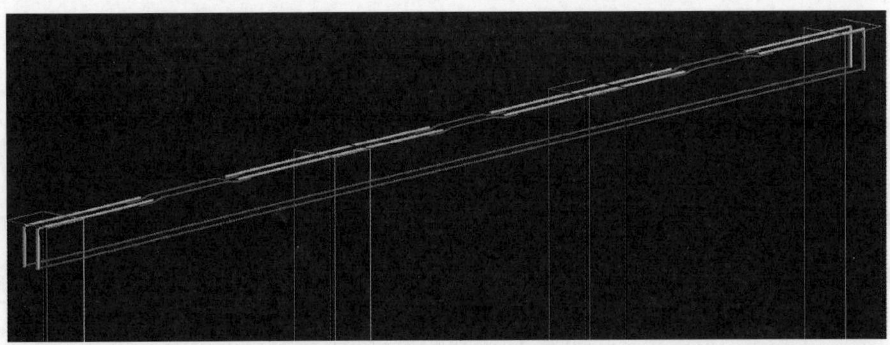

图 1-3-25　钢筋效果图

4）计算过程分析，见表 1-3-34。

表 1-3-34　**计算结果分析**

<table>
<tr><th>16G101-1 第 84 页注释文字说明第 3 条</th></tr>
<tr><td>当支座钢筋与通长筋直径相同时，可在跨中 1/3 范围进行连接</td></tr>
<tr><td>16G101-1 第 84 页构造详图</td></tr>
<tr><td>支座钢筋与通长筋进行搭接
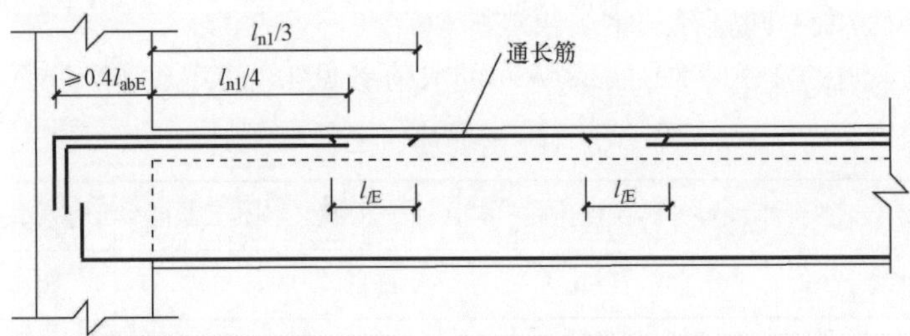

l_{lE}于 16G101-1 第 61 页查表，本例 $l_{lE}=46d$</td></tr>
</table>

（七）楼层框架梁上部通长筋连接与锚固总结大表

抗震楼层框架梁上部通长筋连接与锚固总结大表，见表 1-3-35。

表 1-3-35　**上部通长筋总结**

<table>
<tr><th colspan="5">抗震楼层框架梁上部通长筋的锚固与连接</th></tr>
<tr><th colspan="4">情　　况</th><th>出　处</th></tr>
<tr><td rowspan="7">上部通长筋锚固</td><td rowspan="2">端支座</td><td>直锚</td><td colspan="2">$\max(0.5h_c+5d，l_{aE})$</td><td>16G101-1 第 84 页</td></tr>
<tr><td>弯锚</td><td colspan="2">$h_c-c+15d$</td><td>16G101-1 第 84 页</td></tr>
<tr><td rowspan="4">中间支座变截面</td><td rowspan="2">梁顶有高差且 $\Delta_h/(h_c-50)>1/6$</td><td>高标高钢筋弯锚</td><td>$h_c-c+15d$</td><td>16G101-1 第 87 页</td></tr>
<tr><td>低标高钢筋直锚</td><td>$\max(0.5h_c+5d，l_{aE})$</td><td>16G101-1 第 87 页</td></tr>
<tr><td>梁顶有高差且 $\Delta_h/(h_c-50)\leqslant 1/6$</td><td colspan="2">上部通长筋斜弯通过，不断开</td><td>16G101-1 第 87 页</td></tr>
<tr><td>梁宽度不同</td><td>宽出的不能直通的钢筋弯锚</td><td>$h_c-c+15d$</td><td>16G101-1 第 87 页</td></tr>
</table>

续表

<table>
<tr><th colspan="6">抗震楼层框架梁上部通长筋的锚固与连接</th></tr>
<tr><th colspan="5">情　　况</th><th>出　处</th></tr>
<tr><td rowspan="8">上部通长筋锚固</td><td rowspan="8">悬挑端</td><td>跨内外无高差</td><td colspan="2">上部通长筋伸至悬挑远端，下弯 $12d$</td><td>16G101-1 第 92 页①节点</td></tr>
<tr><td>悬挑梁比跨内顶面低，且 $\Delta_h/(h_c-50)\leqslant 1/6$</td><td colspan="2">上部通长筋斜弯通过，不断开</td><td>16G101-1 第 92 页③节点</td></tr>
<tr><td rowspan="2">悬挑梁比跨内顶面低，且 $\Delta_h/(h_c-50)>1/6$</td><td colspan="2">跨内框架梁上部通长筋根据支座宽度直锚或弯锚</td><td rowspan="2">16G101-1 第 92 页②节点</td></tr>
<tr><td>悬挑梁上部钢筋伸入跨内直锚</td><td>$\max(0.5h_c+5d,\ l_a)$</td></tr>
<tr><td>悬挑梁比跨内顶面高，且 $\Delta_h/(h_c-50)\leqslant 1/6$</td><td colspan="2">上部通长筋斜弯通过，不断开</td><td>16G101-1 第 92 页⑤节点</td></tr>
<tr><td rowspan="3">悬挑梁比跨内顶面高，且 $\Delta_h/(h_c-50)>1/6$</td><td colspan="2">跨内框架梁上部通长筋直锚 $\max(0.5h_c+5d,\ l_{aE})$</td><td>16G101-1 第 92 页④节点</td></tr>
<tr><td>悬挑梁上部钢筋伸入跨内弯锚</td><td>$h_c-c+15d$</td><td>16G101-1 第 92 页④节点</td></tr>
<tr><td>悬挑梁上部钢筋够直锚也要伸至柱对边弯折</td><td>$h_c-c+15d$</td><td>16G101-1 第 92 页④节点，以及“注 1”</td></tr>
<tr><td rowspan="2">上部通长筋连接</td><td>直径相同</td><td colspan="3">跨中 1/3 范围连接</td><td rowspan="2">16G101-1 第 61 页</td></tr>
<tr><td>直径不同</td><td>两端与支座钢筋搭接</td><td colspan="2">搭接长度 l_{lE} 查表</td></tr>
</table>

三、楼层框架梁侧部钢筋

楼层框架梁侧部钢筋见 16G101-1 第 90 页。

1. 侧部钢筋的基本情况

侧部钢筋的基本情况，见表 1-3-36。

表 1-3-36　　**侧部钢筋构造**

<table>
<tr><td rowspan="2">侧部构造钢筋</td><td>锚固长度：$15d$</td><td rowspan="3">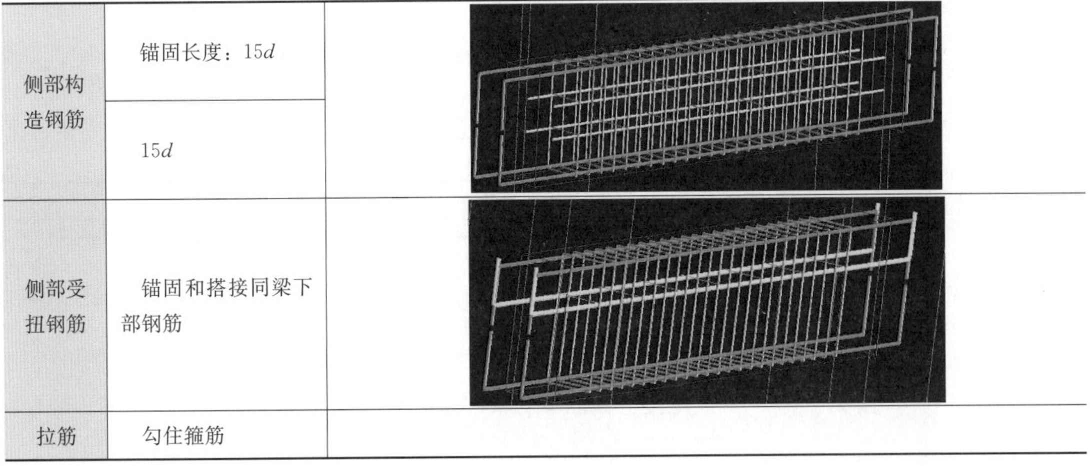</td></tr>
<tr><td>$15d$</td></tr>
<tr><td>侧部受扭钢筋</td><td>锚固和搭接同梁下部钢筋</td></tr>
<tr><td>拉筋</td><td>勾住箍筋</td><td></td></tr>
</table>

2. 侧部构造钢筋的锚固

（1）计算条件，见表 1-3-37。“l_{aE}/l_a”的取值见 16G101-1 第 58 页。

表 1-3-37　计算条件

混凝土强度	梁混凝土保护层	支座外侧混凝土保护层	抗震等级	定尺长度	连接方式	l_{aE}/l_a
C30	20	20	一级抗震	9000	对焊	$33d/29d$

（2）平法施工图，见图 1-3-26。

（3）计算结果见表 1-3-38，施工效果图见图 1-3-27。

表 1-3-38　计算过程

侧部构造钢筋长度	计算方法：净长＋两端锚固
	锚固长度＝$15d$＝15×14
	总长度＝7000－600＋2×15×14＝6820

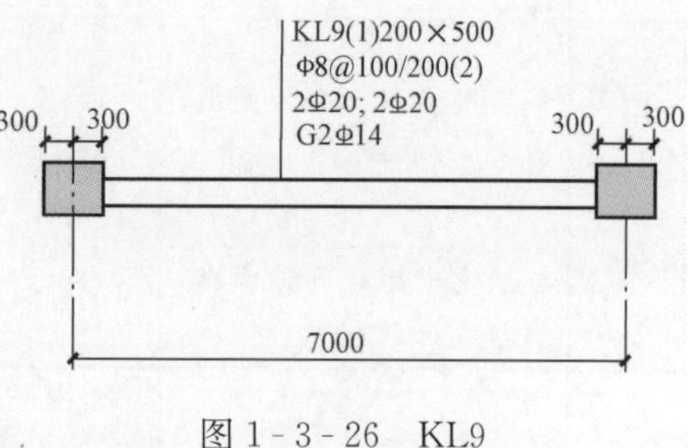

图 1-3-26　KL9

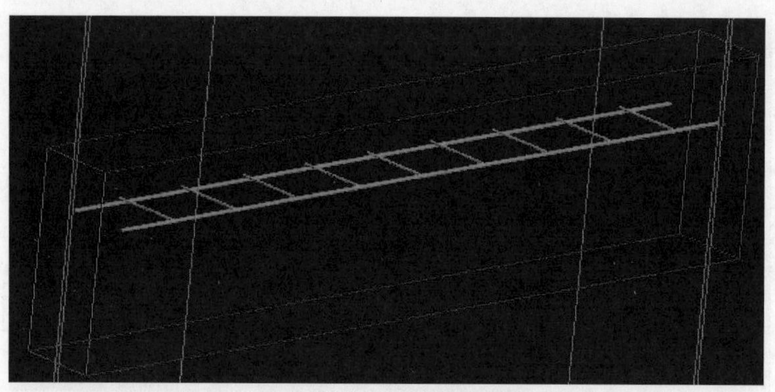

图 1-3-27　钢筋效果图

（4）计算结果分析，见表 1-3-39。

表 1-3-39　计算结果分析

16G101-1 第 87 页：描述了侧部构造筋的锚固长度为 $15d$

注　1. 当为梁侧面构造筋时，其搭接与锚固长度可取为 $15d$。
2. 当为梁侧面受扭纵向钢筋时，其搭接长度为 l_l 或 l_{lE}（抗震）；其锚固长度与方式同框架梁下部纵筋。

（5）举一反三理解楼层框架梁侧部构造筋的锚固长度，见表 1-3-40。

表 1-3-40　计算结果分析

16G101-1 第 89 页：非框架梁下部钢筋锚固为 $12d$

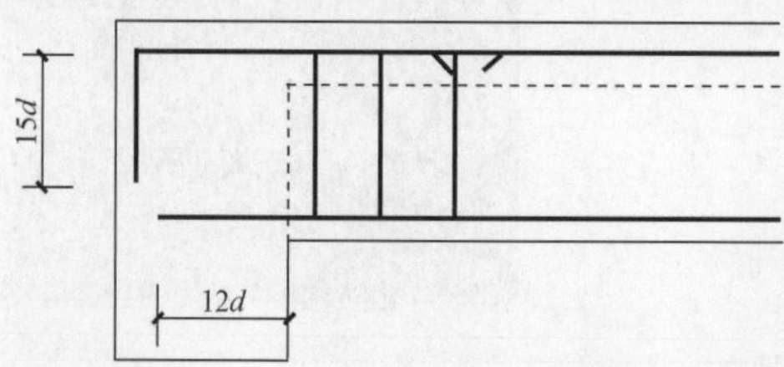

续表

16G101－1 第 92 页：悬挑梁下部钢筋锚固为 15d
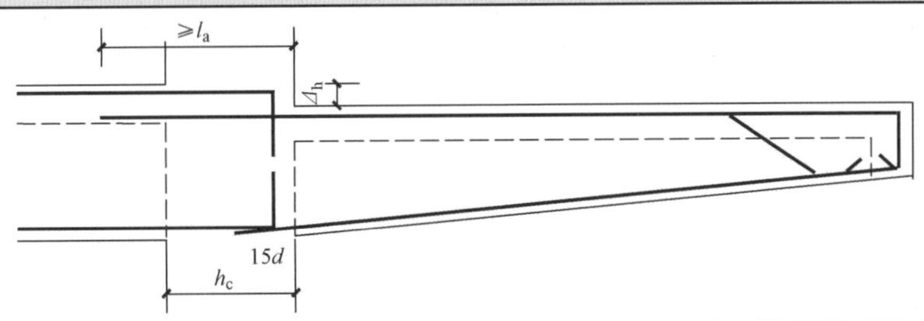

前面讲过，平法图集的学习方法之一是："前后对照"，通过这样举一反三的前后对照，就能理解同类钢筋的相关构造。

3. 侧部构造钢筋的搭接

（1）计算条件，见表 1－3－41。"l_{aE}/l_a" 的取值见 16G101－1 第 58 页。

表 1－3－41 计 算 条 件

混凝土强度	梁混凝土保护层	支座外侧混凝土保护层	抗震等级	定尺长度	连接方式	l_{aE}/l_a
C30	20	20	一级抗震	9000	绑扎搭接	33d/29d

（2）平法施工图，见图 1－3－28。

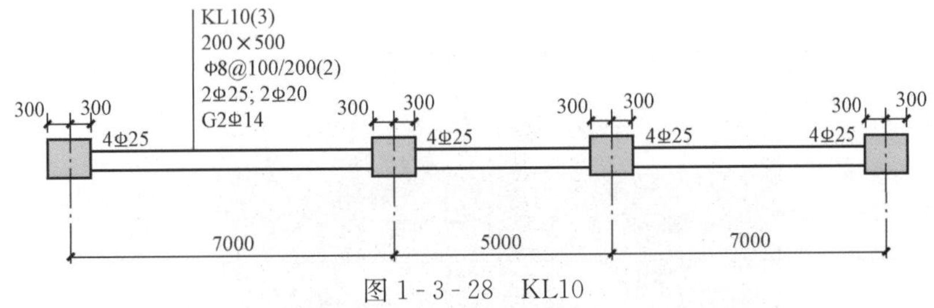

图 1－3－28 KL10

（3）计算结果见表 1－3－42，施工效果图见图 1－3－29。

表 1－3－42 计 算 过 程

侧部构造钢筋长度	计算方法：净长＋两端锚固＋搭接	侧部构造钢筋长度	钢筋长度＝7000×2＋5000－600＋2×15×14＝18 820
	锚固长度＝15d＝15×14		搭接接头个数＝18 820/9000－1＝2
	搭接长度＝15d＝15×14		总长度＝18 820＋2×15×14＝19 240

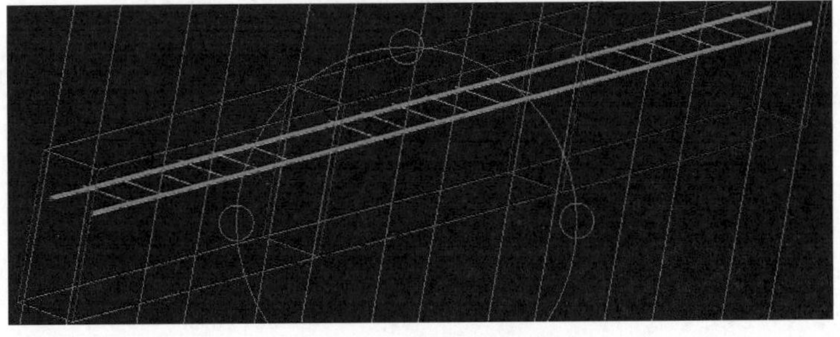

图 1－3－29 钢筋效果图

（4）计算结果分析见表1-3-43。

表1-3-43 计算结果分析

16G101-1第90页：描述了侧部构造筋的搭接长度为15d

注 1. 当为梁侧面构造筋时，其搭接与锚固长度可取为15d。
2. 当为梁侧面受扭纵向钢筋时，其搭接长度为l_l或l_{lE}（抗震）；其锚固长度与方式同框架梁下部纵筋。

（5）举一反三理解楼层框架梁侧部构造筋的搭接长度，见表1-3-44。

表1-3-44 计算结果分析

（一）16G101-1第89页：非框架架立筋与支座钢筋搭接长度为150mm

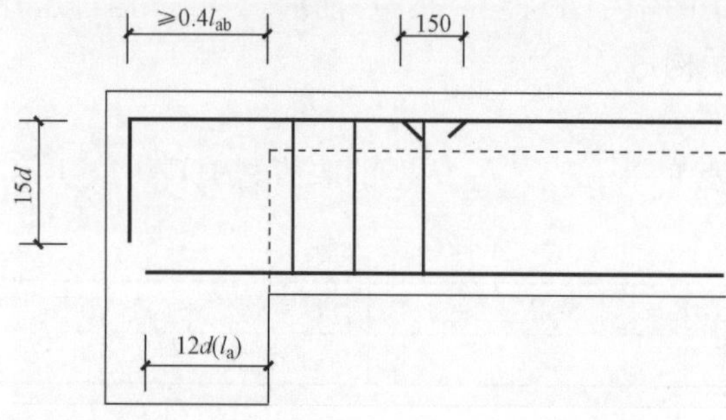

（二）板支座负筋分布筋在角区重叠时，分布筋被剪断，与另一个方向的支座负筋搭接150mm（16G101-1第102页）

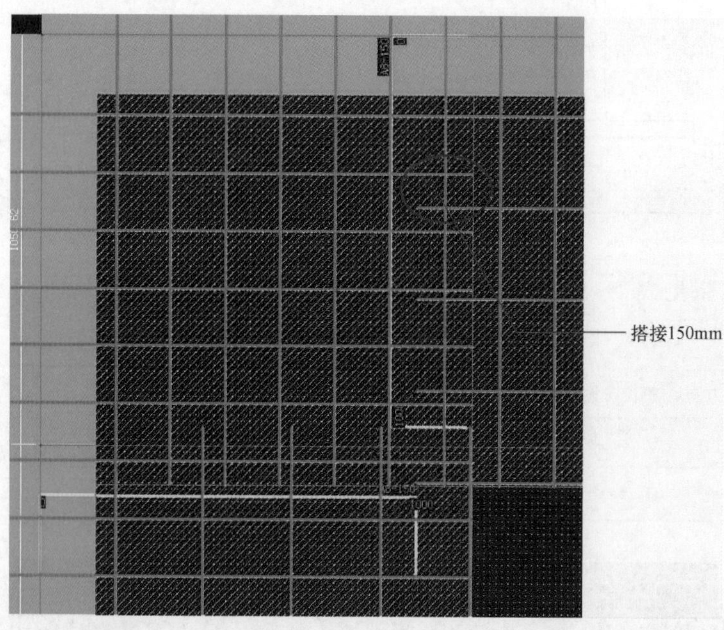

前面讲过，平法图集的学习方法之一是："前后对照"，通过这样举一反三的前后对照，就能理解同类钢筋的相关构造。

4. 侧部钢筋的拉筋

（1）计算条件，见表1-3-45。"l_{aE}/l_a"的取值见16G101-1第58页。

表 1-3-45 计算条件

混凝土强度	梁混凝土保护层	支座外侧混凝土保护层	抗震等级	定尺长度	连接方式	l_{aE}/l_a
C30	20	20	一级抗震	9000	对焊	$33d/29d$

（2）平法施工图，见图 1-3-30。

（3）计算过程，见表 1-3-46。“l_{aE}/l_a”的取值见 16G101-1 第 58 页。

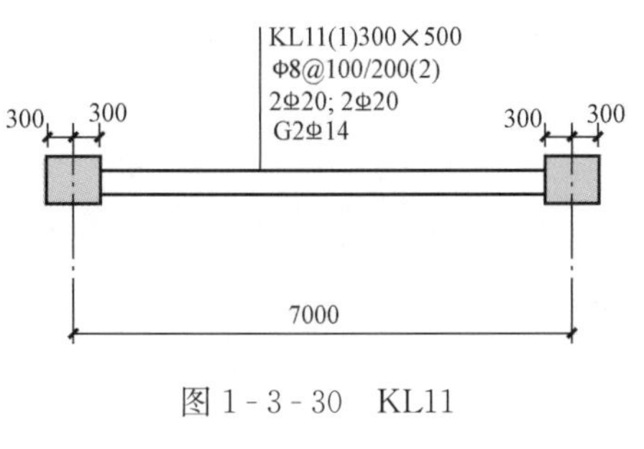

图 1-3-30 KL11

表 1-3-46 计算过程

拉筋的计算项目	长度
	根数
长度计算	计算公式＝梁宽－保护层＋拉筋直径＋弯勾长度
	长度＝300－20×2＋2×6＋2×11.9×6＝415（外皮长度）
根数计算	根数＝(7000－600－100)/400＋1＝17

（4）计算结果分析，见表 1-3-47。

表 1-3-47 计算结果分析

（一）关于拉筋的长度
16G101-1 第 62 页规定：拉筋要勾住箍筋，计算式中“－20×2”就是已经算至箍筋外皮
关于“保护层”见下图：混凝土保护层是指最外层的钢筋（即箍筋）外皮至构件边缘
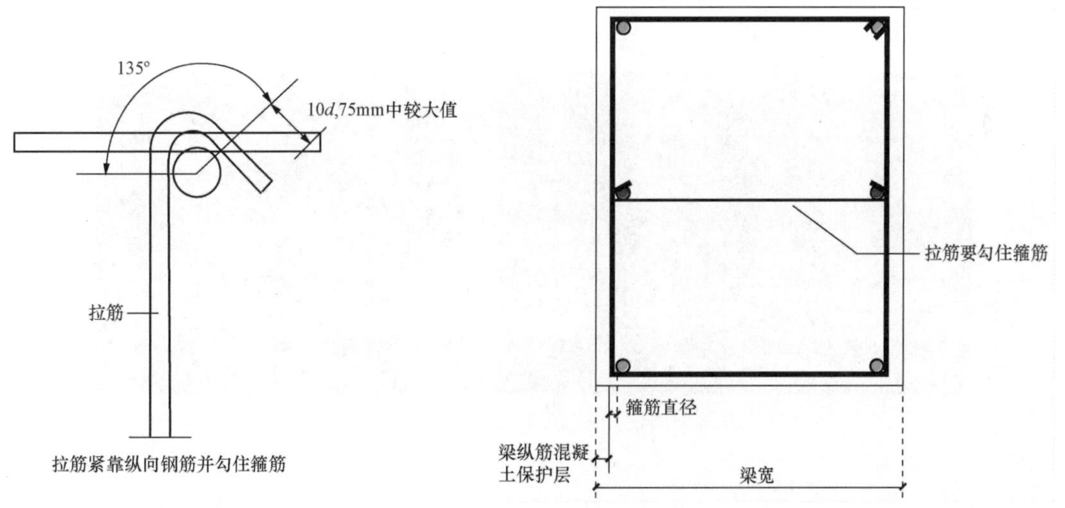
（二）关于拉筋的直径
当梁宽≤350 时，拉筋直径为 6mm；当梁宽＞350 时，拉筋直径为 8mm
（三）关于拉筋的根数
拉筋间距为箍筋非加密区间距的两倍

5. 侧部构造钢筋总结大表

侧部构造钢筋总结大表，见表 1-3-48。

表 1-3-48　　侧部钢筋总结大表

情况					出处
侧部构造钢筋	锚固	15d			16G101-1 第 90 页
	搭接	15d			16G101-1 第 90 页
侧部受扭钢筋	锚固（同梁下部钢筋）	端支座	弯锚	$h_c-c+15d$	16G101-1 第 90 页
			直锚	$\max(l_{aE}, 0.5h_c+5d)$	16G101-1 第 84 页
		中间支座	直锚	$\max(l_{aE}, 0.5h_c+5d)$	
	连接	同梁下部钢筋			
拉筋	长度	勾住箍筋	b_b（梁宽）$-c$+拉筋直径+弯勾		16G101-1 第 62 页
	直径	当梁宽≤350 时	$\phi 6$		16G101-1 第 90 页
		当梁宽>350 时	$\phi 8$		
	根数	间距为箍筋非加密区间距的两倍			

四、楼层框架梁下部钢筋

（一）下部通长筋概述

1. 下部钢筋分类

下部钢筋分类，见表 1-3-49。

表 1-3-49　下部钢筋分类

梁下部钢筋	下部通长筋
	下部非通长筋

2. 下部通长筋的形状

下部通长筋的形状，见图 1-3-31。

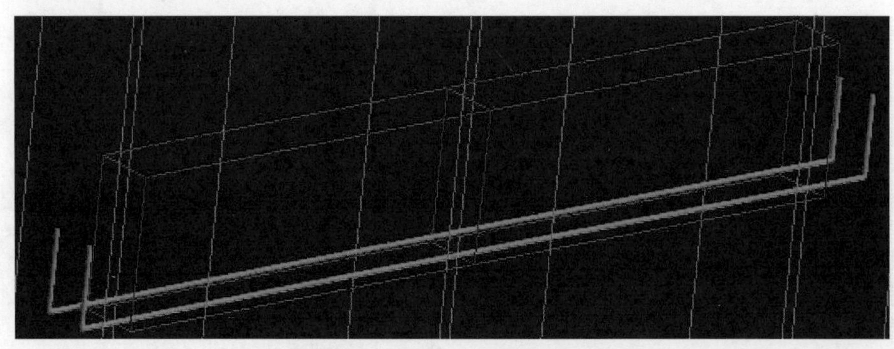

图 1-3-31　下部钢筋形状

3. 下部通长筋的锚固与连接情况

下部通长筋的锚固与连接情况，见表 1-3-50。

表 1-3-50　　下部钢筋连接与锚固情况（16G101-1）

楼层框架梁下部通长筋的锚固与连接		图集或相关出处
钢筋长度的基本计算公式	净长+锚固+连接	

续表

<table>
<tr><th colspan="3">楼层框架梁下部通长筋的锚固与连接</th><th>图集或相关出处</th></tr>
<tr><td rowspan="5">下部通长筋的锚固</td><td rowspan="2">端支座</td><td>直锚</td><td>第 84 页</td></tr>
<tr><td>弯锚</td><td>第 84 页</td></tr>
<tr><td rowspan="2">中间支座变截面</td><td>斜弯通过</td><td>第 87 页</td></tr>
<tr><td>断开锚固</td><td>第 87 页</td></tr>
<tr><td>悬挑端</td><td colspan="2">说明：框架梁下部通长筋一般不会延伸到悬挑端，悬挑端有自己的下部钢筋</td></tr>
<tr><td rowspan="3">下部通长筋的连接</td><td colspan="2">下部钢筋可在中间支座锚固，也可在支座外连接</td><td>第 84 页</td></tr>
<tr><td colspan="3">上部与下部纵筋均贯通中柱
下部纵筋连接不多于50%
$\geqslant 1.5h_0$
$\geqslant l_{lE}$
h_0</td></tr>
<tr><td colspan="3">备注：本教程中，对于下部通长筋的连接，只按 9000mm 的定尺长度考虑，不考虑具体的连接位置</td></tr>
</table>

（二）下部通长筋端支座锚固

下部通长筋端支座锚固见 16G101－1 第 84 页。

1. 计算条件

计算条件，见表 1－3－51。“l_{aE}/l_a”的取值见 16G101－1 第 58 页。

表 1－3－51　　计　算　条　件

混凝土强度	梁混凝土保护层	支座外侧混凝土保护层	抗震等级	定尺长度	连接方式	l_{aE}/l_a
C30	20	20	一级抗震	9000	对焊	$33d/29d$

2. 平法施工图

平法施工图，见图 1－3－32。

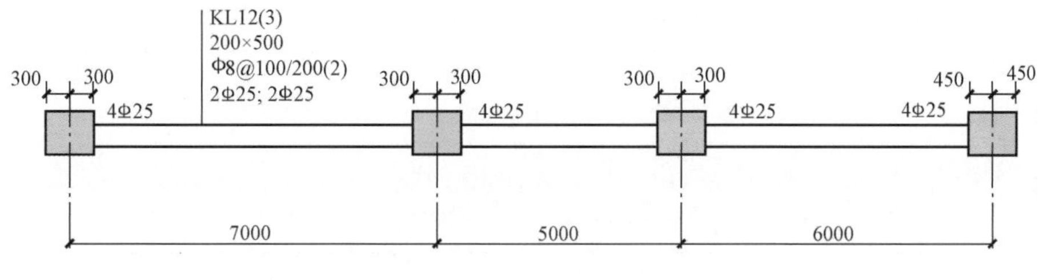

图 1－3－32　KL12

3. 下部通长筋计算过程及施工效果图

下部通长筋计算过程见表 1－3－52，施工效果图见图 1－3－33。

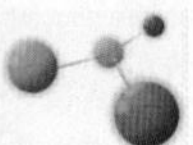

表 1-3-52　　计 算 过 程

第一步	计算得 l_{aE}	$l_{aE}=33d=33\times25=825$	
第二步	判断直锚/弯锚	左支座 $600<l_{aE}$，故需要弯锚	
		右支座 $900>l_{aE}$，故采用直锚	
第三步	分别计算直锚和弯锚长度	左支座弯锚长度	$h_c-c+15d$	$600-20+15\times25=955$
		右支座直锚长度	$\max(0.5h_c+5d,\ l_{aE})$	$\max(0.5\times900+5\times25,825)=825$
第四步	计算下部通长筋总长度	净长＋左支座锚固＋右支座锚固	$(7000+5000+6000-750)+955+825=19\ 030$	
第五步	计算接头个数	$19\ 030/9000-1=2$ 个		

4. 计算过程分析

(1) 左端支座弯锚计算分析。

第一个问题：弯锚时，水平段伸至什么位置可以上弯，见表 1-3-53。

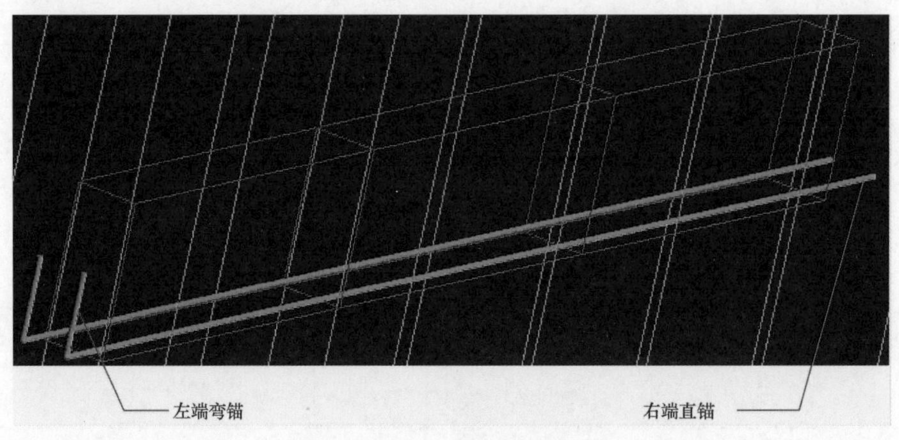

图 1-3-33　钢筋效果图

表 1-3-53　　计 算 过 程 分 析

16G101-1 第 84 页，梁下部钢筋弯锚的计算方法：$h_c-c+15d$
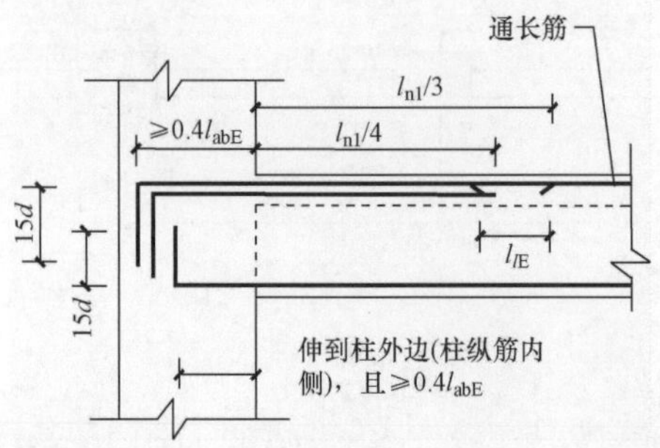

因此，楼层框架梁下部通长筋端支座弯锚时，其平直段长度应同时满足表 1-3-54 所示两个条件：

第二个问题：弯锚后总长度是否还要满足 l_{aE}？

本例中，如表 1-3-55 所示弯锚后总长度小于 l_{aE}，那最终弯锚的长度是否还要满足 l_{aE}呢？

表 1-3-54　KL 下部钢筋端支座弯锚平直段长度

楼层框架梁下部通长筋端支座弯锚时平直段长度	
条件 1	$\geqslant 0.4l_{abE}$
条件 2	h_c-c

表 1-3-55　KL 下部钢端支座弯锚总长度与 l_{aE}

举例：弯锚长度=400−30+15×20=670
$l_{aE}=34d=34\times20=680$
弯锚后总长度<l_{aE}，怎么处理？

答案是否定的！按 $h_c-c+15d$ 计算的弯锚总长度不需要考虑是否还要满足 l_{aE}。因为 l_{aE} 是直锚长度标准。当弯锚时，在弯折点处钢筋的锚固机理发生本质的变化，所以，不应以 l_{aE}作为衡量弯锚总长度的标准。

（2）右端支座直锚计算分析，见表 1-3-56。

表 1-3-56　计 算 过 程 分 析

直锚长度	出　处
	16G101-1 第 84 页
max(l_{aE}，0.5h_c+5d)	≥l_{aE} ≥0.5h_c+5d

（三）下部通长筋中间支座变截面锚固—梁底有高差

下部通长筋中间支座变截面锚固—梁底有高差，见 16G101-1 第 87 页。

1. 计算条件

计算条件，见表 1-3-57。

2. 平法施工图

平法施工图，见图 1-3-34。

3. 下部通长筋计算过程及施工效果图

下部通长筋计算过程见表 1-3-58，施工效果图见图 1-3-35。$\Delta_h/(h_c-50)>1/6$，故上部通长筋按断开各自锚固计算。

"l_{aE}/l_a" 的取值见 16G101-1 第 58 页。

表 1-3-57　计　算　条　件

混凝土强度	梁混凝土保护层	支座外侧混凝土保护层	抗震等级	定尺长度	连接方式	l_{aE}/l_a
C30	20	20	一级抗震	9000	对焊	$33d/29d$

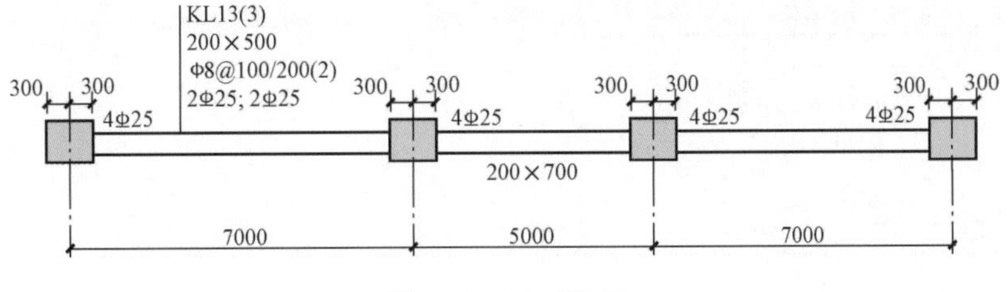

图 1-3-34　KL13

表 1-3-58　　计 算 过 程

1 号筋 （高标高钢筋）	计算公式：净长+一端直锚+一端弯锚
	净长=7000−600=6400
	端支座弯锚=600−20+15×25=955
	中间支座直锚=max（l_{aE}，0.5h_c+5d）=max（33×25，300+5×25）=825
	总长=6400+955+825=8180
2 号筋 （低标高钢筋）	计算公式：净长+两端锚固
	净长=5000−600=4400
	两端伸入中间支座弯锚=600−20+15×25=955
	总长=4400+955+955=6310

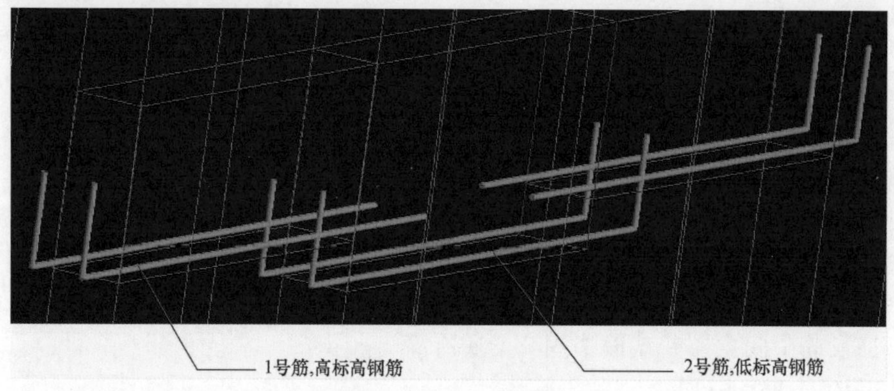

图 1-3-35　钢筋效果图

4. 计算过程分析

计算过程分析，见表 1-3-59。

表 1-3-59　　计 算 过 程 分 析

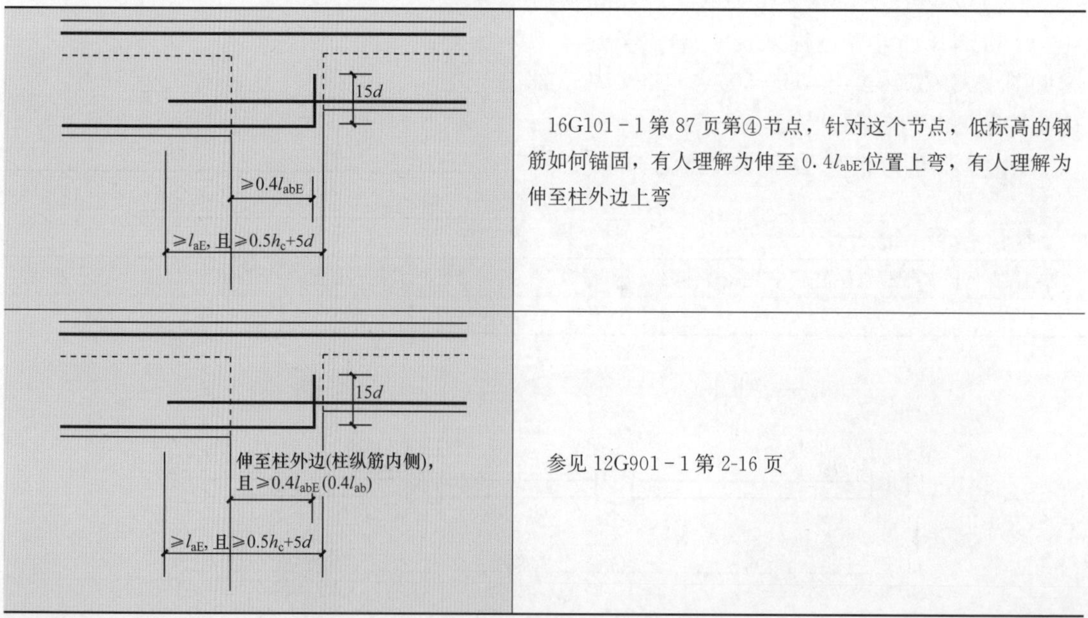

15d ≥0.4l_{abE} ≥l_{aE}, 且≥0.5h_c+5d	16G101-1 第 87 页第④节点，针对这个节点，低标高的钢筋如何锚固，有人理解为伸至 0.4l_{abE}位置上弯，有人理解为伸至柱外边上弯
15d 伸至柱外边(柱纵筋内侧)，且≥0.4l_{abE}(0.4l_{ab}) ≥l_{aE}, 且≥0.5h_c+5d	参见 12G901-1 第 2-16 页

（四）下部通长筋中间支座变截面锚固—梁宽度不同

下部通长筋中间支座变截面锚固—梁宽度不同，见16G101－1第87页。

1. 计算条件

计算条件，见表1-3-60。“l_{aE}/l_a”的取值见16G101－1第58页。

表1-3-60　计算条件

混凝土强度	梁混凝土保护层	支座外侧混凝土保护层	抗震等级	定尺长度	连接方式	l_{aE}/l_a
C30	20	20	一级抗震	9000	对焊	$33d/29d$

2. 平法施工图

平法施工图，见图1-3-36。

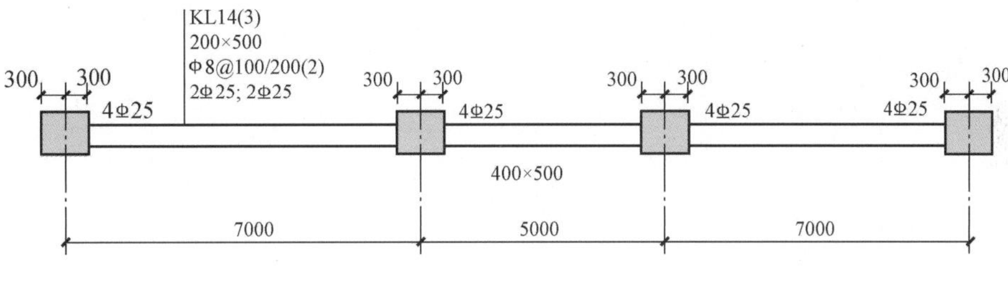

图1-3-36　KL14

3. 下部通长筋计算过程及施工效果图

下部通长筋计算过程见表1-3-61，施工效果图见图1-3-37。

表1-3-61　计算过程

1号筋（窄梁）	计算公式：净长＋一端弯锚＋一端直锚
	净长＝7000－600＝6400
	端支座弯锚＝600－20＋15×25＝955
	中间支座直锚＝max（l_{aE}，$0.5h_c+5d$）＝max（33×25，300＋5×25）＝825
	总长＝6400＋955＋825＝8180
2号筋（宽梁）	计算公式：净长＋两端锚固
	净长＝5000－600＝4400
	两端伸入中间支座弯锚＝600－20＋15×25＝955
	总长＝4400＋955＋955＝6310

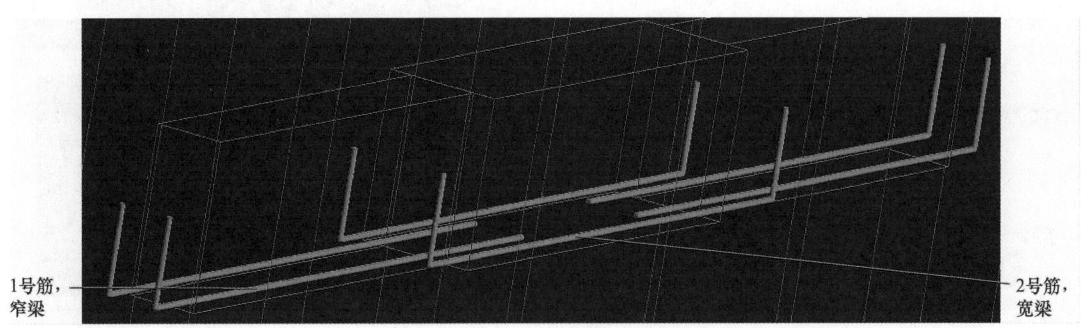

图1-3-37　钢筋效果图

4. 计算结果分析

计算结果分析，见表 1-3-62。

5. 总结下部通长筋中间支座变截面

16G101-1 第 87 页第④、⑤、⑥三个节点讲述的是楼层框架梁梁底有高差或梁宽度不同时的情况，现将其实际施工效果分析如下，见表 1-3-63。

表 1-3-62　　计算结果分析

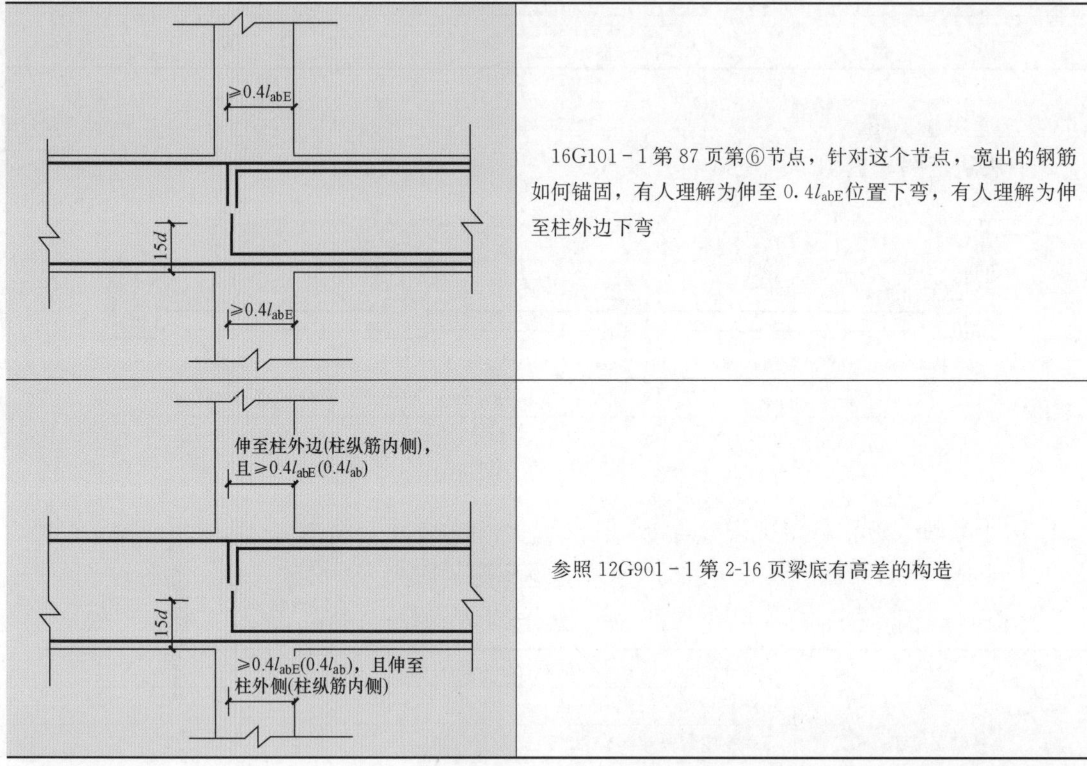

图示	说明
≥$0.4l_{abE}$；15d；≥$0.4l_{abE}$	16G101-1 第 87 页第⑥节点，针对这个节点，宽出的钢筋如何锚固，有人理解为伸至 $0.4l_{abE}$ 位置下弯，有人理解为伸至柱外边下弯
伸至柱外边(柱纵筋内侧)，且≥$0.4l_{abE}$($0.4l_{ab}$)；15d；≥$0.4l_{abE}$($0.4l_{ab}$)，且伸至柱外侧(柱纵筋内侧)	参照 12G901-1 第 2-16 页梁底有高差的构造

表 1-3-63　　下部钢筋变截面构造

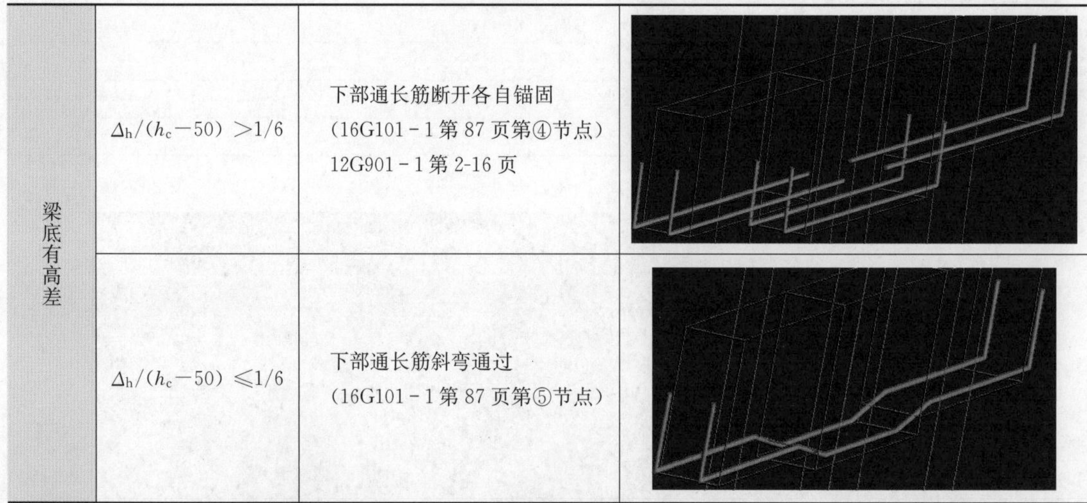

梁底有高差	$\Delta_h/(h_c-50)>1/6$	下部通长筋断开各自锚固（16G101-1 第 87 页第④节点）12G901-1 第 2-16 页	
	$\Delta_h/(h_c-50)\leqslant 1/6$	下部通长筋斜弯通过（16G101-1 第 87 页第⑤节点）	

续表

梁宽度不同	宽出部分的钢筋不够直锚时弯锚入柱 （16G101－1 第 87 页第⑥节点）	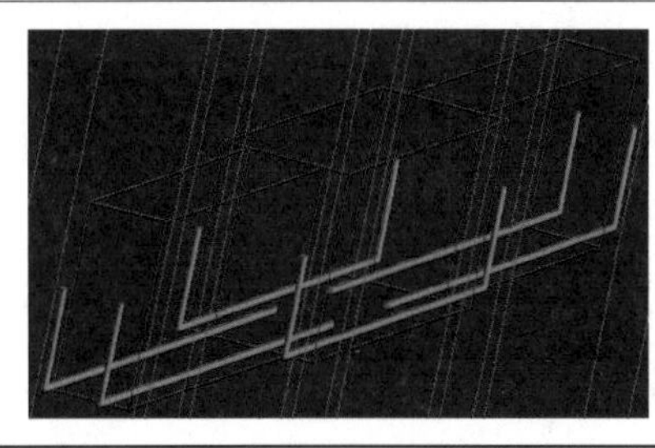

（五）下部非通长筋端支座锚固

下部非通长筋端支座锚固，见 16G101－1 第 84 页。

1. 计算条件

计算条件，见表 1－3－64。"l_{aE}/l_a" 的取值见 16G101－1 第 58 页。

表 1－3－64　　计 算 条 件

混凝土强度	梁混凝土保护层	支座外侧混凝土保护层	抗震等级	定尺长度	连接方式	l_{aE}/l_a
C30	20	20	一级抗震	9000	对焊	$33d/29d$

2. 平法施工图

平法施工图，见图 1－3－38。

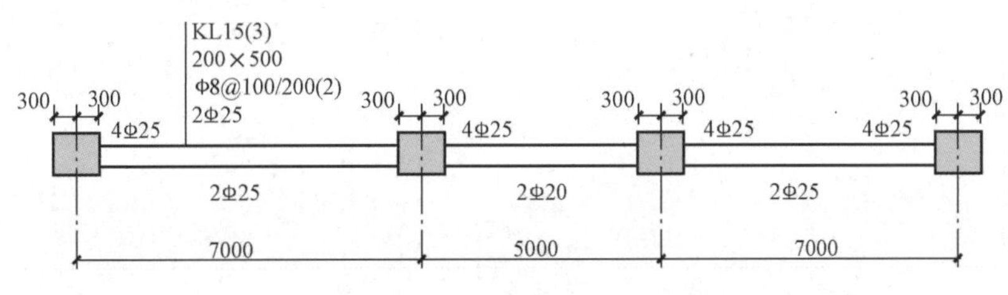

图 1－3－38　KL15

3. 下部通长筋计算过程及施工效果图

下部通长筋计算过程见表 1－3－65，施工效果图见图 1－3－39。

表 1－3－65　　计 算 过 程

第 1 跨下部钢筋	计算公式：净长＋端支座锚固＋中间支座锚固	
	端支座锚固： $(h_c=600)<(l_{aE}=825)$，故需弯锚 锚固长度$=h_c-c+15d$ $=600-20+15\times25$ $=955$	
	中间支座直锚$=\max(l_{aE}, 0.5h_c+5d)$ $=\max(825, 300+5\times25)$ $=825$	
	钢筋总长$=7000-600+955+825=8180$	

续表

第 2 跨 下部钢筋	计算公式：净长＋两端中间支座锚固	
	中间支座直锚$=\max(l_{aE}, 0.5h_c+5d)$ $=\max(660, 300+5\times20)$ $=660$	
	钢筋总长＝5000－600＋660＋660＝5720	
第 3 跨 下部钢筋	同第 1 跨下部钢筋	

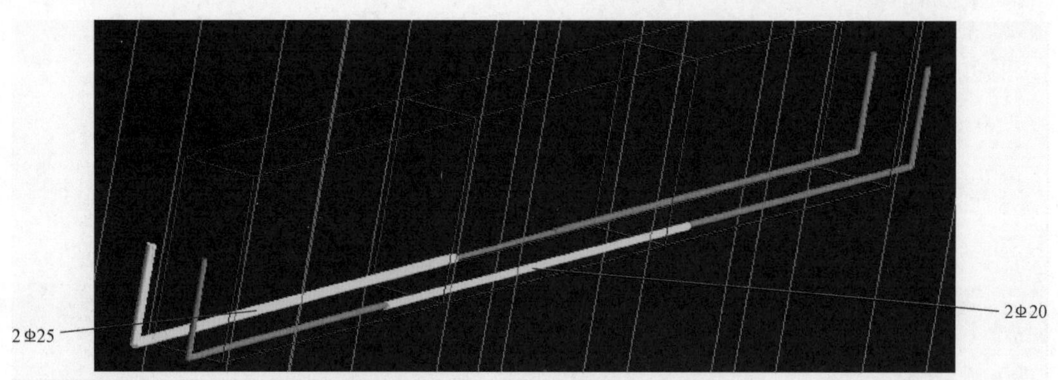

图 1-3-39 钢筋效果图

（六）下部不伸入支座钢筋

下部不伸入支座钢筋，见 16G101-1 第 90 页。

1. 计算条件

计算条件，见表 1-3-66。“l_{aE}/l_a” 的取值见 16G101-1 第 58 页。

表 1-3-66　　计 算 条 件

混凝土强度	梁混凝土保护层	支座外侧混凝土保护层	抗震等级	定尺长度	连接方式	l_{aE}/l_a
C30	20	20	一级抗震	9000	对焊	$33d/29d$

2. 平法施工图

平法施工图，见图 1-3-40。

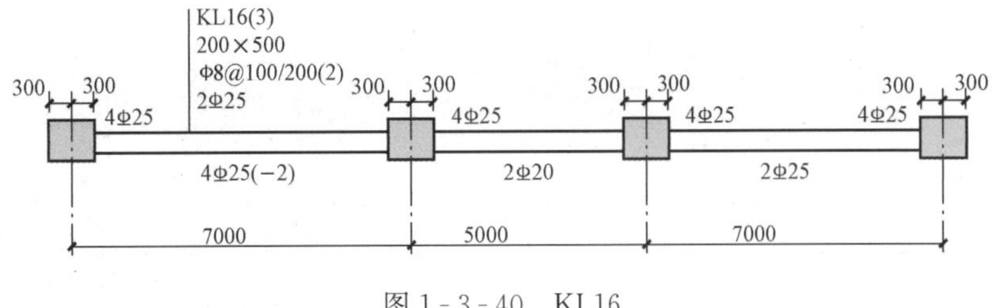

图 1-3-40 KL16

3. 上部通长筋计算过程及施工效果图

上部通长筋计算过程见表 1-3-67，施工效果图见图 1-3-41。

表 1-3-67 计 算 过 程

第 1 跨下部伸入支座钢筋	计算公式：净长＋端支座锚固＋中间支座锚固	
	端支座锚固： (h_c＝600)<(l_{aE}＝825)，故需弯锚 锚固长度＝$h_c－c＋15d$ ＝600－20＋15×25 ＝955	
	中间支座直锚＝max(l_{aE}，0.5h_c＋5d) ＝max(825，300＋5×25) ＝825	
	钢筋总长＝7000－600＋955＋825＝8180	
第 1 跨下部不入支座钢筋	上部不伸入支座钢筋：净长－2×0.1l_n	
	长度＝7000－600－2×(7000－600)×0.1 ＝5120	
第 2 跨下部钢筋	计算公式：净长＋两端中间支座锚固	
	中间支座直锚＝max(l_{aE}，0.5h_c＋5d) ＝max(660，300＋5×20) ＝660	
	钢筋总长＝5000－600＋680＋660＝5740	
第 3 跨下部钢筋	同第 1 跨下部伸入支座钢筋	

图 1-3-41　钢筋效果图

（七）下部通长筋总结

下部通长筋总结，见表 1-3-68。

表 1-3-68　　　　下部通长筋总结

<table>
<tr><th colspan="6">抗震楼层框架梁下部通长筋总结</th></tr>
<tr><th colspan="5">情　况</th><th>出　处</th></tr>
<tr><td rowspan="6">下部通长筋锚固</td><td rowspan="2">端支座</td><td>直锚</td><td colspan="2">max（$0.5h_c+5d$，l_{aE}）</td><td>16G101-1 第 84 页</td></tr>
<tr><td>弯锚</td><td colspan="2">$h_c-c+15d$</td><td>16G101-1 第 84 页</td></tr>
<tr><td rowspan="4">中间支座变截面</td><td rowspan="2">梁底有高差且 $\Delta_h/(h_c-50)>1/6$</td><td>低标高钢筋弯锚</td><td>$h_c-c+15d$</td><td>12G901-1 第 2-16 页</td></tr>
<tr><td>高标高钢筋直锚</td><td>l_{aE}</td><td>16G101-1 第 87 页</td></tr>
<tr><td>梁底有高差且 $\Delta_h/(h_c-50)\leqslant 1/6$</td><td colspan="2">下部通长筋斜弯通过，不断开</td><td>16G101-1 第 87 页</td></tr>
<tr><td>梁宽度不同</td><td>宽出的不能直通的钢筋弯锚</td><td>$h_c-c+15d$</td><td>16G101-1 第 87 页</td></tr>
<tr><td>连接</td><td colspan="4">跨端 1/3 范围，且避开箍筋加密区</td><td>16G101-1 第 84 页</td></tr>
<tr><td colspan="3">下部不伸入支座钢筋</td><td colspan="2">净长$-2\times0.1\times l_n$（l_n 为本跨的净跨值）</td><td>16G101-1 第 90 页</td></tr>
</table>

五、楼层框架梁支座负筋

（一）支座负筋延伸长度（一般情况）

1. 计算条件

计算条件，见表 1-3-69。"l_{aE}/l_a" 的取值见 16G101-1 第 58 页。

表 1-3-69　　　　计 算 条 件

混凝土强度	梁混凝土保护层	支座外侧混凝土保护层	抗震等级	定尺长度	连接方式	l_{aE}/l_a
C30	20	20	一级抗震	9000	对焊	$33d/29d$

2. 平法施工图

平法施工图，见图 1-3-42。

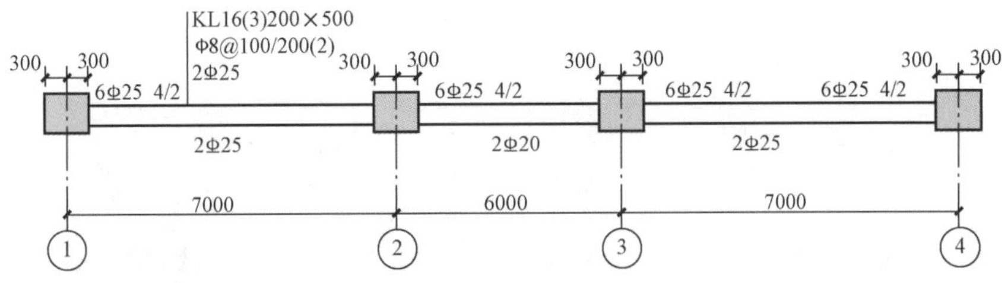

图 1-3-42　KL16

3. 计算过程及施工效果图

计算过程见表 1-3-70，施工效果图见图 1-3-43。

表 1-3-70　　计　算　过　程

<table>
<tr><td rowspan="7">支座 1 负筋</td><td colspan="2">端支座负筋计算公式：延伸长度＋伸入支座锚固长度（支座弯锚直锚判断过程略）</td></tr>
<tr><td rowspan="3">第一排支座负筋（2 根）</td><td>锚固长度＝$h_c-c+15d$
＝600－20＋15×25
＝955</td></tr>
<tr><td>延伸长度＝$l_n/3$＝(7000－600)/3＝2133</td></tr>
<tr><td>总长＝2133＋955＝3088</td></tr>
<tr><td rowspan="3">第二排支座负筋（2 根）</td><td>锚固长度＝$h_c-c+15d$
＝600－20＋15×25
＝955</td></tr>
<tr><td>延伸长度＝$l_n/4$＝(7000－600)/4＝1600</td></tr>
<tr><td>总长＝1600＋955＝2555</td></tr>
<tr><td rowspan="5">支座 2 负筋</td><td colspan="2">中间支座负筋计算公式：支座宽度＋两端延伸长度</td></tr>
<tr><td rowspan="2">第一排支座负筋（2 根）</td><td>延伸长度＝max(7000－600,6000－600)/3＝2133</td></tr>
<tr><td>总长＝600＋2×2133＝4866</td></tr>
<tr><td rowspan="2">第二排支座负筋（2 根）</td><td>延伸长度＝max(7000－600,6000－600)/4＝1600</td></tr>
<tr><td>总长＝600＋2×1600＝3800</td></tr>
<tr><td>支座 3 负筋</td><td colspan="2">同支座 2</td></tr>
<tr><td>支座 4 负筋</td><td colspan="2">同支座 1</td></tr>
</table>

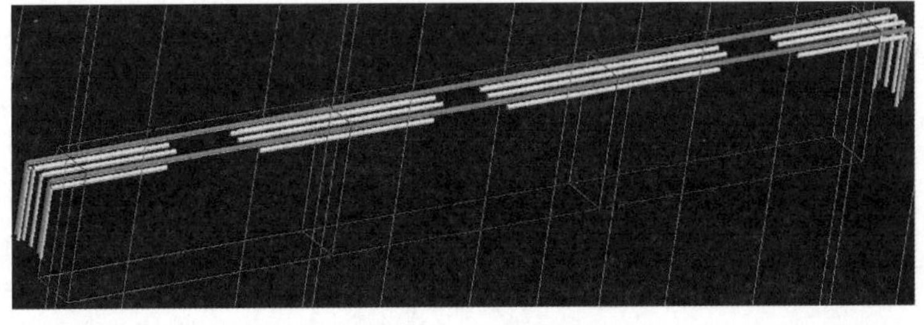

图 1-3-43　钢筋效果图

4. 计算结果分析

计算结果分析，见表 1-3-71。

表 1-3-71　　计算结果分析

（1）注意支座负筋的根数：原位标注的钢筋包括该位置的所有钢筋

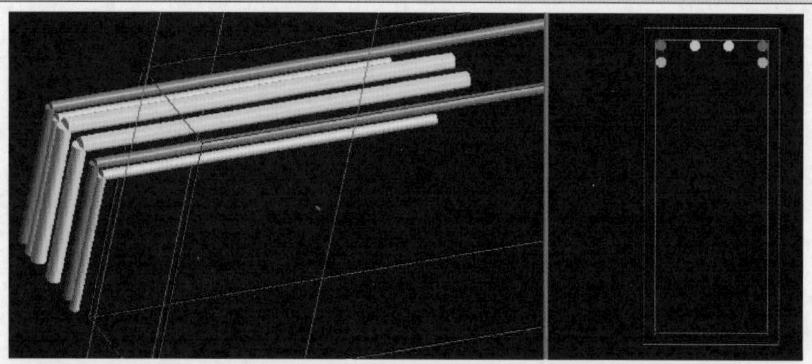

（2）注意中间支座负筋延伸长度：是以"相邻跨较大跨的净跨值"为基础计算

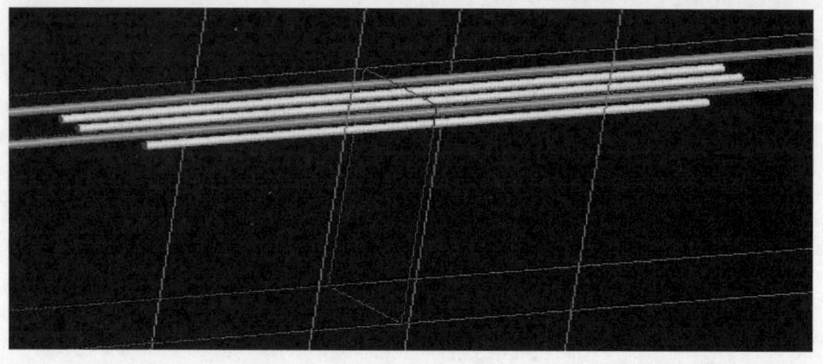

（二）支座负筋延伸长度（三排支座负筋）

1. 计算条件

计算条件，见表 1-3-72。"l_{aE}/l_a"的取值见 16G101-1 第 58 页。

表 1-3-72　　计算条件

混凝土强度	梁混凝土保护层	支座外侧混凝土保护层	抗震等级	定尺长度	连接方式	l_{aE}/l_a
C30	20	20	一级抗震	9000	对焊	$33d/29d$

2. 平法施工图

平法施工图，见图 1-3-44。

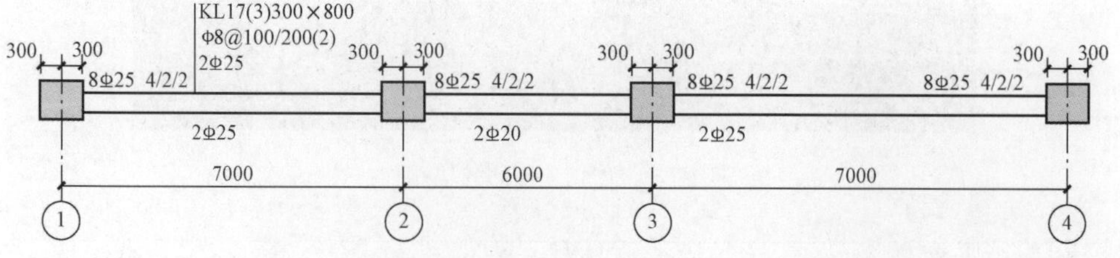

图 1-3-44　KL17

3. 计算过程及施工效果图

计算过程见表 1-3-73，施工效果图见图 1-3-45。

表 1-3-73　　　　**计　算　过　程**

支座 1 负筋	端支座负筋计算公式：延伸长度＋伸入支座锚固长度（支座弯锚直锚判断过程略）	
	第一排支座负筋（2 根）	锚固长度＝$h_c-c+15d$ ＝600－20＋15×25 ＝955
		延伸长度＝l_n/3＝(7000－600)/3＝2133
		总长＝2133＋955＝3088
	第二排支座负筋（2 根）	锚固长度＝$h_c-c+15d$ ＝600－20＋15×25 ＝955
		延伸长度＝l_n/4＝(7000－600)/4＝1600
		总长＝1600＋955＝2555
	第三排支座负筋（2 根）	锚固长度＝$h_c-c+15d$ ＝600－20＋15×25 ＝955
		延伸长度＝l_n/5＝(7000－600)/5＝1280
		总长＝1280＋955＝2235
支座 2 负筋	中间支座负筋计算公式：支座宽度＋两端延伸长度	
	第一排支座负筋（2 根）	延伸长度＝max(7000－600，6000－600)/3＝2133
		总长＝600＋2×2133＝4866
	第二排支座负筋（2 根）	延伸长度＝max(7000－600，6000－600)/4＝1600
		总长＝600＋2×1600＝3800
	第三排支座负筋（2 根）	延伸长度＝max(7000－600，6000－600)/5＝1280
		总长＝600＋2×1280＝3160
支座 3 负筋	同支座 2	
支座 4 负筋	同支座 1	

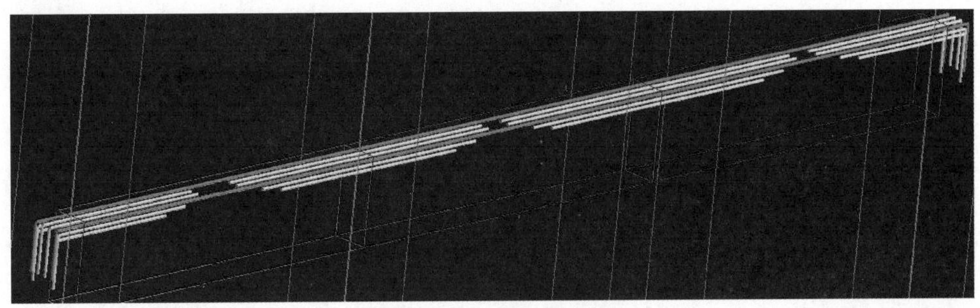

图 1-3-45　钢筋效果图

4. 计算分析

本例有三排支座负筋，16G101－1 没有讲述第三排支座负筋的延伸长度，见图 1－3－46。此处结合工程中常见做法进行计算，如图 1－3－47 所示。

（三）支座负筋延伸长度（上排无支座负筋）

1. 计算条件

计算条件，见表 1－3－74。“l_{aE}/l_a”的取值见 16G101－1 第 58 页。

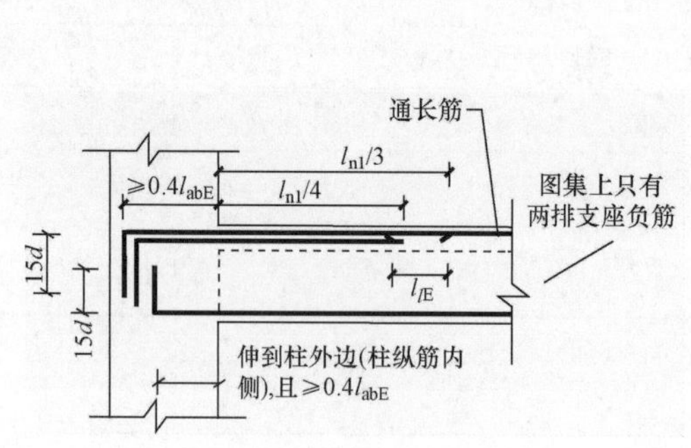

图 1－3－46　计算结果分析

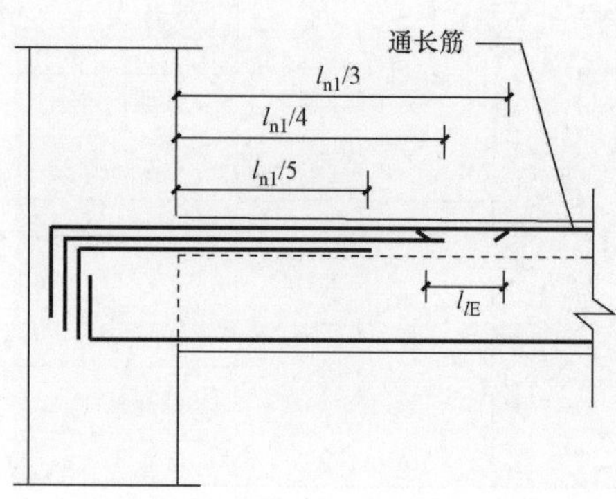

图 1－3－47　计算结果分析

表 1－3－74　　**计 算 条 件**

混凝土强度	梁混凝土保护层	支座外侧混凝土保护层	抗震等级	定尺长度	连接方式	l_{aE}/l_a
C30	20	20	一级抗震	9000	对焊	$33d/29d$

2. 平法施工图

平法施工图，见图 1－3－48。

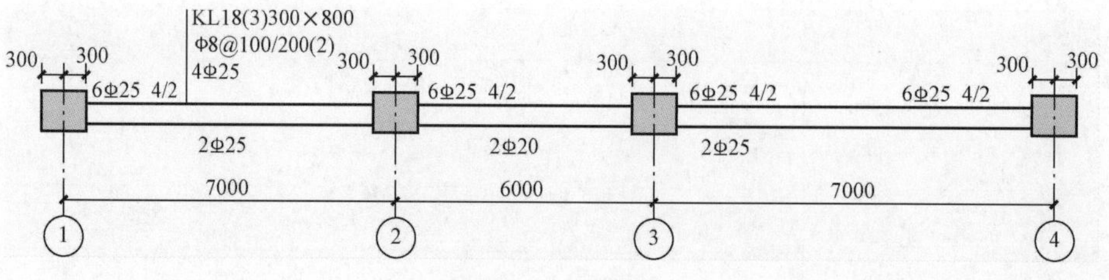

图 1－3－48　KL18

3. 计算过程及施工效果图

计算过程见表 1－3－75，施工效果图见图 1－3－49。

表 1－3－75　　**计 算 过 程**

<table>
<tr><td rowspan="3">支座 1 负筋</td><td colspan="2">端支座负筋计算公式：延伸长度＋伸入支座锚固长度（支座弯锚直锚判断过程略）</td></tr>
<tr><td rowspan="2">第二排支座负筋（2 根）</td><td>锚固长度＝$h_c-c+15d$
＝600－20＋15×25
＝955</td></tr>
<tr><td>延伸长度＝l_n/3＝(7000－600)/3＝2133
总长＝2133＋955＝3088</td></tr>
</table>

续表

<table>
<tr><td rowspan="3">支座 2 负筋</td><td colspan="2">中间支座负筋计算公式：支座宽度＋两端延伸长度</td></tr>
<tr><td rowspan="2">第二排支座负筋（2 根）</td><td>延伸长度＝max(7000－600，6000－600)/3＝2133</td></tr>
<tr><td>总长＝600＋2×2133＝4866</td></tr>
<tr><td>支座 3 负筋</td><td colspan="2">同支座 2</td></tr>
<tr><td>支座 4 负筋</td><td colspan="2">同支座 1</td></tr>
</table>

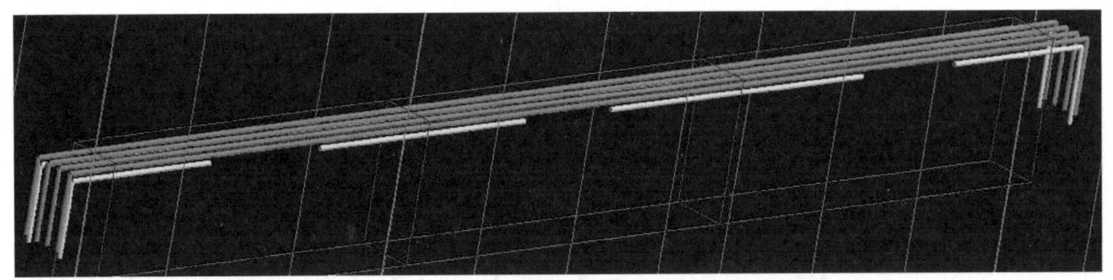

图 1-3-49　钢筋效果图

4. 计算结果分析

16G101-1 没有讲述上排全部是通长筋，而没有支座负筋的情况。见图 1-3-50。

此处讲解施工常见做法：

当配置两排纵筋但第一排全跨通长时，第二排延伸至 $l_n/3$ 处；

当配置三排纵筋但第一排全跨通长时，第二排延伸至 $l_n/3$ 处，第三排延伸至 $l_n/4$ 处；

当配置超过三排纵筋时，由设计者注明各排纵筋的延伸长度值。见表 1-3-76。

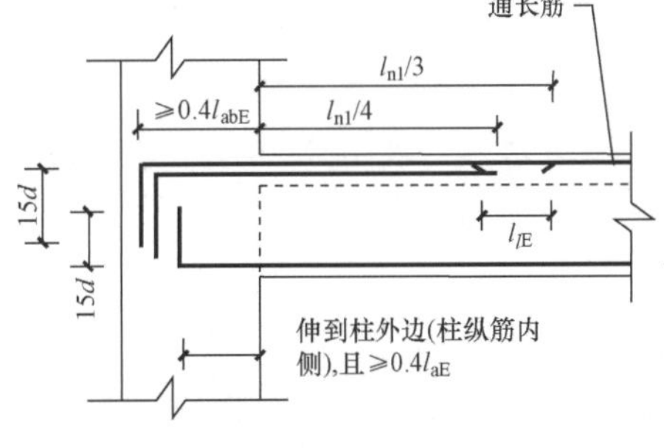

图 1-3-50　计算结果分析

表 1-3-76　　**计算结果分析**

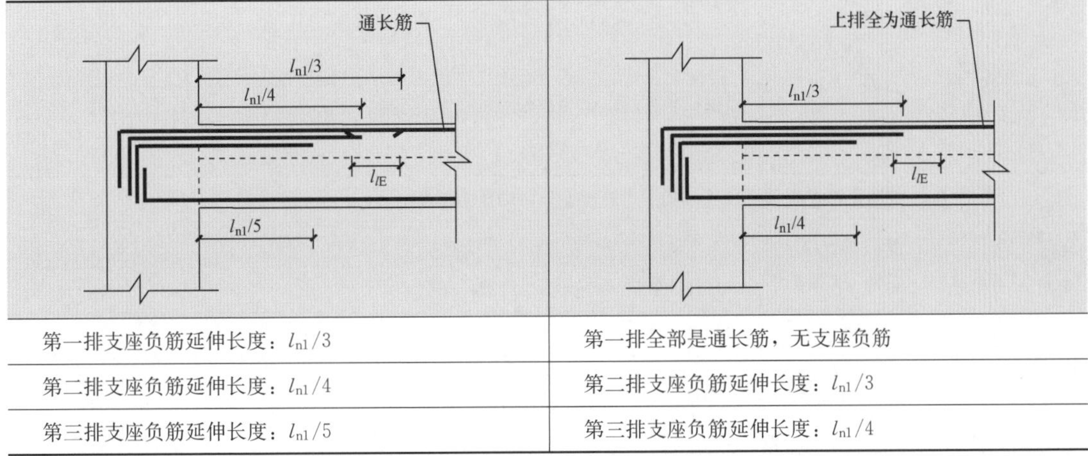

第一排支座负筋延伸长度：$l_{n1}/3$	第一排全部是通长筋，无支座负筋
第二排支座负筋延伸长度：$l_{n1}/4$	第二排支座负筋延伸长度：$l_{n1}/3$
第三排支座负筋延伸长度：$l_{n1}/5$	第三排支座负筋延伸长度：$l_{n1}/4$

（四）支座负筋贯通小跨

1. 计算条件

计算条件，见表 1-3-77。“l_{aE}/l_a”的取值见 16G101-1 第 58 页。

表 1-3-77　　　　计算条件

混凝土强度	梁混凝土保护层	支座外侧混凝土保护层	抗震等级	定尺长度	连接方式	l_{aE}/l_a
C30	20	20	一级抗震	9000	对焊	$33d/29d$

2. 平法施工图

平法施工图，见图 1-3-51。

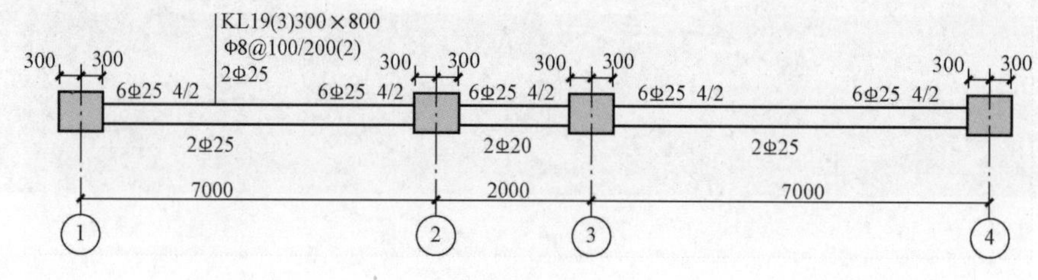

图 1-3-51　KL19

3. 计算过程及施工效果图

计算过程见表 1-3-78，施工效果图见图 1-3-52。

表 1-3-78　　　　计算过程

支座 1 负筋	端支座负筋计算公式：延伸长度＋伸入支座锚固长度（支座弯锚直锚判断过程略）	
	第一排支座负筋（2 根）	锚固长度 $=h_c-c+15d$ $=600-20+15\times25$ $=955$
		延伸长度 $=l_n/3=(7000-600)/3=2133$
		总长 $=2133+955=3088$
	第二排支座负筋（2 根）	锚固长度 $=h_c-c+15d$ $=600-20+15\times25$ $=955$
		延伸长度 $=l_n/4=(7000-600)/4=1600$
		总长 $=1600+955=2555$
支座 2、3 负筋	贯通小跨支座负筋计算公式：小跨宽度＋两端延伸长度	
	第一排支座负筋（2 根）	延伸长度 $=\max(7000-600,2000-600)/3=2133$
		总长 $=2000+600+2\times2133=6866$
	第二排支座负筋（2 根）	延伸长度 $=\max(7000-600,2000-600)/4=1600$
		总长 $=2000+600+2\times1600=5800$
支座 4 负筋	同支座 1	

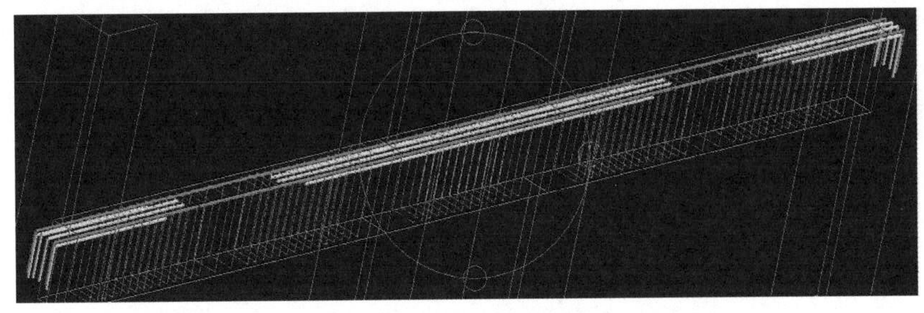

图 1-3-52　钢筋效果图

4. 计算结果分析

如图 1-3-53 所示，这种标注在上部跨中的钢筋表示贯通该跨的钢筋。

那么，什么时候需要这种贯通某跨的钢筋呢？这是设计者的事情，对于造价和施工人员，只要能够识别这种表示即可。

当两大跨中间为小跨，且小跨净尺寸小于左、右两大跨净尺寸之和的 1/3 时，小跨上部纵筋采取贯通全跨方式，此时，应将贯通小跨的钢筋注写在小跨中部。

其实这是对“小跨”的定义，本例的标题叫“支座负筋贯通小跨”，可什么是小跨呢？以前没有明确的定义，只是看施工图，如果钢筋标注在跨中就知道是贯通小跨的。现在，对于“小跨”，就知道小跨净尺寸小于左右两大跨净尺寸之和的 1/3 时，就称为“小跨”，上部钢筋应贯通该跨。

那么，为什么定义为 1/3 呢？为了便于理解，请看图 1-3-54。

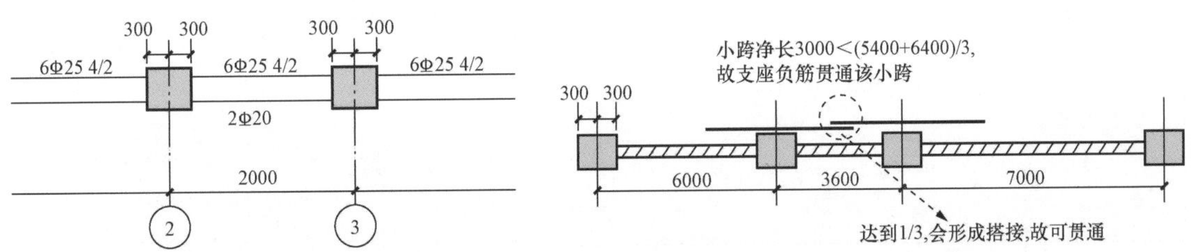

图 1-3-53　计算结果分析

图 1-3-54　计算结果分析

如图 1-3-55 所示，一旦小跨净尺寸小于左右两大跨净尺寸之和的 1/3，支座负筋就会形成搭接（因为支座负筋的延伸长度是 1/3），而这种搭接是没有必要的，所以就让支座负筋贯通该小跨。

（五）支座两边配筋不同

1. 计算条件

计算条件，见表 1-3-79。“l_{aE}/l_a”的取值见 16G101-1 第 58 页。

表 1-3-79　计算条件

混凝土强度	梁混凝土保护层	支座外侧混凝土保护层	抗震等级	定尺长度	连接方式	l_{aE}/l_a
C30	20	20	一级抗震	9000	对焊	33d/29d

2. 平法施工图

平法施工图，见图 1-3-55。

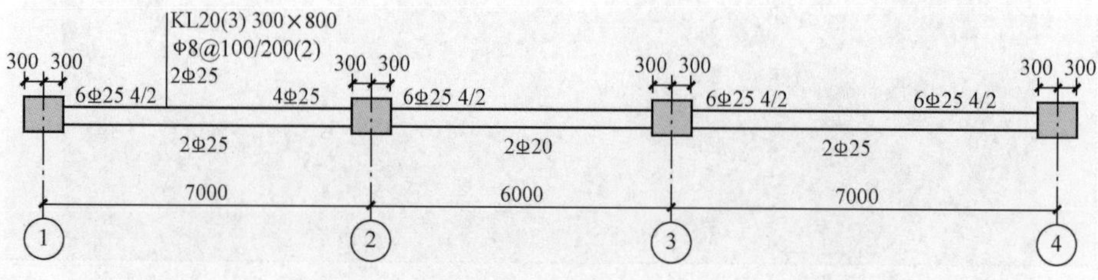

图 1-3-55 KL20

3. 计算过程及施工效果图

计算过程见表 1-3-80，施工效果图见图 1-3-56。

表 1-3-80 **计 算 过 程**

支座 1 负筋	端支座负筋计算公式：延伸长度＋伸入支座锚固长度（支座弯锚直锚判断过程略）	
	第一排支座负筋（2 根）	锚固长度$=h_c-c+15d$ $=600-20+15\times25$ $=955$
		延伸长度$=l_n/3=(7000-600)/3=2133$
		总长＝2133＋955＝3088
	第二排支座负筋（2 根）	锚固长度$=h_c-c+15d$ $=600-20+15\times25$ $=955$
		延伸长度$=l_n/4=(7000-600)/4=1600$
		总长＝1600＋955＝2555
支座 2 负筋	中间支座负筋计算公式：支座宽度＋两端延伸长度	
	第一排支座负筋（2 根）	延伸长度＝max(7000－600，6000－600)/3＝2133
		总长＝600＋2×2133＝4866
支座 2 右侧多出的负筋	端支座负筋计算公式：延伸长度＋伸入支座锚固长度	
	第二排支座负筋（2 根）	锚固长度$=h_c-c+15d$ $=600-20+15\times25$ $=955$
		延伸长度＝max(7000－600，6000－600)/4＝1600
		总长＝955＋1600＝2555
支座 3 负筋	中间支座负筋计算公式：支座宽度＋两端延伸长度	
	第一排支座负筋（2 根）	延伸长度＝max(7000－600，6000－600)/3＝2133
		总长＝600＋2×2133＝4866
	第二排支座负筋（2 根）	延伸长度＝max(7000－600，6000－600)/4＝1600
		总长＝600＋2×1600＝3800
支座 4 负筋	同支座 1	

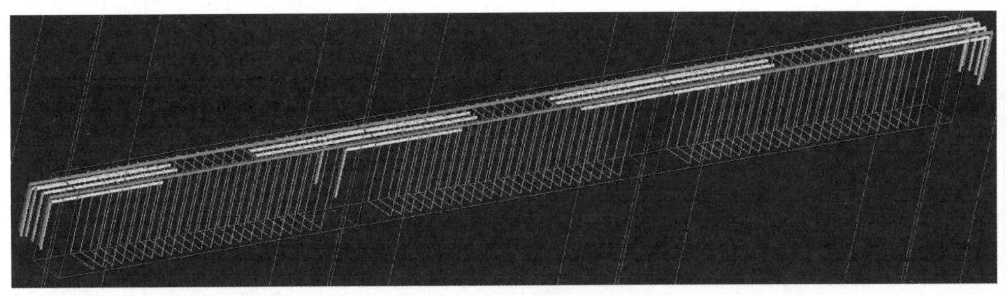

图 1-3-56 钢筋效果图

支座 2 放大图，见图 1-3-57。

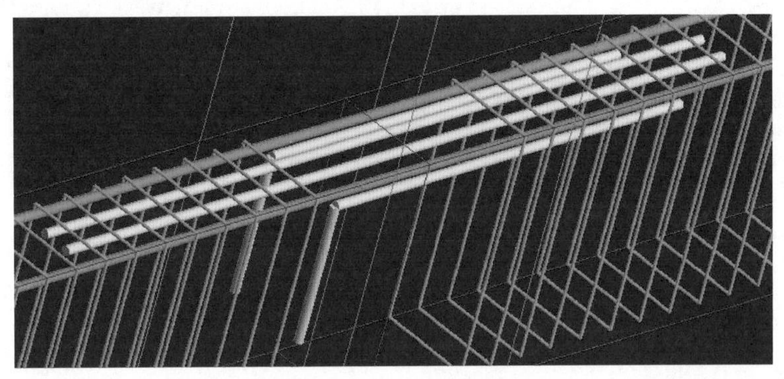

图 1-3-57 钢筋效果图

4. 计算结果分析

本例是支座两边配筋不同，见图 1-3-58。

16G101-1 第 87 页，描述了支座两边配筋的处理，见图 1-3-59。

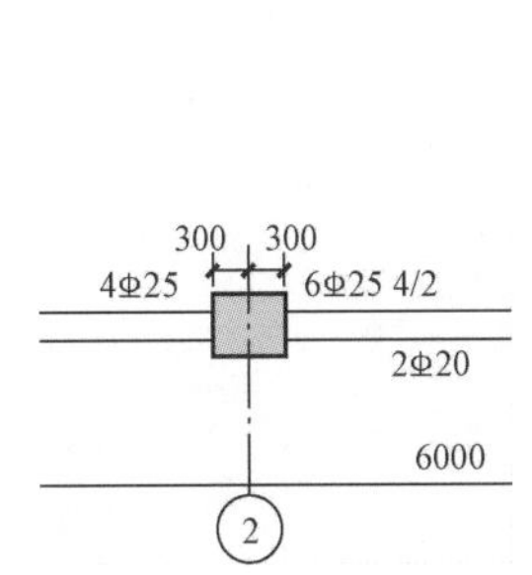

图 1-3-58 计算结果分析

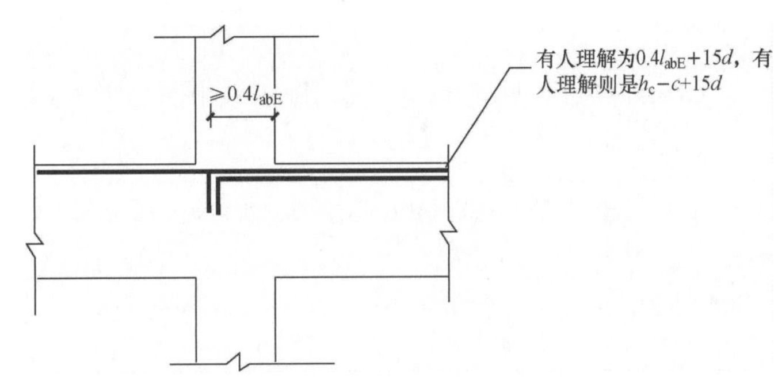

图 1-3-59 计算结果分析

支座两边配筋不同时，多出的钢筋可以弯锚，也可以直锚，弯锚如图 1-3-60 所示，弯锚长度$=h_c-c+15d$。此处是参照中间支座梁顶有高差时钢筋弯锚的构造。

支座两边配筋不同时，多出的钢筋直锚如图 1-3-61 所示，直锚长度$=\max(l_{aE}, 0.5h_c+5d)$。

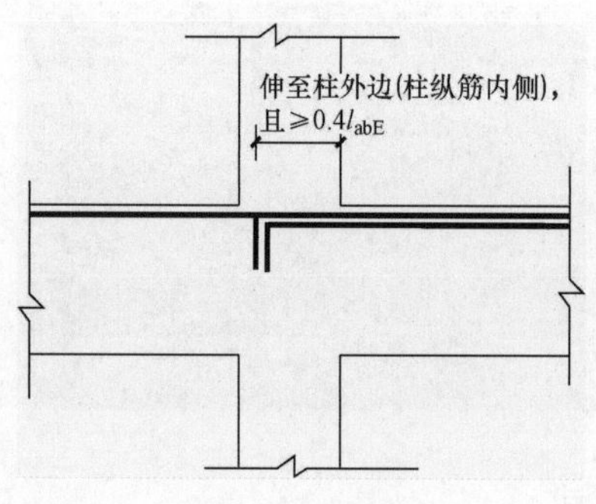

图1-3-60　计算结果分析

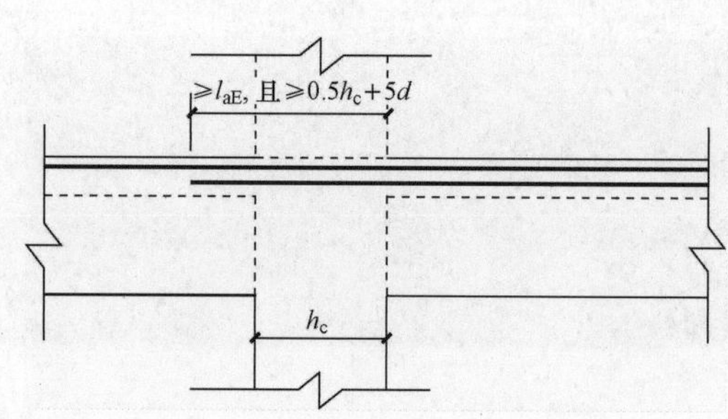

图1-3-61　计算结果分析

（六）支座两边配筋不同+支座负筋贯通小跨

（1）计算条件，见表1-3-81。“l_{aE}/l_a”的取值见16G101-1第58页。

表1-3-81　　　　计　算　条　件

混凝土强度	梁混凝土保护层	支座外侧混凝土保护层	抗震等级	定尺长度	连接方式	l_{aE}/l_a
C30	20	20	一级抗震	9000	对焊	33d/29d

（2）平法施工图，见图1-3-62。

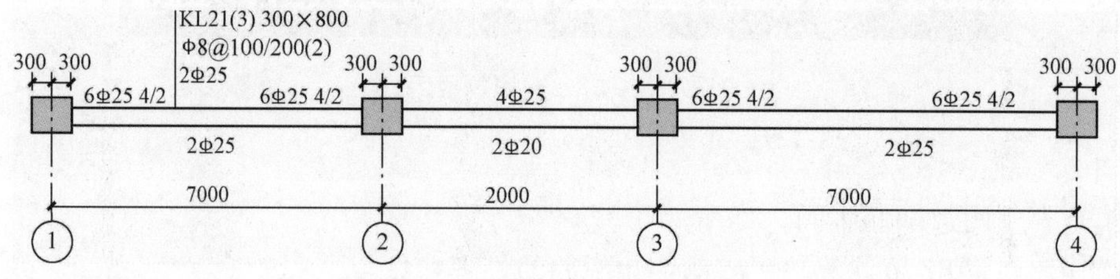

图1-3-62　KL21

（3）计算过程见表1-3-82，施工效果图见图1-3-63。

表1-3-82　　　　计　算　过　程

支座1负筋	端支座负筋计算公式：延伸长度+伸入支座锚固长度（支座弯锚直锚判断过程略）	
	第一排支座负筋（2根）	锚固长度$=h_c-c+15d$ $=600-20+15\times25$ $=955$
		延伸长度$=l_n/3=(7000-600)/3=2133$
		总长$=2133+955=3088$
	第二排支座负筋（2根）	锚固长度$=h_c-c+15d$ $=600-20+15\times25$ $=955$
		延伸长度$=l_n/4=(7000-600)/4=1600$
		总长$=1600+955=2555$

续表

支座2贯通小跨的负筋	中间支座负筋计算公式：小跨宽度＋两端延伸长度	
	第一排支座负筋（贯通小跨2根）	延伸长度＝max(7000－600,2000－600)/3＝2133
		总长＝2000＋600＋2×2133＝6866
支座2左侧、支座3右侧多出的负筋（本例采用弯锚）	端支座负筋计算公式：延伸长度＋伸入支座锚固长度	
	第二排支座负筋（2根）	锚固长度＝$h_c-c+15d$ ＝600－20＋15×25 ＝955
		延伸长度＝max(7000－600,2000－600)/4＝1600
		总长＝955＋1600＝2555
支座4负筋	同支座1	

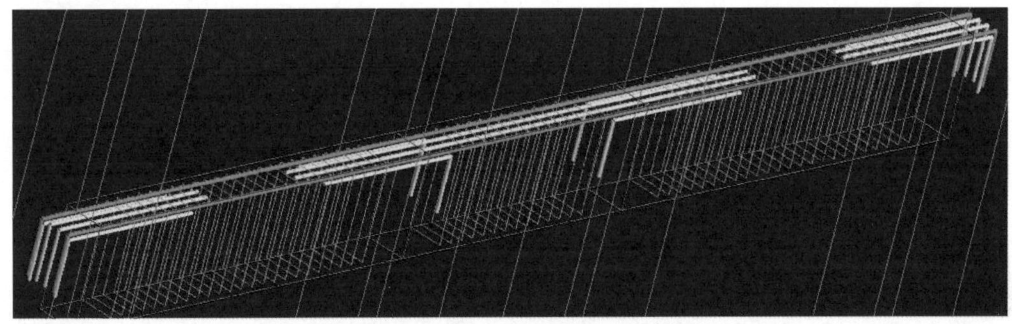

图1-3-63 钢筋效果图

第2跨放大图，见图1-3-64。

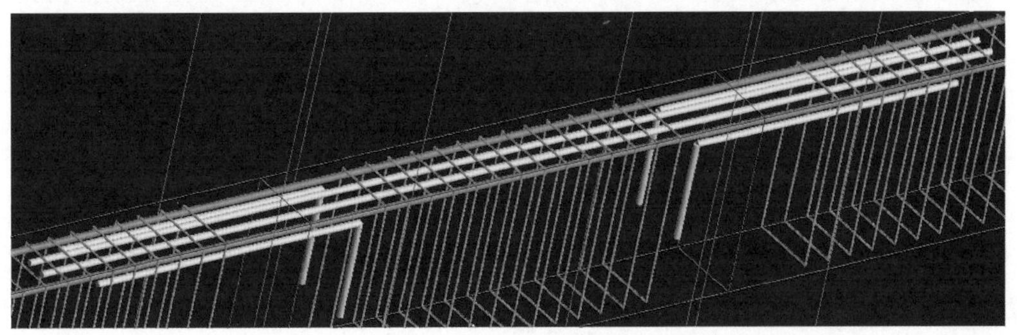

图1-3-64 钢筋效果图

（七）支座负筋总结

支座负筋总结，见表1-3-83。

表 1-3-83　　楼层框架梁支座负筋总结

情况					出处
支座负筋	延伸长度	第一排	$l_n/3$	若第一排全是通长筋，没有支座负筋	16G101-1 第 84 页
		第二排	$l_n/4$	$l_n/3$	
		超过两排，由设计者注明			
	端支座锚固	同上部通长筋			
	贯通小跨	标注在跨中的钢筋，贯通本跨			—
	支座两边配筋不同	多出的钢筋可直锚	$\max(l_{aE}, 0.5h_c+5d)$		16G101-1 第 87 页
		多出的钢筋可弯锚	$h_c-c+15d$		12G901-1 第 2-16 页

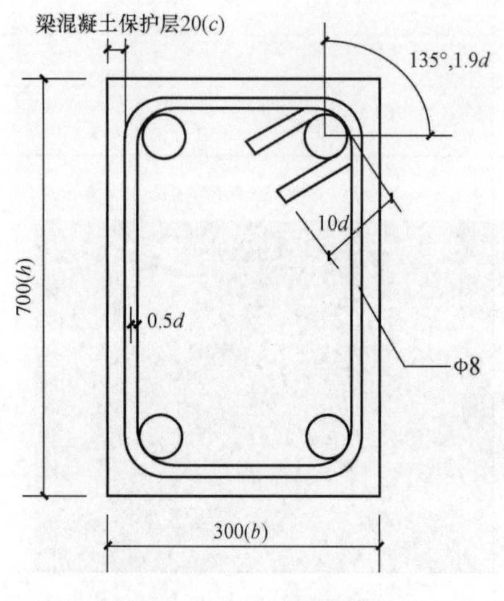

图 1-3-65　箍筋图样

六、箍筋

（一）箍筋长度（16G101-1 第 62 页）

1. 图样

图样，见图 1-3-65。

2. 计算方法（本教程中箍筋按外皮长度计算）

$$
\begin{aligned}
\text{箍筋长度} &= [(b-2\times c)+(h-2\times c)]\times 2 \\
&\quad +2\times[\max(10d,75)+1.9d] \\
&= [(300-2\times 20)+(700-2\times 20)] \\
&\quad \times 2+2\times[\max(10\times 8,75) \\
&\quad +1.9\times 8] \\
&= 2031
\end{aligned}
$$

（二）箍筋根数

（1）计算条件，见表 1-3-84。“l_{aE}/l_a”的取值参见 16G101-1 第 58 页。

表 1-3-84　　计　算　条　件

混凝土强度	梁混凝土保护层	支座外侧混凝土保护层	抗震等级	定尺长度	连接方式	l_{aE}/l_a
C30	20	20	一级抗震	9000	对焊	$33d/29d$

（2）平法施工图，见图 1-3-66。

（3）计算过程见表 1-3-85，施工效果图见图 1-3-67 和图 1-3-68。

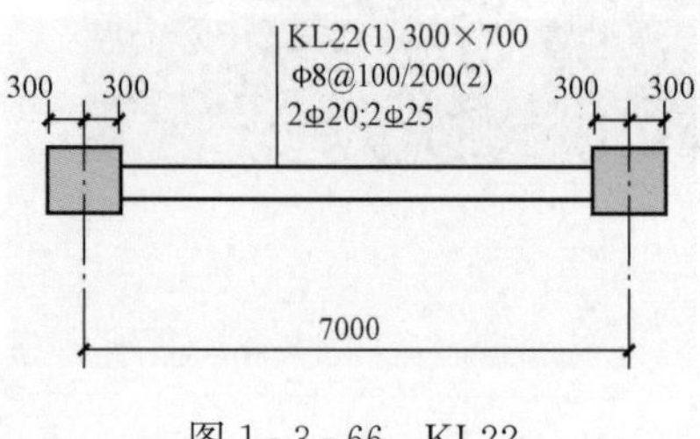

图 1-3-66　KL22

表 1-3-85　　计　算　过　程

第一步	确定加密区长度，一级抗震为 $2h_b$	1400
第二步	计算一端加密区箍筋根数	(1400－50)/100＋1＝14.5＝15 根
第三步	计算中间非加密区根数	(7000－600－1400×2)/200－1＝17 根
第四步	计算总根数	17＋15×2＝47 根

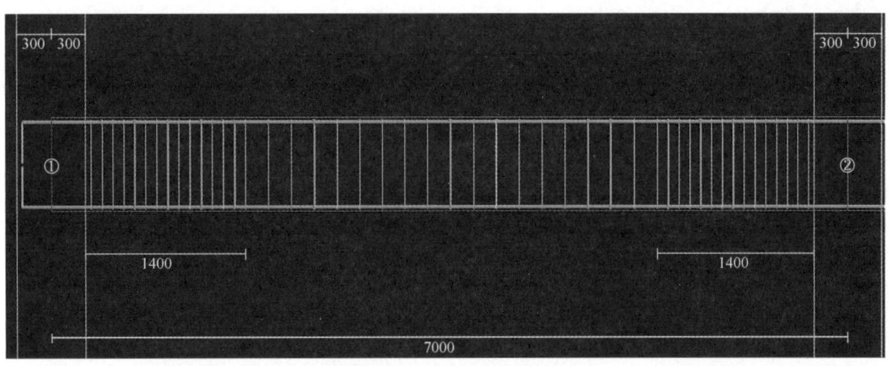

图 1-3-67　钢筋效果图

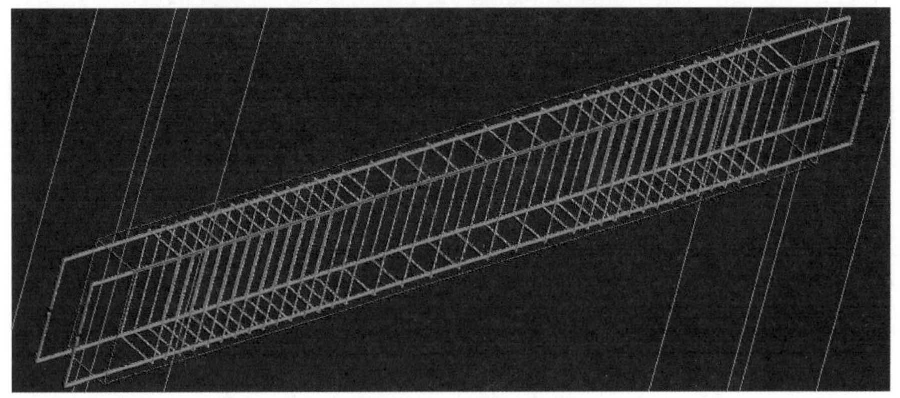

图 1-3-68　钢筋效果图

（4）计算结果分析，见表 1-3-86。

表 1-3-86　　**计算结果分析**

箍筋根数计算考虑的因素		出　处
加密区长度	一级抗震：$\geq 2h_b$，且≥ 500	16G101-1 第 88 页
	二级抗震：$\geq 1.5h_b$，且≥ 500	16G101-1 第 88 页
起步距离	50mm 50 $\geq 2h_b \geq 500$	16G101-1 第 88 页
加 1 减 1	计算两端加密区根数时，加了 1 根，计算非加密区根数时就要减 1 根	
小数点的取值	本例采用的是四舍五入	

七、附加钢筋

1. 吊筋一

(1) 计算条件，见表1-3-87。“l_{aE}/l_a”的取值见16G101-1第58页。

表1-3-87　　计　算　条　件

混凝土强度	梁混凝土保护层	支座外侧混凝土保护层	抗震等级	定尺长度	连接方式	l_{aE}/l_a
C30	20	20	一级抗震	9000	对焊	$33d/29d$

(2) 平法施工图，见图1-3-69。

(3) 计算过程及施工效果图，见图1-3-70、图1-3-71。

吊筋长度＝300＋2×320＋2×651＝2242

2. 吊筋二

(1) 计算条件，见表1-3-88。

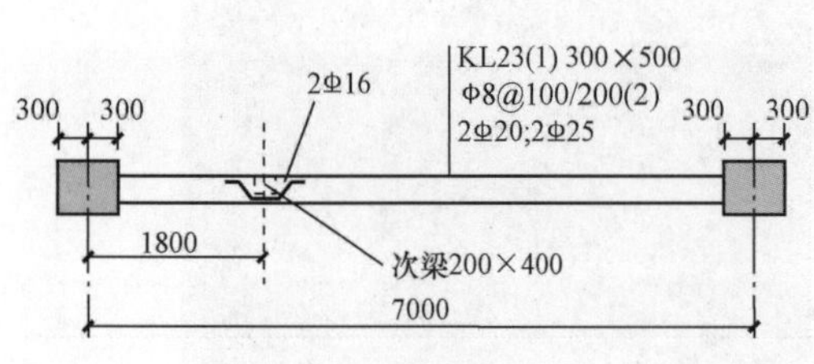

图1-3-69　KL23

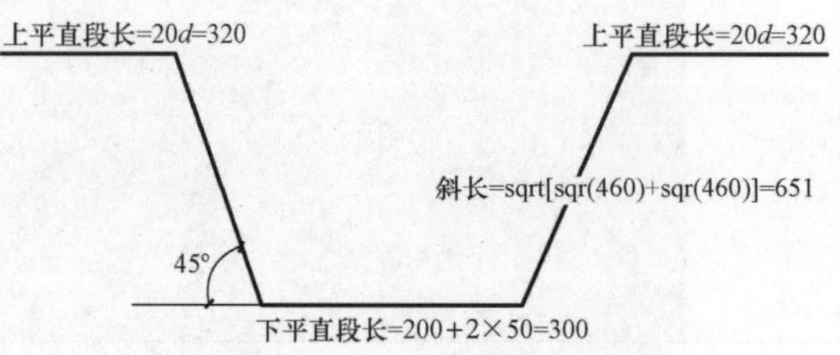

图1-3-70　KL23吊筋计算简图

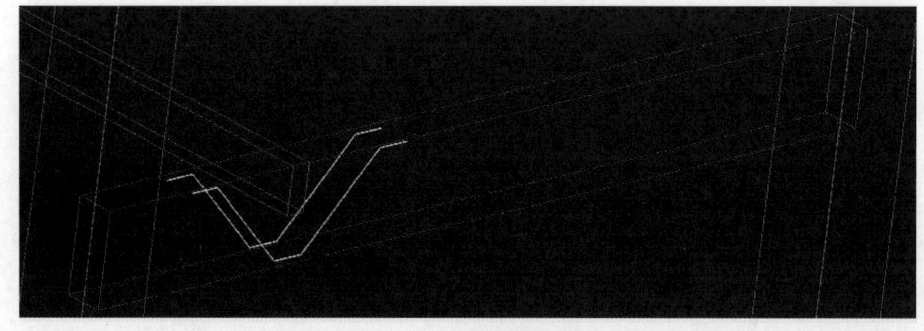

图1-3-71　钢筋效果图

表1-3-88　　计　算　条　件

混凝土强度	梁混凝土保护层	支座外侧混凝土保护层	抗震等级	定尺长度	连接方式	l_{aE}/l_a
C30	20	20	一级抗震	9000	对焊	$34d/29d$

(2) 平法施工图，见图1-3-72。

(3) 计算过程及施工效果图，见图1-3-73、图1-3-74。

吊筋长度＝300＋2×320＋2×933＝2806

(4) 吊筋计算结果分析。16G101-1第88页描述了附加吊筋的构造如图1-3-75所示。

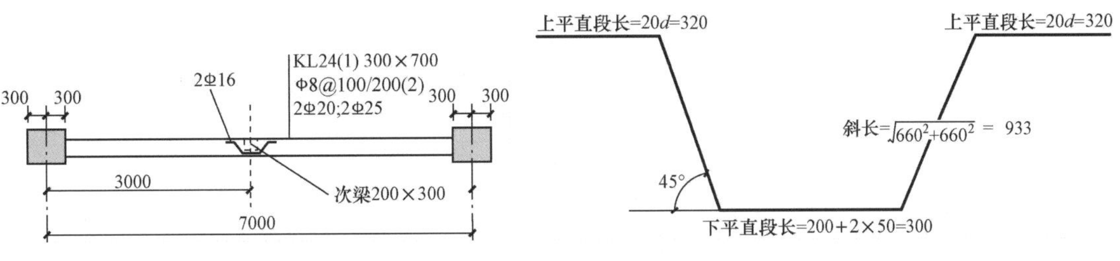

图 1-3-72　KL24　　　图 1-3-73　KL24 吊筋计算简图

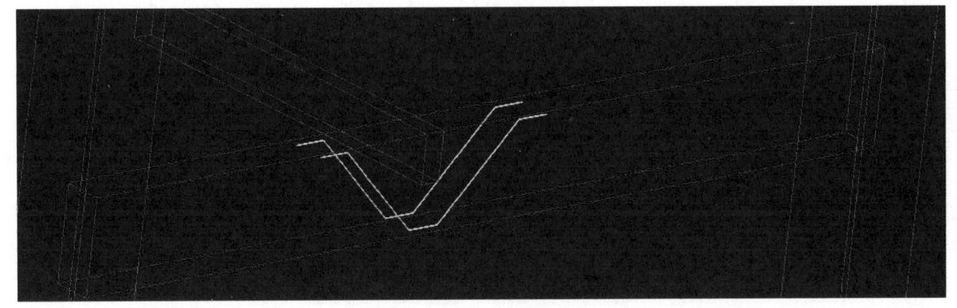

图 1-3-74　钢筋效果图

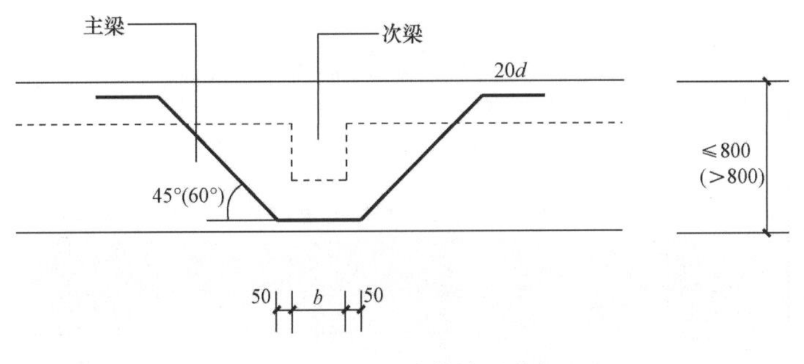

图 1-3-75　计算结果分析

图 1-3-76 所示为工程中关于吊筋的另外两种情况。

3. 吊筋总结

吊筋总结，见表 1-3-89。

表 1-3-89　　　　**吊　筋　总　结**

<table>
<tr><td>下平直段</td><td colspan="3">次梁宽度＋2×50</td></tr>
<tr><td rowspan="3">斜长</td><td rowspan="2">夹角</td><td>主梁高＞800</td><td>夹角为 60°</td></tr>
<tr><td>主梁高≤800</td><td>夹角为 45°</td></tr>
<tr><td>吊筋高度</td><td colspan="2">主梁高度减上、下保护层</td></tr>
<tr><td>上平直段</td><td colspan="3">20d</td></tr>
</table>

八、弧形梁

弧形梁钢筋计算的度量位置见表 1-3-90 及图 1-3-77。

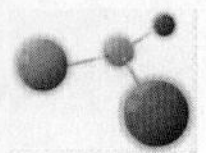

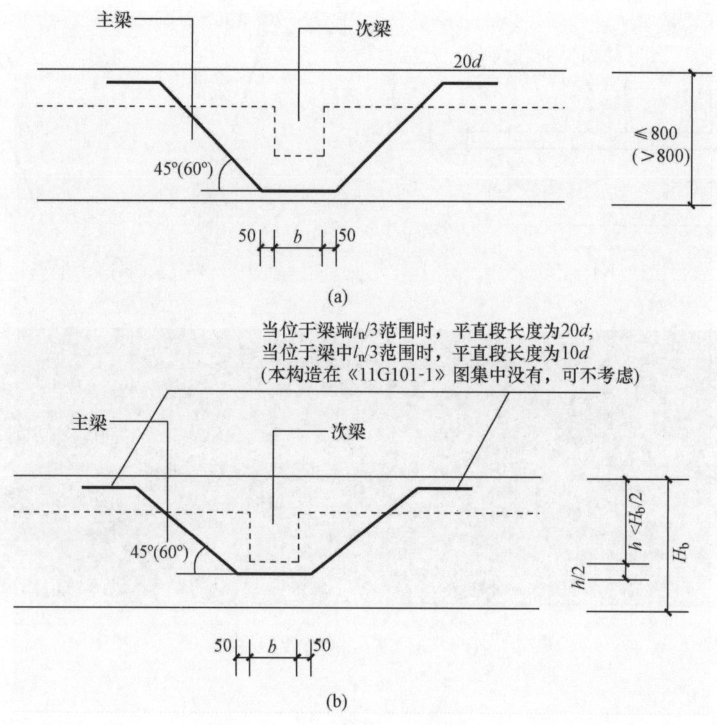

图 1-3-76　计算结果分析

（a）次梁高度大于主梁高度 1/2 时附加吊筋构造；（b）次梁高度不大于主梁高度 1/2 时附加吊筋构造

（本构造在《16G101-1》图集中没有，可不考虑）

表 1-3-90　　弧形梁钢筋计算的度量位置

情　况			出　处
纵筋钢筋长度	按弧形梁中心线展开计算		16G101-1 第 88 页
箍筋	加密区与非加密区长度	按弧形梁中心线展开计算	
	箍筋根数	按弧形梁凸面长度度量	

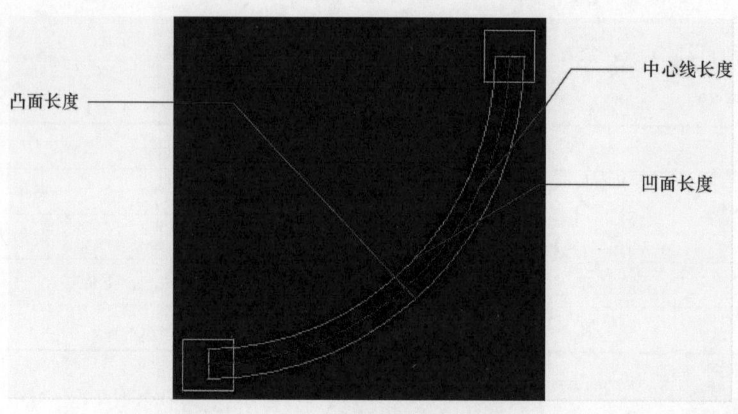

图 1-3-77　弧形梁箍筋度量位置

第四节 屋面框架梁（WKL）钢筋计算精讲

一、屋面框架梁概述

1. 屋面框架梁纵筋端柱构造形式

屋面框架梁纵筋端柱构造有两种形式，如表 1-4-1 所示，一种称为“梁纵筋与柱纵筋弯折搭接型”，另一种叫“梁纵筋与柱纵筋竖直搭接型”，前者工程上俗称“柱包梁”，后者工程上俗称“梁包柱”。

表 1-4-1　　　　屋面框架梁锚固构造

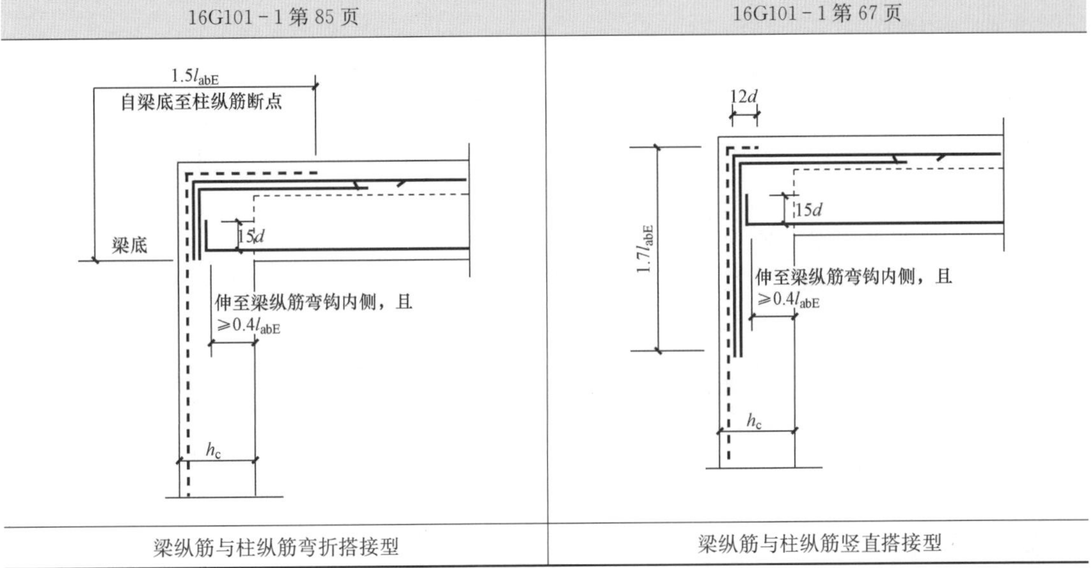

16G101-1 第 85 页	16G101-1 第 67 页
梁纵筋与柱纵筋弯折搭接型	梁纵筋与柱纵筋竖直搭接型

那么，在计算屋面框架梁的上部纵筋时，该选择哪一种构造呢？选择哪一种是要根据柱顶层锚固时，采用何种形式。也就是说屋面框架梁纵筋在端柱内的锚固，要与相应的柱纵筋结合起来考虑，具体，根据表 1-4-2 的两个步骤来确定。如图 1-4-1 所示这种构造就是错误的。

表 1-4-2　屋面框架梁上部纵筋确定步骤

步骤
第一步：根据施工图，确定柱顶层锚固采用何种形式（16G101-1 第 67 页）
第二步：根据柱顶层的锚固构造形式，确定屋面框架梁上部纵筋在端柱的锚固形式

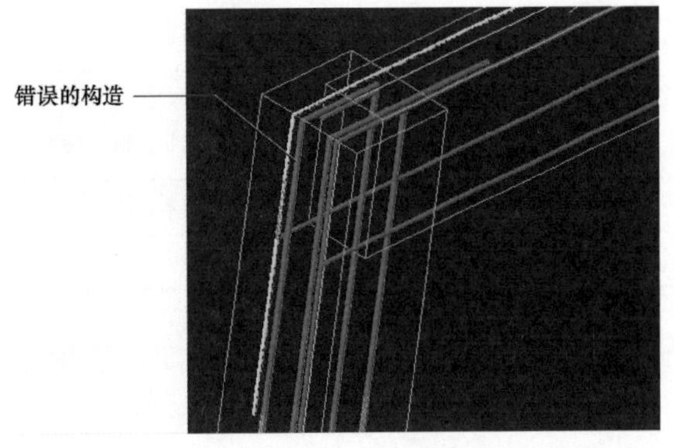

图 1-4-1　屋面框架梁端支座锚固

2. 屋面框架梁与楼层框架梁的区别

读者是否还记得本章开篇讲到的平法梁的学习方法之一：前后对照。前面已经讲解完成

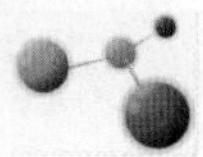

了楼层框架梁的钢筋计算，现在要讲解屋面框架梁，就很自然地把楼层框架梁与屋面框架梁放在一起联想，总结其区别，这样就容易理解和记忆，可参见表 1-4-3。

表 1-4-3　楼层框架梁和屋面框架梁的区别

	楼层框架梁	屋面框架梁
上下部纵筋锚固方式不同	有弯锚和直锚两种锚固方式	上部筋只有弯锚，下部筋在端支座可直锚
	上部和下部纵筋钢筋锚固方式相同	上部和下部纵筋锚固方式不同
上下部纵筋具体的锚固长度不同	楼层框架梁上下部纵筋在端支座弯锚长度为：$h_c-c+15d$	屋面框架梁上部纵筋有弯至梁底与下弯 $1.7l_{abE}$ 两种构造
变截面梁顶有高差时纵筋锚固不同	直锚 l_{aE}	直锚 l_{aE}
	弯锚 $h_c-c+15d$	弯锚 $h_c-c+l_{aE}+\Delta_h$

二、屋面框架梁

（一）上部通长筋

1. 上部通长筋支座情况

上部通长筋支座情况，见表 1-4-4。

表 1-4-4　WKL 上部钢筋支座情况

屋面框架梁上部通长筋支座情况		出　处
端支座	梁纵筋与柱纵筋弯折搭接型	16G101-1 第 67、85 页
	梁纵筋与柱纵筋竖直搭接型	
中间支座变截面	梁顶有高差	16G101-1 第 87 页
	梁底有高差	
	梁宽度不同	
悬挑端		16G101-1 第 92 页

2. 上部通长筋与柱纵筋弯折搭接

（1）计算条件，见表 1-4-5。“l_{aE}/l_a”的取值参见 16G101-1 第 58 页。

表 1-4-5　计　算　条　件

混凝土强度	梁混凝土保护层	支座外侧混凝土保护层	抗震等级	定尺长度	连接方式	l_{aE}/l_a
C30	20	20	一级抗震	9000	对焊	$33d/29d$

（2）平法施工图，见图 1-4-2。

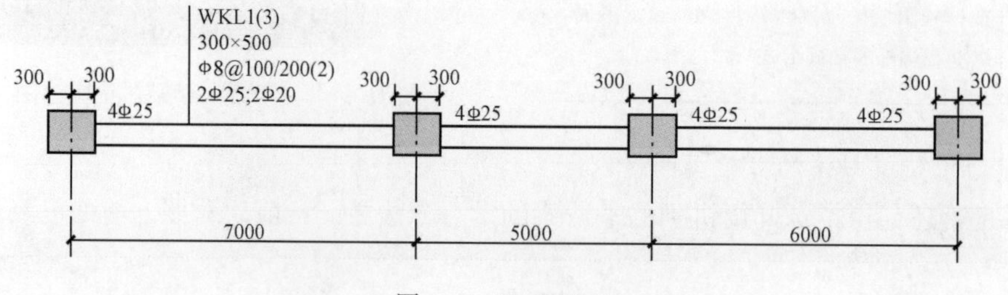

图 1-4-2　WKL1

（3）施工效果图见图 1-4-3，计算过程见表 1-4-6。

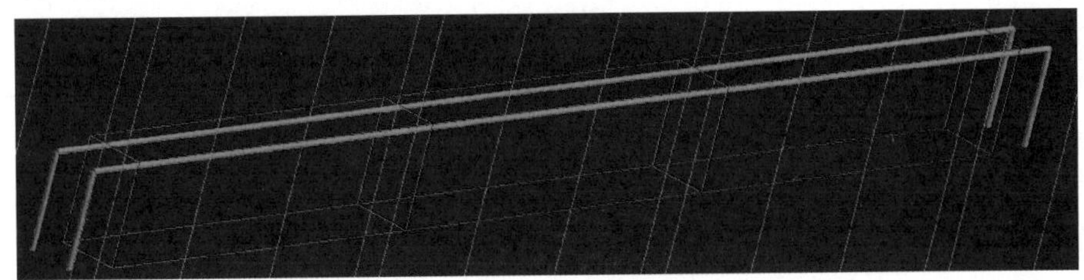

图 1-4-3　钢筋效果图

表 1-4-6　　计　算　过　程

计算公式	净长＋两端支座锚固	计算公式	净长＋两端支座锚固
端支座锚固	600－20＋500－20＝1060	总长	17 400＋2×1060＝19 520
净长	7000＋6000＋5000－600＝17 400	接头个数	19 520/9000－1＝2

3. 上部通长筋与柱纵筋竖直搭接

（1）计算条件，见表 1-4-7。“l_{aE}/l_a”的取值参见 16G101-1 第 58 页。

表 1-4-7　　计　算　条　件

混凝土强度	梁混凝土保护层	支座外侧混凝土保护层	抗震等级	定尺长度	连接方式	l_{aE}/l_a
C30	20	20	一级抗震	9000	对焊	$33d/29d$

（2）平法施工图，见图 1-4-4。

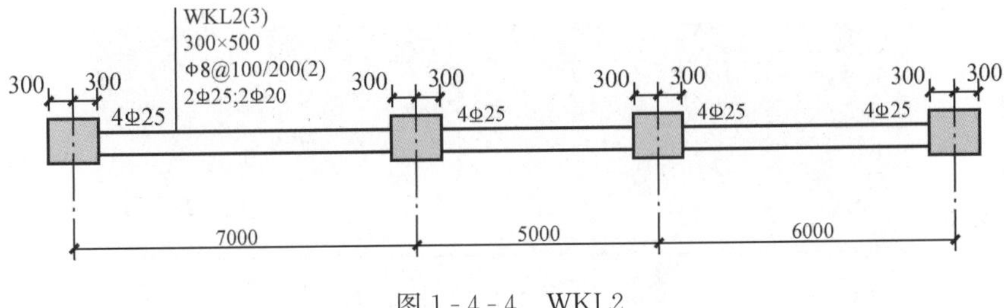

图 1-4-4　WKL2

（3）施工效果图见图 1-4-5，计算过程见表 1-4-8。16G101-1 第 57 页查表得 $l_{abE}=33d$。

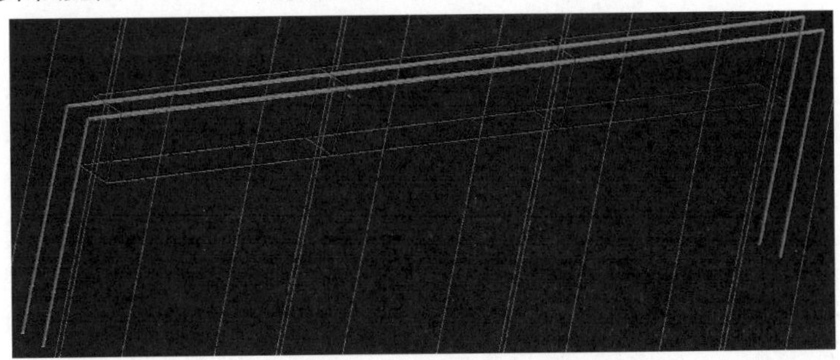

图 1-4-5　钢筋效果图

表1-4-8　　计　算　过　程

计算公式	净长＋两端支座锚固	计算公式	净长＋两端支座锚固
端支座锚固	600－20＋1.7×33×25＝1983	总长	17 400＋2×1983＝21 366
净长	7000＋6000＋5000－600＝17 400	接头个数	21 366/9000－1＝2

4. 上部通长筋中间变截面

梁顶有高差。

（1）计算条件，见表1-4-9。“l_{aE}/l_a”的取值参见16G101-1第58页。

表1-4-9　　计　算　条　件

混凝土强度	梁混凝土保护层	支座外侧混凝土保护层	抗震等级	定尺长度	连接方式	l_{aE}/l_a
C30	20	20	一级抗震	9000	对焊	$33d/29d$

（2）平法施工图，见图1-4-6。

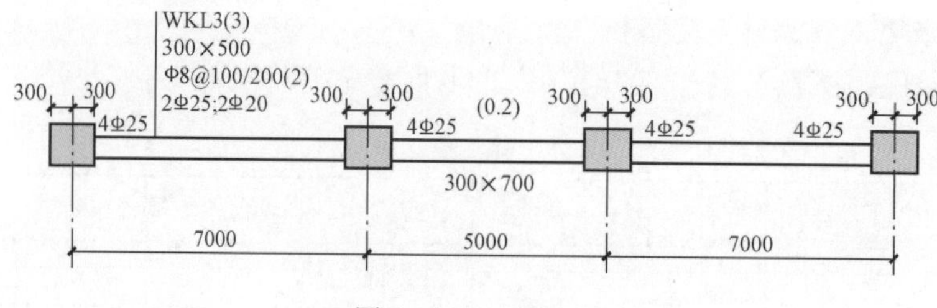

图1-4-6　WKL3

（3）施工效果图见图1-4-7，计算过程见表1-4-10。

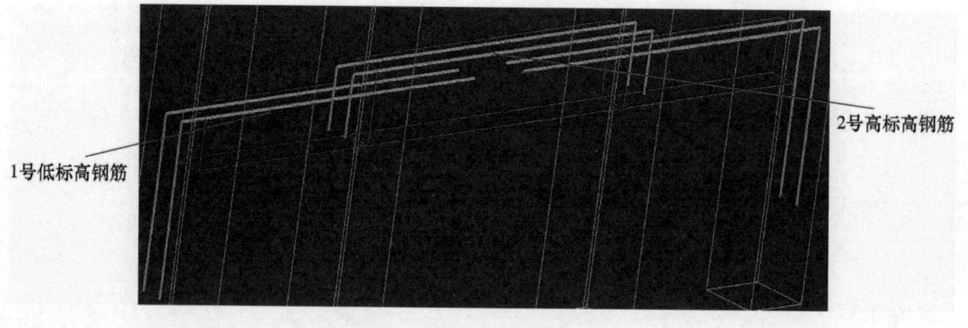

图1-4-7　钢筋效果图

表1-4-10　　计　算　过　程

1号低标高钢筋	计算公式	净长＋两端支座锚固（16G101-1第57页，查表得$l_{abE}=33d$）
	端支座弯固	支座宽－保护层＋1.7l_{abE}＝600－20＋1.7×33×25＝1983
	中间支座直锚	l_{aE}＝max（l_{aE}，0.5h_c＋5d）＝max（33×25，300＋5×25）＝825
	总长	7000－600＋1983＋825＝9208
	接头个数	9208/9000－1＝1

续表

2号高标高钢筋	计算公式	净长+两端支座锚固
	中间支座弯锚	$h_c-c+(l_{aE}+\Delta_h)=600-30+33\times25+200=1255$
	总长	$5000-600+2\times1255=6910$

（4）计算结果分析。

1）屋面框架梁与楼层框架梁的区别，见表1-4-11。

表1-4-11　　计算结果分析

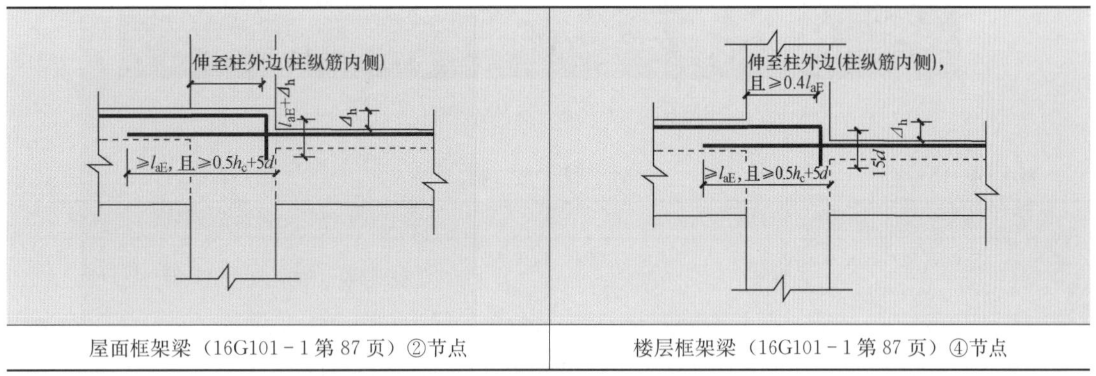

屋面框架梁（16G101-1第87页）②节点	楼层框架梁（16G101-1第87页）④节点

2）屋面框架梁高标高钢筋的弯折长度，见图1-4-8。

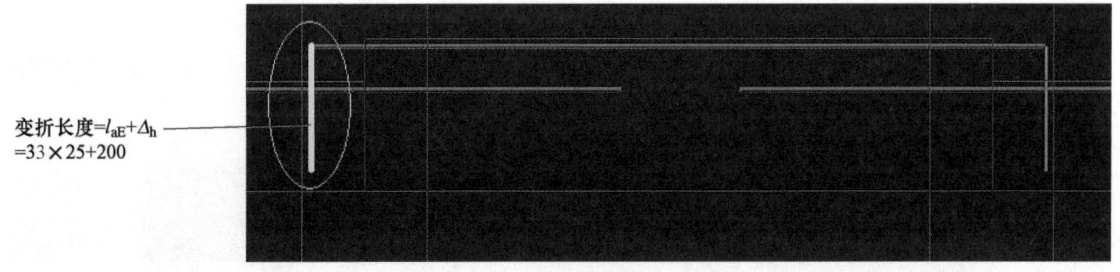

图1-4-8　计算结果分析

5. 屋面框架梁带悬挑

（1）计算条件，见表1-4-12。“l_{aE}/l_a”的取值参见16G101-1第58页。

表1-4-12　　计算条件

混凝土强度	梁混凝土保护层	支座外侧混凝土保护层	抗震等级	定尺长度	连接方式	l_{aE}/l_a
C30	20	20	一级抗震	9000	对焊	$33d/29d$

（2）平法施工图，见图1-4-9。

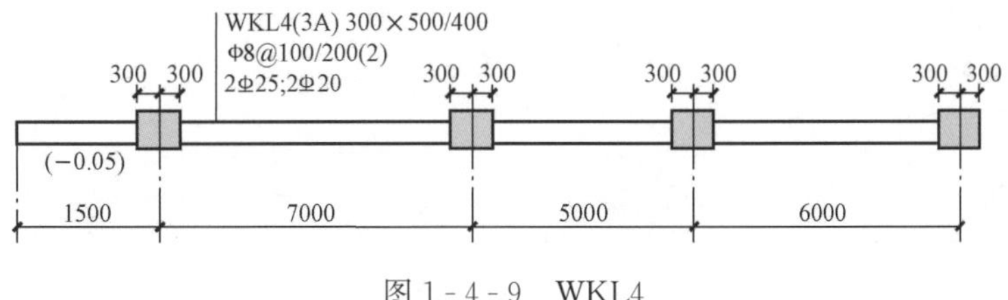

图1-4-9　WKL4

（3）施工效果图见图 1-4-10，计算过程见表 1-4-13。

图 1-4-10　钢筋效果图

表 1-4-13　　计　算　过　程

1号筋	净长＝1500－300－20＝1180	2号筋	计算公式：净长＋两端支座锚固
	右端直锚＝max（l_a，$0.5h_c+5d$）＝max（29×25，300＋5×25）＝725		端支座锚固＝600－20＋34×25＝1430
	左端悬挑远端下弯＝12×25＝300		净长＝7000＋6000＋5000－600＝17 400
	总长＝1180＋725＋300＝2205		总长＝17 400＋2×1430＝20 260
			接头个数＝20 260/9000－1＝2

（4）计算结果分析。

如图 1-4-11 所示，16G101-1 第 92 页，屋面框架梁带悬挑的情况，比如本例参见⑥节点。

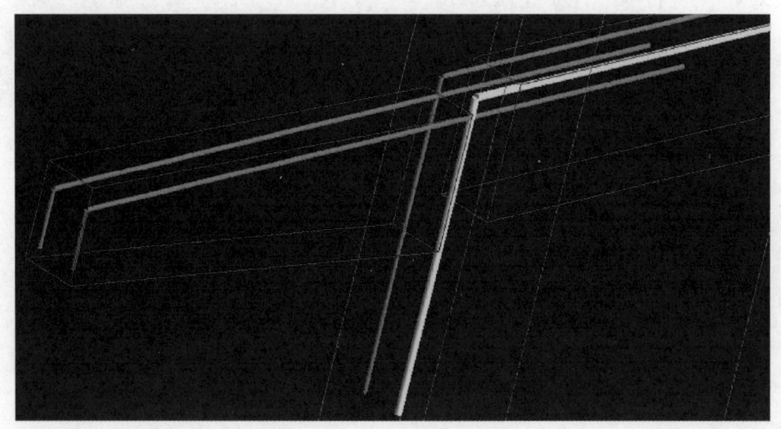

图 1-4-11　计算结果分析

（二）下部通长筋

1. 下部通长筋支座情况

下部通长筋支座情况见表 1-4-14。

表 1-4-14　下部钢筋支座情况

屋面框架梁下部通长筋支座情况		出　处
端支座	弯锚/直锚	16G101-1 第 85 页
中间支座变截面	梁顶有高差	16G101-1 第 87 页
	梁底有高差	
	梁宽度不同	
悬挑端		16G101-1 第 92 页

2. 下部通长筋端支座弯锚

(1) 计算条件，见表 1-4-15。"l_{aE}/l_a" 的取值参见 16G101-1 第 58 页。

表 1-4-15　计 算 条 件

混凝土强度	梁混凝土保护层	支座外侧混凝土保护层	抗震等级	定尺长度	连接方式	l_{aE}/l_a
C30	20	20	一级抗震	9000	对焊	$33d/29d$

(2) 平法施工图，见图 1-4-12。

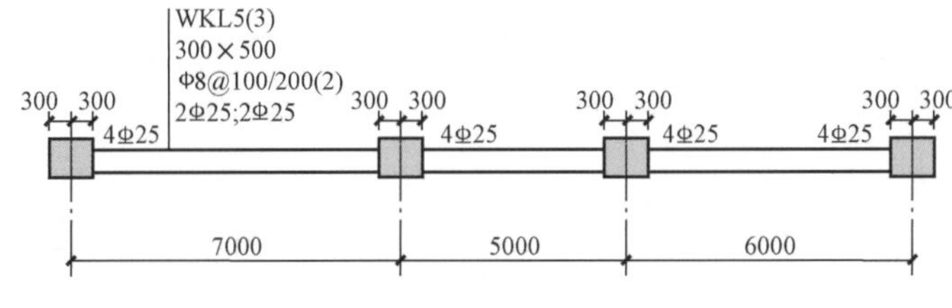

图 1-4-12　WKL5

(3) 施工效果图见图 1-4-13，计算过程见表 1-4-16。

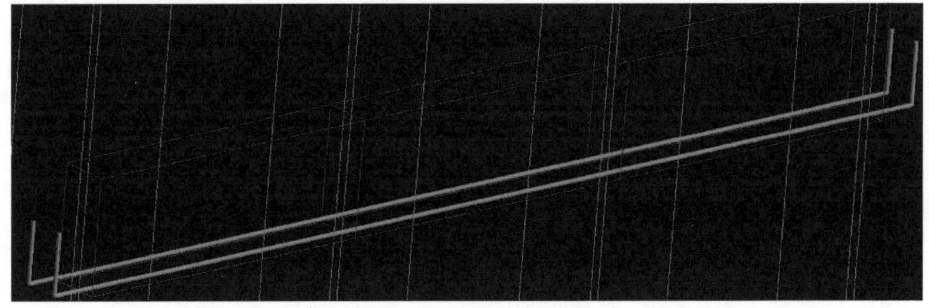

图 1-4-13　钢筋效果图

表 1-4-16　计 算 过 程

计算公式	净长＋两端支座弯锚锚固	计算公式	净长＋两端支座弯锚锚固
端支座锚固	$h_c-c+15d$ $=600-20+15\times25$ $=955$	净长	7000＋6000＋5000－600＝17 400
		总长	17 400＋2×955＝19 310
		接头个数	19 290/9000－1＝2

（4）计算结果分析。本例按16G101－1第85页的要求进行计算。见表1－4－17。

表1－4－17　　　　　　　　　　计算结果分析

16G101－1第80页
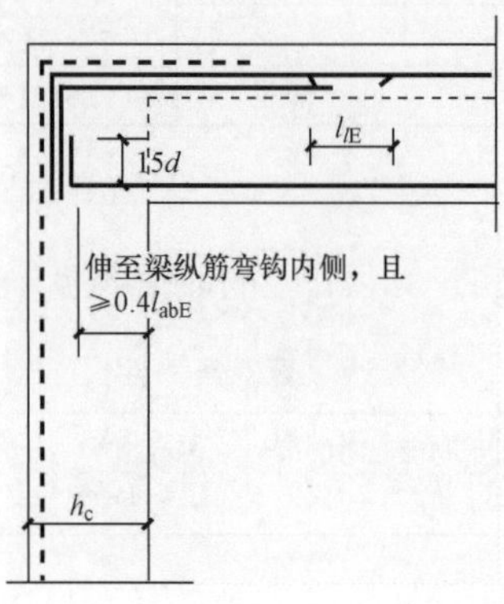
根据支座宽，16G101－1第85页增加了下部钢筋可直锚的构造

（三）屋面框架梁钢筋总结

屋面框架梁钢筋总结，见表1－4－18。

表1－4－18　　　　　　　　　　屋面框架梁总结

<table>
<tr><th colspan="5">情　　况</th><th>出　　处</th></tr>
<tr><td rowspan="6">上部钢筋（通长筋、支座负筋）锚固</td><td rowspan="2">端支座</td><td>伸至柱边下弯到梁底</td><td colspan="2">$(h_c-c)+(h_b-c)$</td><td>16G101－1第85页</td></tr>
<tr><td>伸至柱边下弯1.7l_{abE}</td><td colspan="2">$(h_c-c)+1.7l_{abE}$</td><td>16G101－1第67页</td></tr>
<tr><td rowspan="4">中间支座变截面</td><td rowspan="2">梁顶有高差</td><td>高标高钢筋弯锚</td><td>$h_c-c+(\Delta_h-c+l_{aE})$</td><td>16G101－1第87页</td></tr>
<tr><td>低标高钢筋直锚</td><td>max（l_{aE}，$0.5h_c+5d$）</td><td>16G101－1第87页</td></tr>
<tr><td>梁底有高差且$\Delta_h/(h_c-50)\leqslant 1/6$</td><td colspan="2">下部通长筋斜弯通过，不断开</td><td>16G101－1第87页</td></tr>
<tr><td>梁宽度不同</td><td>宽出的不能直通的钢筋弯锚</td><td>上部钢筋：h_c-c+l_{aE}
下部钢筋：$h_c-c+15d$</td><td>16G101－1第87页</td></tr>
<tr><td rowspan="2">悬挑端</td><td>悬挑端钢筋</td><td colspan="3">锚入跨内</td><td rowspan="2">16G101－1第92页</td></tr>
<tr><td>跨内钢筋</td><td colspan="3">伸至端部弯折≥l_{aE}且伸至梁底</td></tr>
<tr><td rowspan="2">下部钢筋</td><td>端支座</td><td colspan="3">弯锚$h_c-c+15d$，直锚max($0.5h_c+5d$，l_{aE})</td><td>16G101－1第85页</td></tr>
<tr><td>中间支座变截面</td><td colspan="3">下部钢筋同楼层框架梁，上部钢筋无斜弯连续布置构造</td><td>16G101－1第87页</td></tr>
</table>

第五节　框支梁（KZL）钢筋计算精讲

一、框支梁

1. 计算条件

计算条件，见表 1-5-1。“l_{aE}/l_a”的取值见 16G101-1 第 58 页。

表 1-5-1　　计　算　条　件

混凝土强度	梁混凝土保护层	支座外侧混凝土保护层	抗震等级	定尺长度	连接方式	l_{aE}/l_a
C30	20	20	一级抗震	9000	对焊	$33d/29d$

2. 平法施工图

平法施工图，见图 1-5-1。

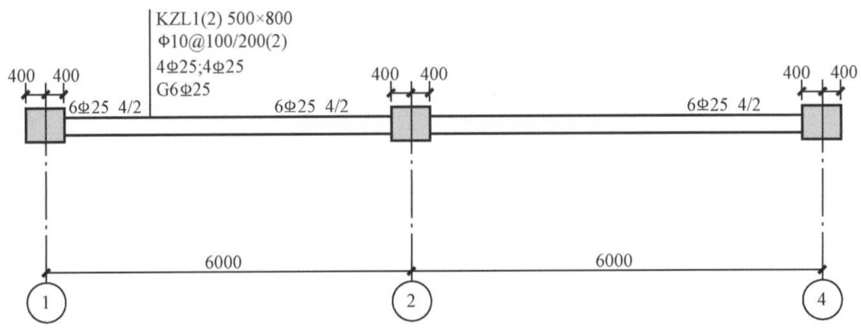

图 1-5-1　KZL1（2）

3. 施工效果图及计算过程

施工效果图，见图 1-5-2，计算过程见表 1-5-2。

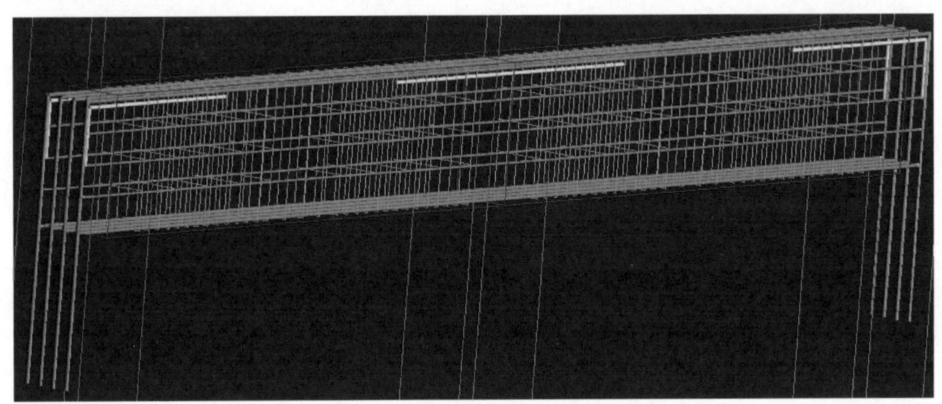

图 1-5-2　框支梁施工效果图

表 1-5-2　　KZL1（2）计算过程

项目	计算过程
上部通长筋	计算公式＝净长＋两端支座锚固
	端支座锚固＝$h_c-c+h_b-c+l_{aE}$ ＝800－20＋800－20＋34×25 ＝2410
	总长＝6000×2－800＋2×2410 ＝16 020
	接头个数＝15 990/9000－1＝1
支座 1 负筋	计算公式＝端支座锚固＋延伸长度
	端支座锚固＝$h_c-c+15d$ ＝800－20＋15×25 ＝1155
	延伸长度＝$l_n/3$ ＝(6000－800)/3 ＝1733
	总长＝1155＋1733＝2888
支座 2 负筋	计算公式＝支座宽度＋两端延伸长度
	延伸长度＝$l_n/3$ ＝(6000－800)/3 ＝1733
	总长＝800＋1733×2＝4266
支座 3 负筋	同支座 1 负筋
下部通长筋	计算公式＝净长＋两端支座锚固
	端支座锚固＝$h_c-c+15d$ ＝800－20＋15×25 ＝1155
	总长＝6000×2－800＋2×1155 ＝13 510
	接头个数＝13 510/9000－1＝1
侧部钢筋	计算公式＝净长＋两端支座锚固
	端支座锚固＝$h_c-c+15d$ ＝800－20＋15×25 ＝1155
	总长＝6000×2－800＋2×1155 ＝13 510
	接头个数＝13 510/9000－1＝1

续表

拉筋长度	500−40+2×8+2×11.9×8=666（外皮长度）
拉筋根数（2跨、3排）	(6000−800−100)/400+1=14×2×3=84
箍筋长度	计算公式=周长+2×11.9d =(500−40+800−40)×2+2×11.9×10 =2678（外皮长度）
第1跨箍筋根数	加密区长度=max(0.2l_n，1.5h_b) =max(0.2×5200，1.5×800) =1200
	加密区根数=(1200−50)/100+1 =13
	非加密区根数=(5200−2400)/200−1 =13
	总根数=13×2+13=39
第2跨箍筋根数	同第一跨

4. 计算结果分析

(1) 端部锚固长度。16G101-1第96页，上部第二排纵筋弯锚时，弯折15d。

(2) 侧部钢筋的锚固。16G101-1第96页，弯锚时，伸至支座对边弯折15d，见表1-5-3。

表1-5-3　　抗震框支梁端支座构造详图

16G101-1第96页

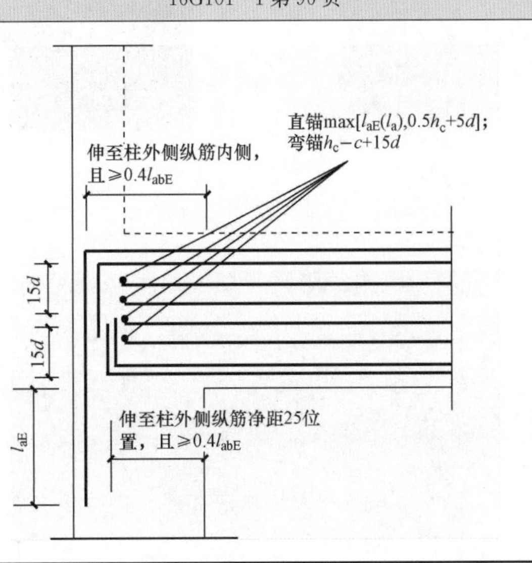

5. 框支梁总结

框支梁总结，见表1-5-4。

表 1-5-4　　抗震框支梁总结

	锚　固	出　处
上部通长筋及第一排支座负筋	$h_c-c+h_b-c+l_{aE}$	16G101-1 第 96 页
以下各排支座负筋	$h_c-c+15d$	
各排支座负筋延伸长度	$l_n/3$	
侧部钢筋	弯锚 $h_c-c+15d$；直锚 $\max(l_{aE}, 0.5h_c+5d)$	
拉筋直径	梁宽≤350：ϕ6	16G101-1 第 96 页
	梁宽>350：ϕ8	
拉筋根数	箍筋非加密区间距的 2 倍	
拉筋排数	沿梁高≤200	
下部钢筋	弯锚 $h_c-c+15d$；直锚 $\max(l_{aE}, 0.5h_c+5d)$	16G101-1 第 96 页
箍筋加密区	$\max(0.2l_n, 1.5h_b)$	16G101-1 第 96 页

第六节　非框架梁（L）及井字梁（JZL）钢筋计算精讲

一、非框架梁概述

（1）非框架梁形式，见图 1-6-1、图 1-6-2。

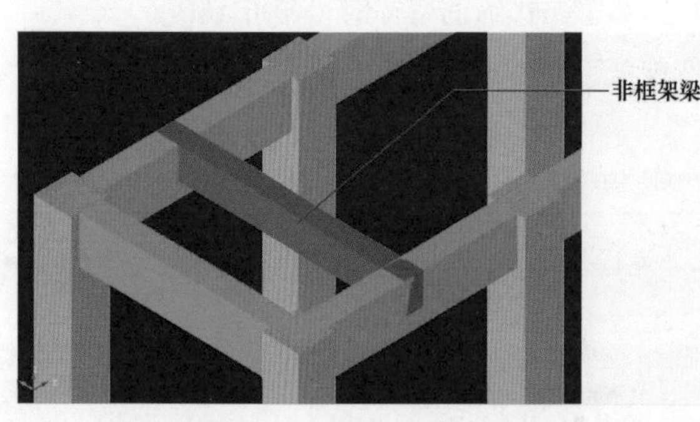

图 1-6-1　非框架梁形式（一）

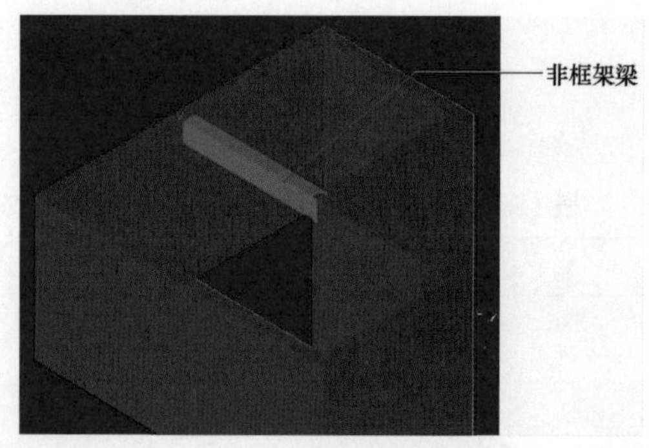

图 1-6-2　非框架梁形式（二）

（2）钢筋骨架，见图 1-6-3、表 1-6-1。

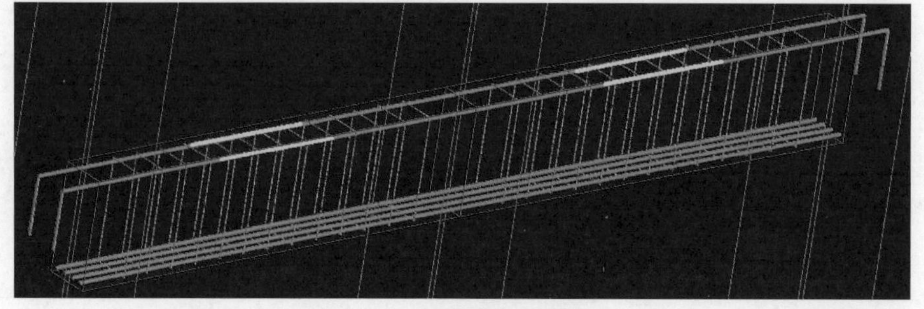

图 1-6-3　非框架梁钢筋骨架

表 1-6-1 非框架梁钢筋骨架

上部钢筋	支座负筋
	架立筋
下部钢筋	通长筋
	非通长筋
箍筋	—

二、非框架梁上部钢筋

（1）计算条件，见表 1-6-2。“l_{aE}/l_a”的取值参见 16G101-1 第 58 页。

表 1-6-2 L1 计算条件

混凝土强度	梁混凝土保护层	支座外侧混凝土保护层	抗震等级	定尺长度	连接方式	l_a
C30	20	20	不抗震	9000	对焊	$29d$

（2）平法施工图，见图 1-6-4。

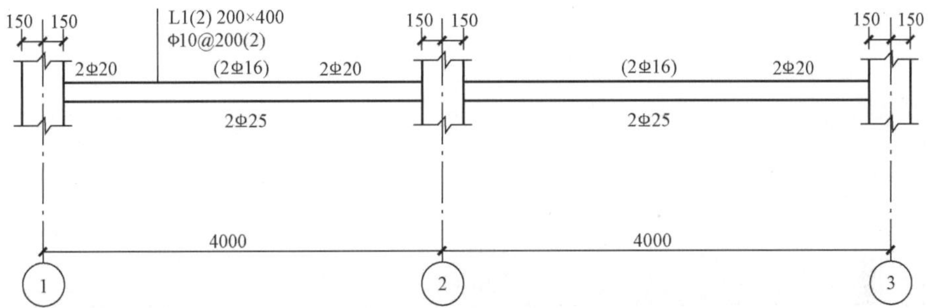

图 1-6-4 L1（2）

（3）施工效果见图 1-6-5，计算过程见表 1-6-3。

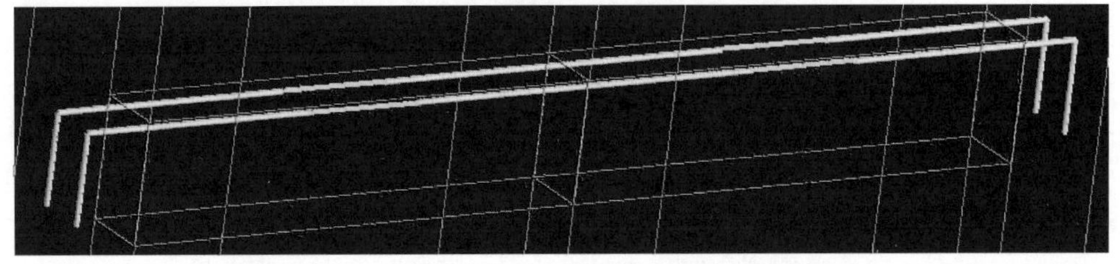

图 1-6-5 L1 施工效果图

表 1-6-3 L1 计算过程

支座 1 负筋	计算公式＝端支座锚固＋延伸长度
	端支座锚固＝支座宽度$-c+15d$ ＝300－20＋15×20 ＝580

续表

支座1负筋	延伸长度$=l_{n1}/5$ $=(4000-300)/5$ $=740$ （说明：端支座负筋延伸长度为$l_{n1}/5$）
	总长＝580＋740＝1320
第1跨架立筋	长度＝净长－两端支座负筋延伸长度＋2×150 ＝3700－740－(4000－300)/3＋2×150 ＝2027
支座2负筋	计算公式＝支座宽度＋两端延伸长度 ＝300＋2×(4000－300)/3 ＝2767 （说明：中间支座负筋延伸长度为$l_n/3$）
第2跨架立筋	长度＝净长－两端支座负筋延伸长度＋2×150 ＝3700－740－(4000－300)/3＋2×150 ＝2027
支座3负筋	计算公式＝端支座锚固＋延伸长度
	端支座锚固＝支座宽度$-c+15d$ ＝300－20＋15×20 ＝580
	延伸长度$=l_n/5$ $=(4000-300)/5$ $=740$ （说明：端支座负筋延伸长度为$l_n/5$）
	总长＝580＋740＝1320

（4）计算结果分析，见表1-6-4。

表1-6-4　　　　L1 计算结果分析

16G101-1第89页
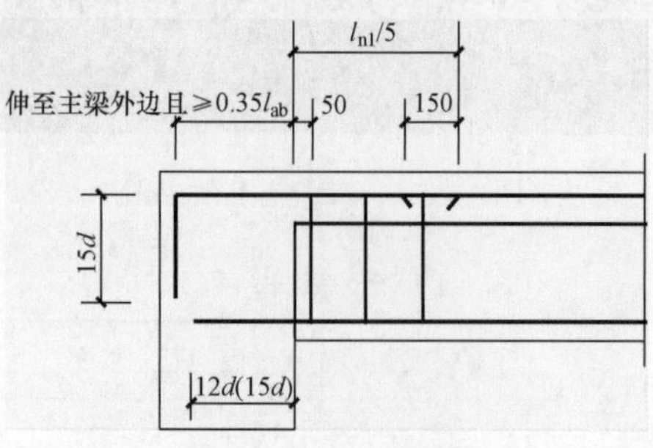
上部钢筋端支座弯锚＝主梁宽$-c+15d$

三、非框架梁上部钢筋

非框架梁上部钢筋——梁顶有高差。

（1）计算条件，见表 1-6-5。

表 1-6-5　　**L2 计 算 条 件**

混凝土强度	梁混凝土保护层	支座外侧混凝土保护层	抗震等级	定尺长度	连接方式	l_a
C30	20	20	不抗震	9000	对焊	$29d$

（2）平法施工图，见图 1-6-6。

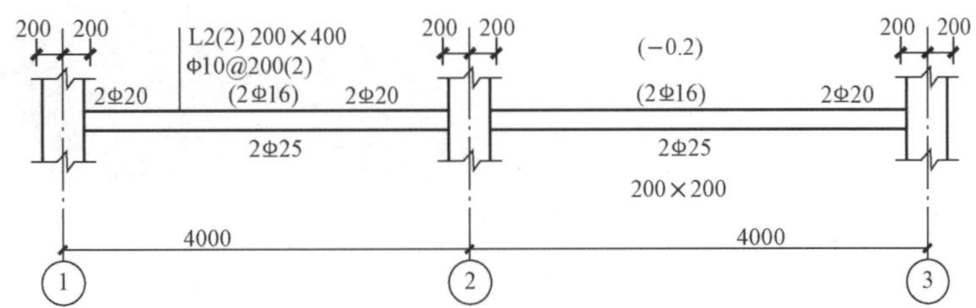

图 1-6-6　L2（2）

（3）施工效果图见图 1-6-7，计算过程见表 1-6-6。

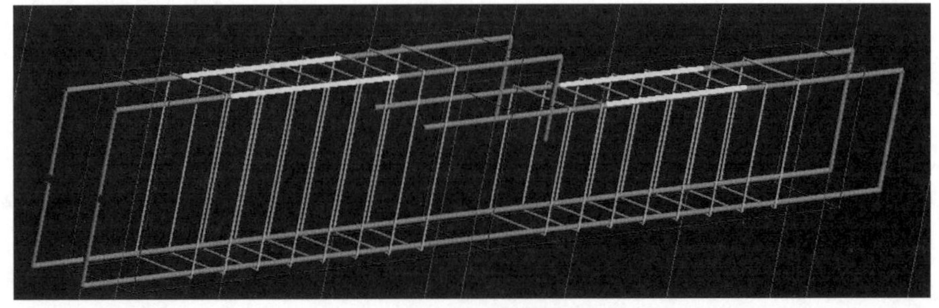

图 1-6-7　L2 施工效果图

表 1-6-6　　**L2 计 算 过 程**

支座 1 负筋	计算公式＝端支座锚固＋延伸长度
	端支座锚固＝支座宽度$-c+15d$ ＝400－20＋15×20 ＝680
	延伸长度＝$l_n/5$ ＝(4000－400)/5 ＝720 （说明：端支座负筋延伸长度为 $l_n/5$）
	总长＝680＋720＝1400
第 1 跨架立筋	长度＝净长－两端支座负筋延伸长度＋2×150 ＝3600－720－(4000－400)/3＋2×150 ＝1980

续表

第 1 跨 右端负筋	计算公式＝端支座锚固＋延伸长度 延伸长度＝$l_n/3$ ＝(4000－400)/3 ＝1200 （说明：中间支座负筋延伸长度为 $l_n/3$） 端支座锚固＝支座宽度－保护层 c＋29d ＋高差 Δ_h ＝400－20＋29×20＋200 ＝1160 总长＝1200＋1160＝2400
第 2 跨 左端负筋	计算公式＝端支座锚固＋延伸长度 延伸长度＝$l_n/3$ ＝(4000－400)/3 ＝1200 端支座锚固＝l_a ＝29×20 ＝580 总长＝1200＋580＝1780
第 2 跨 架立筋	长度＝净长－两端支座负筋延伸长度＋2×150 ＝3600－720－1200＋2×150 ＝1980
支座 3 负筋	计算公式＝端支座锚固＋延伸长度 端支座锚固＝支座宽度－c＋15d ＝400－20＋15×20 ＝680 延伸长度＝$l_n/5$ ＝(4000－400)/5 ＝720 （说明：端支座负筋延伸长度为 $l_n/5$） 总长＝680＋720＝1400

（4）计算结果分析。16G101－1 第 91 页：非框架梁顶面有高差时的钢筋锚固，如图 1－6－8 所示。

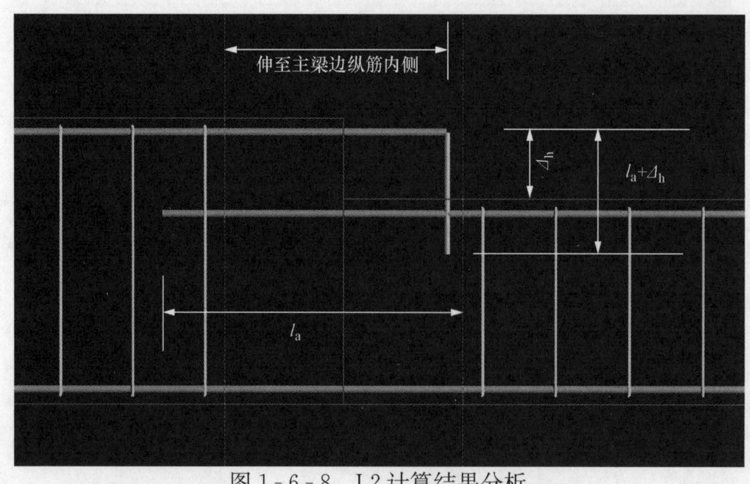

图 1－6－8　L2 计算结果分析

四、非框架梁上部钢筋

非框架梁上部钢筋——支座两边钢筋根数不同。

（1）计算条件，见表 1-6-7。

表 1-6-7 L3 计算条件

混凝土强度	梁混凝土保护层	支座外侧混凝土保护层	抗震等级	定尺长度	连接方式	l_a
C30	20	20	不抗震	9000	对焊	$29d$

（2）平法施工图，见图 1-6-9。

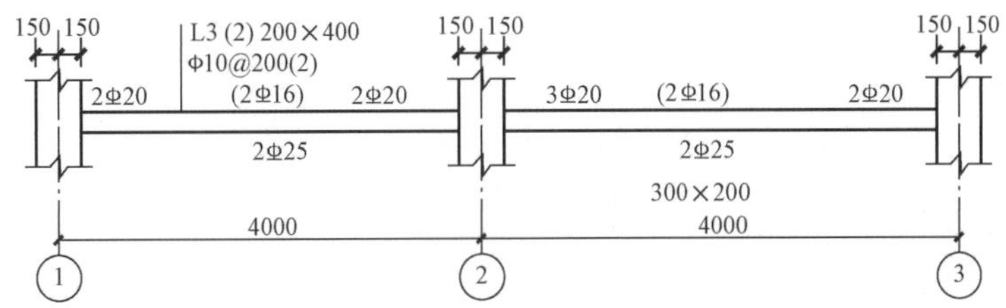

图 1-6-9 L3（2）

（3）施工效果图见图 1-6-10，计算过程见表 1-6-8。

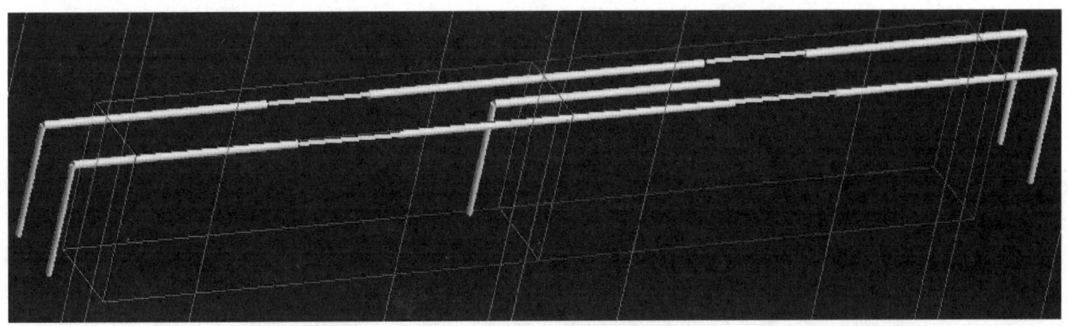

图 1-6-10 L3 施工效果图

表 1-6-8 L3 计算过程

支座 1 负筋	计算公式＝端支座锚固＋延伸长度
	端支座锚固＝支座宽度－c＋15d ＝300－20＋15×20 ＝580
	延伸长度＝l_n/5 ＝(4000－300)/5 ＝740 (说明：端支座负筋延伸长度为 l_n/5)
	总长＝580＋740＝1320

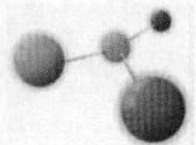

续表

第 1 跨架立筋	长度＝净长－两端支座负筋延伸长度＋2×150 ＝3700－740－(4000－300)/3＋2×150 ＝2027
支座 2 负筋	计算公式＝支座宽度＋两端延伸长度 ＝300＋2×(4000－300)/3 ＝2767 （说明：中间支座负筋延伸长度为 $l_n/5$）
第 2 跨架立筋	长度＝净长－两端支座负筋延伸长度＋2×150 ＝3700－740－(4000－300)/3＋2×150 ＝2027
第 2 跨左端多出的钢筋	同支座 1 负筋
支座 3 负筋	计算公式＝端支座锚固＋延伸长度
	端支座锚固＝支座宽度－c＋15d ＝300－20＋15×20 ＝580
	延伸长度＝$l_n/5$ ＝(4000－300)/5 ＝740
	总长＝580＋740＝1320

(4) 计算结果分析。支座两边钢筋根数不同时，多出的钢筋锚固，见图 1-6-11（16G101-1第 91 页）。

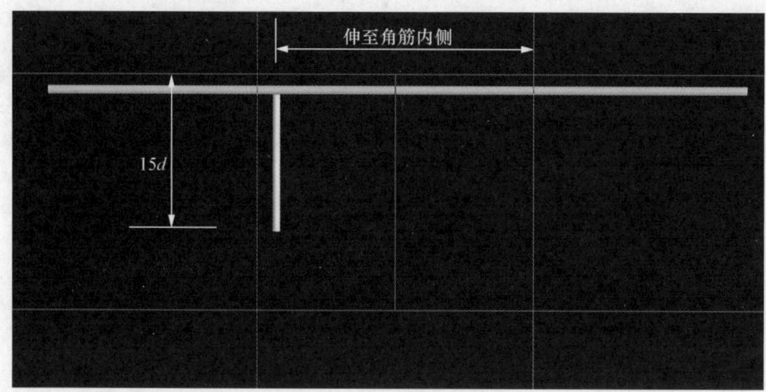

图 1-6-11　L3 计算结果分析

五、非框架梁下部钢筋及箍筋

(1) 计算条件，见表 1-6-9。“l_{aE}/l_a”的取值参见 16G101-1 第 58 页。

表 1-6-9　　L4 计算条件

混凝土强度	梁混凝土保护层	支座外侧混凝土保护层	抗震等级	定尺长度	连接方式	l_a
C30	20	20	不抗震	9000	对焊	29d

（2）平法施工图，见图 1-6-12。

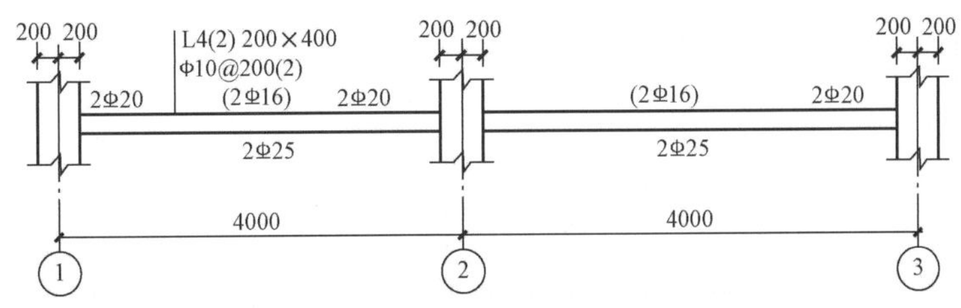

图 1-6-12 L4（2）

（3）施工效果图见图 1-6-13，计算过程见表 1-6-10。

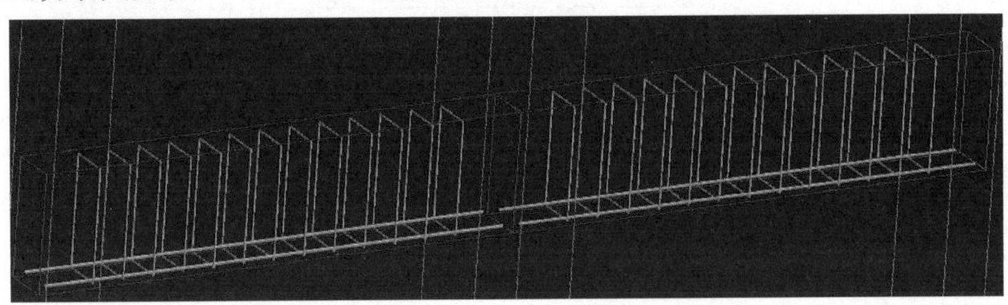

图 1-6-13 L4 施工效果图

表 1-6-10 **L4 计算过程**

第 1 跨下部筋	计算公式＝净长＋两端锚固（12d）
	长度＝4000－400＋2×12d ＝4000－400＋12×25×2 ＝4200
第 2 跨下部筋	计算公式＝净长＋两端锚固（12d）
	长度＝4000－400＋2×12d ＝4000－400＋12×25×2 ＝4200
箍筋长度	计算公式＝周长＋2×11.9d
	长度＝2×[(200－40)＋(400－40)]＋2×11.9×10 ＝1278（外皮长度）
第 1 跨箍筋根数	根数＝(4000－500)/200＋1＝19 （每边 50mm 起步距离）
第 2 跨箍筋根数	根数＝(4000－500)/200＋1＝19 （每边 50mm 起步距离）

六、弧形非框架梁

1. 计算条件及平法施工图

计算条件见表 1-6-11，平法施工图见图 1-6-14。“l_{aE}/l_a”的取值参见 16G101-1 第 58 页。

表 1-6-11 **L5 计算条件**

混凝土强度	梁混凝土保护层	支座外侧混凝土保护层	抗震等级	定尺长度	连接方式	l_a/l_l
C30	20	20	不抗震	9000	绑扎搭接	29d/41d

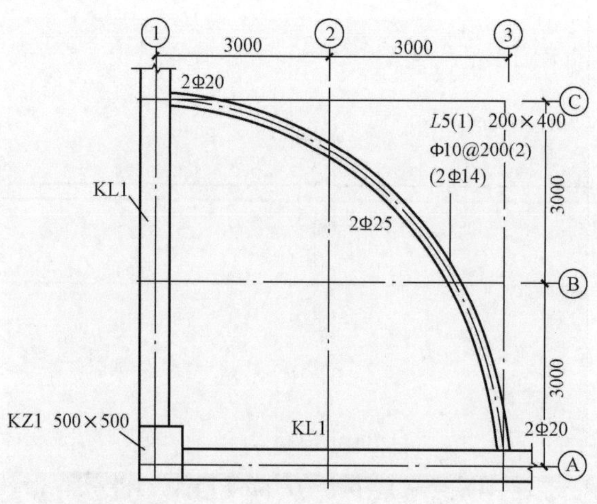

图 1-6-14 L5（1）

2. 计算过程

计算过程，见表 1-6-12。

表 1-6-12 **L5 计算过程**

弧形梁中心线长	$n\pi R$/180=90×3.14×（6000−300）/180=8949mm（梁净长）
弧形梁凸面长	$n\pi R$/180=90×3.14×6000/180=9420mm（梁净长）
左支座负筋	计算公式=支座锚固长度+延伸长度
	端支座锚固=主梁宽−c+15d =300−20+15×20 =580
	延伸长度=l_n/5 =8949/5 =1790
	总长=580+1790=2370
架立筋	计算公式=净长−两端支座负筋延伸长度+2×150 =8949−1790×2+2×150 =5669
右支座负筋	同左支座
下部钢筋	计算公式=净长+两端支座锚固 =8949+2×29d =8949+2×29×25 =10 399
	接头个数=1
箍筋长度	长度=[(200−40)+(400−40)]×2+2×11.9×10 =1278（外皮长度）
箍筋根数	根数=(9420−100)/200+1=48 根　（式中 100 是两边的起步距离）

3. 计算结果分析

计算结果分析，见表 1－6－13。

表 1－6－13　　　　　　　　　　L5 计算结果分析

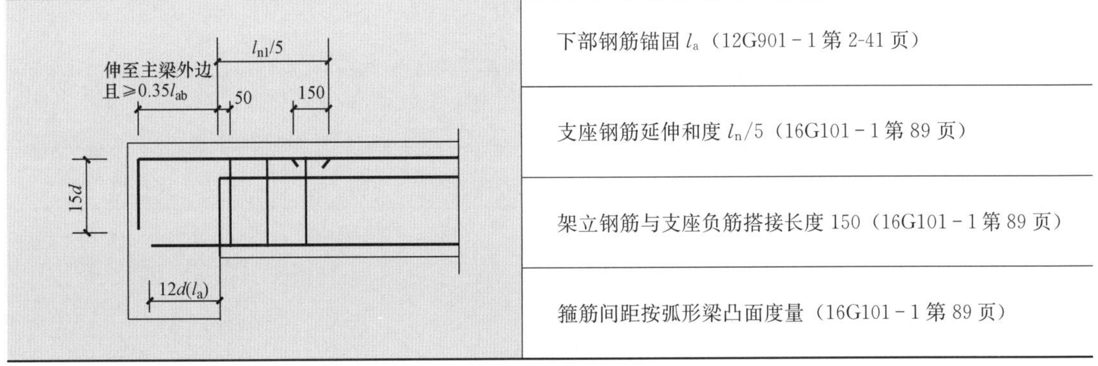

图示	说明
	下部钢筋锚固 l_a（12G901－1 第 2-41 页）
	支座钢筋延伸和度 $l_n/5$（16G101－1 第 89 页）
	架立钢筋与支座负筋搭接长度 150（16G101－1 第 89 页）
	箍筋间距按弧形梁凸面度量（16G101－1 第 89 页）

七、井字梁 JZL

1. 井字梁概念

如图 1－6－15 所示，密肋型楼盖中间的梁称为井字梁 JZL，从受力特点上说，井字梁就是非框架梁。因此，井字梁的钢筋计算与非框架梁相同，唯一有不同的就是井字梁存在梁与梁相交，在相交这个位置，注意箍筋的布置就行了（见图 1－6－15）。

2. 井字梁相交处的箍筋布置

框架梁两端是支座，中间也不会与另外的框架梁相交，因为框架梁相交的地方都是支座了，在支座范围内，是不布置梁箍筋的，柱箍筋在该位置连续布置。

而对密肋形楼盖来说，井字梁相交处并不是支座，主梁才是井字梁的支座。因此，在井字梁相交的地方，箍筋的布置就需要注意了。如图 1－6－16 所示，16G101－1 第 98 页描述了该位置的箍筋布置，也就是在梁梁相交处，一个方向的箍筋连续布置，另一个方向从相交的梁边开始布置。那么，哪个方向的箍筋连续布置呢？设计无具体说明时，短跨梁的箍筋在相交范围通长布置。

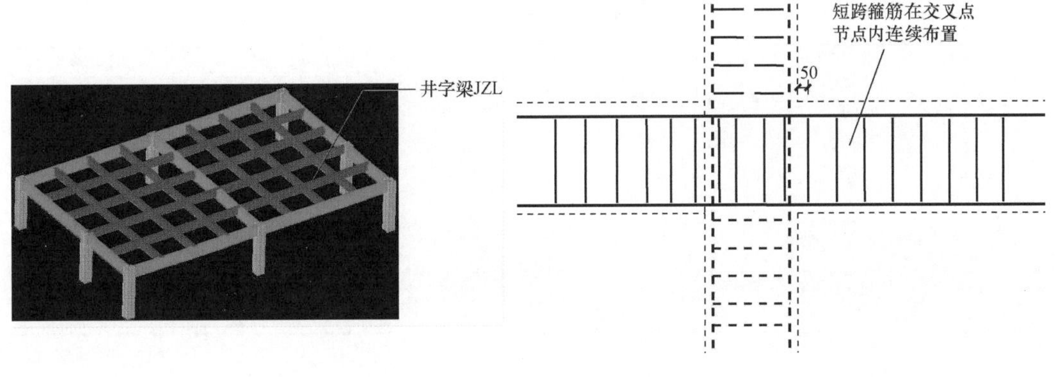

图 1－6－15　井字梁示意图　　　　图 1－6－16　井字相交处箍筋布置

八、非框架梁 L 及井字梁 JZL 钢筋计算总结

非框架梁 L 及井字梁 JZL 钢筋计算总结，见表 1－6－14。

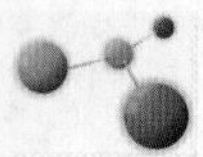

表 1-6-14　　井字梁/非框架梁总结

<table>
<tr><th colspan="5">非框架梁及井字梁钢筋总结</th><th>出　处</th></tr>
<tr><td rowspan="5">上部支座钢筋</td><td>端支座</td><td colspan="3">主梁宽$-c+\Delta_h+l_a$</td><td>16G101-1 第 89 页</td></tr>
<tr><td rowspan="3">中间支座</td><td rowspan="2">梁顶有高差</td><td>高标高钢筋</td><td>主梁宽$-c+\Delta_h+l_a$</td><td rowspan="3">16G101-1 第 91 页</td></tr>
<tr><td>低标高钢筋</td><td>l_a</td></tr>
<tr><td>梁宽度不同或钢筋根数不同</td><td>多出或宽出的钢筋弯锚</td><td>主梁宽$-c+15d$</td></tr>
<tr><td>延伸长度</td><td>直形梁</td><td colspan="2">端支座，$l_n/5$；中间支座，$l_n/3$</td><td>16G101-1 第 89 页</td></tr>
<tr><td>架立筋</td><td>与负筋搭接</td><td>直形梁</td><td colspan="2">150mm</td><td>16G101-1 第 89 页</td></tr>
<tr><td rowspan="2">下部钢筋</td><td rowspan="2">支座锚固</td><td>直形梁</td><td colspan="2">$12d$（光圆钢筋时 $15d$）</td><td>16G101-1 第 89 页</td></tr>
<tr><td>弧形梁</td><td colspan="2">l_a</td><td>12G901-1 第 2-41 页</td></tr>
<tr><td rowspan="2">箍筋根数</td><td>弧形梁</td><td colspan="3">间距按弧形梁凸面度量</td><td>16G101-1 第 89 页</td></tr>
<tr><td>井字梁</td><td colspan="3">井字梁相交处，只有一个方向箍筋贯通布置</td><td>16G101-1 第 98 页</td></tr>
</table>

第七节　悬挑梁钢筋计算精讲

一、悬挑梁

悬挑梁——除上部通长筋以外的钢筋。悬挑梁的钢筋情况如表 1-7-1 所示，本教程前面讲述上部通长筋时，也讲到了悬挑端，但那时只是讲述上部通长筋伸到悬挑端的情况，并没有讲解悬挑端除了上部通长筋以外的其他钢筋，此处就讲述悬挑除了上部通长筋以外的钢筋。

表 1-7-1　　悬挑梁钢筋骨架

<table>
<tr><td rowspan="3">上部钢筋</td><td rowspan="2">只有一排纵筋</td><td>伸至远端</td></tr>
<tr><td>下弯</td></tr>
<tr><td>第二排钢筋</td><td>伸至 $0.75l$</td></tr>
<tr><td>下部钢筋</td><td colspan="2">锚固 $15d$</td></tr>
<tr><td>箍　筋</td><td colspan="2">布置到尽端</td></tr>
</table>

（一）上部第一排纵筋（伸至远端）

上部第一排纵筋——伸至远端。

（1）计算条件，见表 1-7-2。“l_{aE}/l_a”的取值见 16G101-1 第 58 页。

表 1-7-2　　KL28（2A）

混凝土强度	梁混凝土保护层	支座外侧混凝土保护层	抗震等级	定尺长度	连接方式	l_{aE}/l_a
C30	20	20	一级抗震	9000	对焊	$33d/29d$

（2）平法施工图，见图 1-7-1。

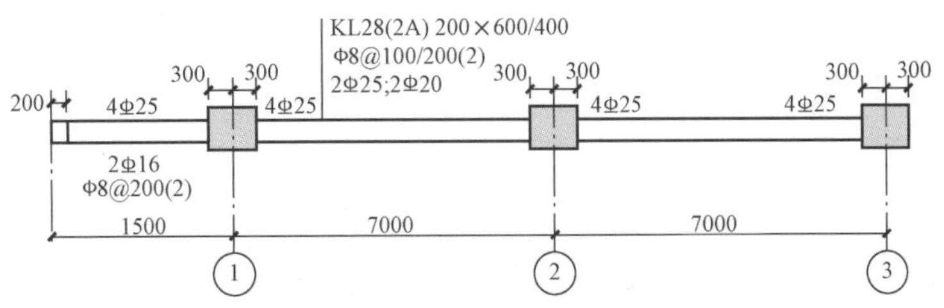

图 1-7-1　KL28（2A）

（3）施工效果图见图 1-7-2、图 1-7-3，计算过程见表 1-7-3。

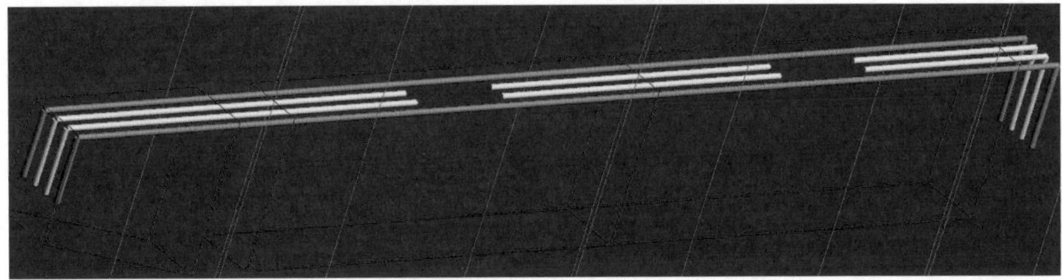

图 1-7-2　KL28（2A）施工效果图（一）

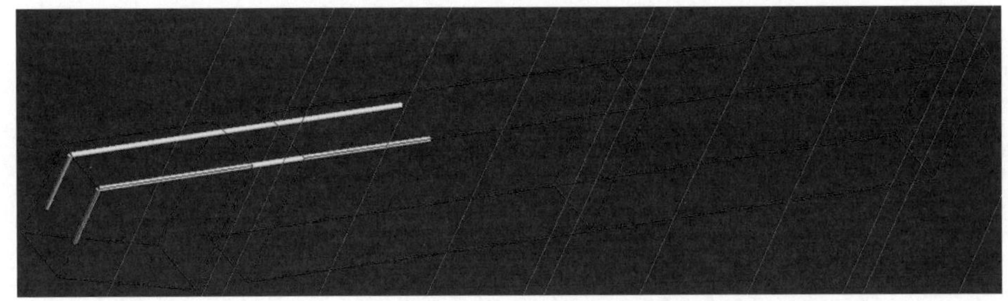

图 1-7-3　KL28（2A）施工效果图（二）

表 1-7-3　　KL28（2A）计算过程

计算公式	悬挑端长度＋悬挑远端下弯＋支座 1 宽度＋第 1 内延伸长度
悬挑端长度	1500－300－20＝1180
第 1 跨内延伸长度	(7000－600)/3 ＝2133
支座 1 宽度	600

续表

悬挑远端 下弯	12×25=300	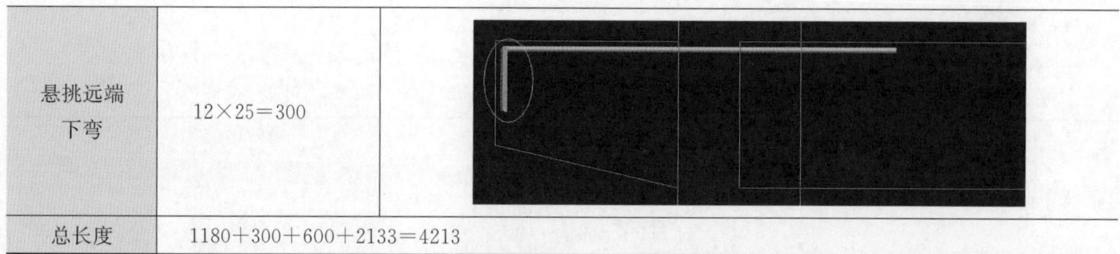
总长度	1180+300+600+2133=4213	

（4）计算结果分析，见表 1-7-4。

表 1-7-4　　计算结果分析

参照 16G101-1 第 89 页	
1500−300＜4×600，因为上部通长筋全部伸至远端后下弯 12d	12d

（二）上部第一排纵筋

上部第一排纵筋——下弯钢筋。

（1）计算条件，见表 1-7-5。“l_{aE}/l_a”的取值见 16G101-1 第 58 页。

表 1-7-5　　KL29（2A）

混凝土强度	梁混凝土保护层	支座外侧混凝土保护层	抗震等级	定尺长度	连接方式	l_{aE}/l_a
C30	20	20	一级抗震	9000	对焊	33d/29d

（2）平法施工图，见图 1-7-4。

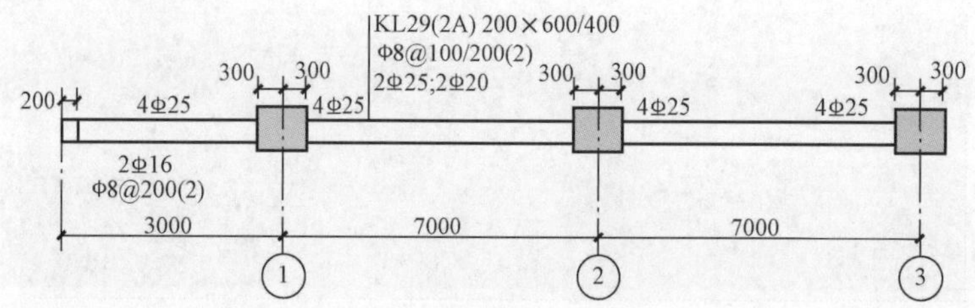

图 1-7-4　KL29（2A）

（3）施工效果图见图 1-7-5，计算过程见表 1-7-6。

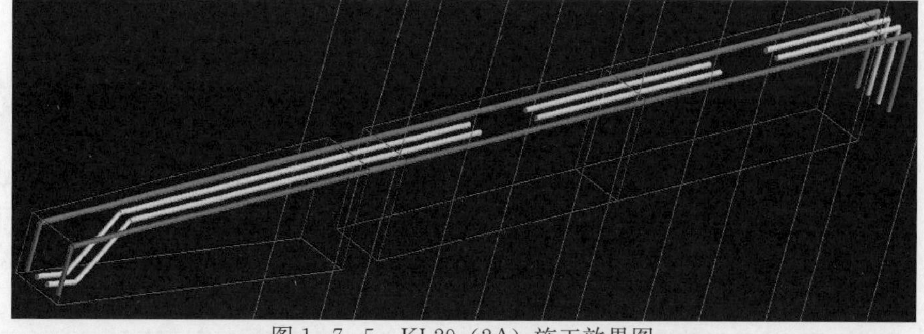

图 1-7-5　KL29（2A）施工效果图

表 1-7-6　　KL29（2A）计算过程

计算公式	悬挑端下平直段长度+悬挑端下弯斜长+悬挑端上平直段+支座 1 宽度+第 1 内延伸长度	
悬挑端下平直段长度	$10d=10\times25=250$	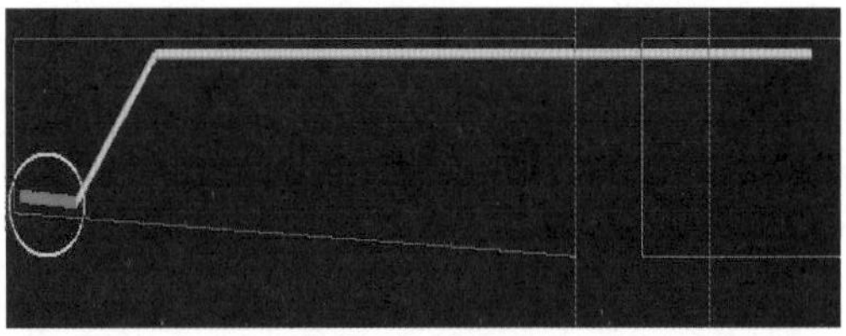
悬挑端下弯斜长	$\sqrt{(400-40)^2+(400-40)^2}=510$	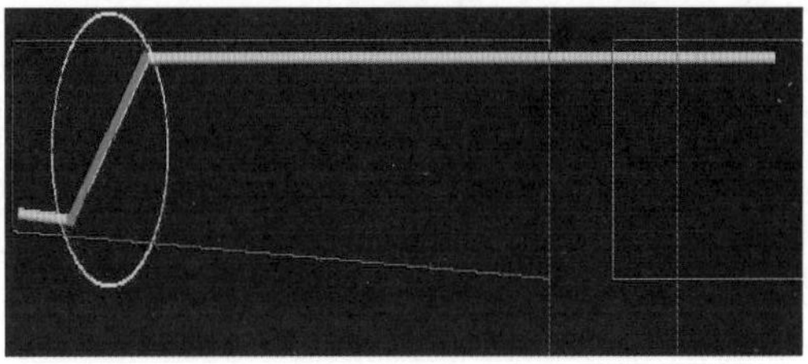
悬挑端上平直段	3000−300−20−250−(400−40)=2070	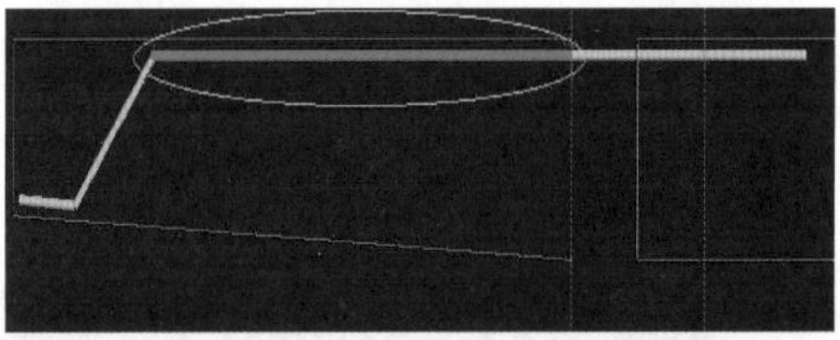
支座 1 宽度	600	
第 1 跨内延伸长度	(7000−600)/3=2133	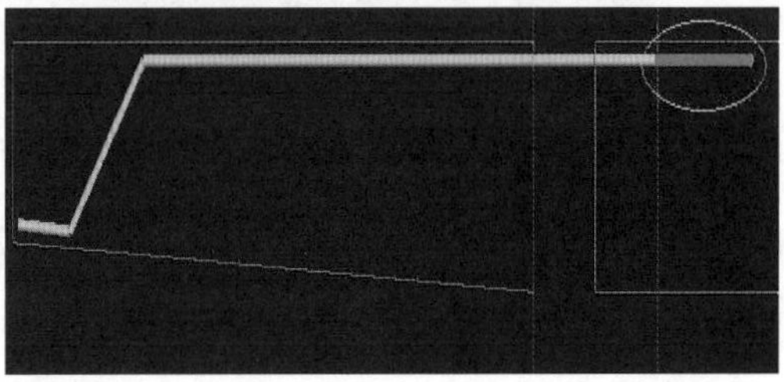
总长度	250+510+2070+600+2133=5563	

（4）计算结果分析。16G101-1 第 92 页规定，当 $l\geqslant4h_b$ 时，至少两根角筋且不少于第一排纵筋的二分之一伸至悬挑梁远端，其余纵筋可以弯下，见图 1-7-6。

（三）上部第二排纵筋

（1）计算条件，见表 1-7-7。

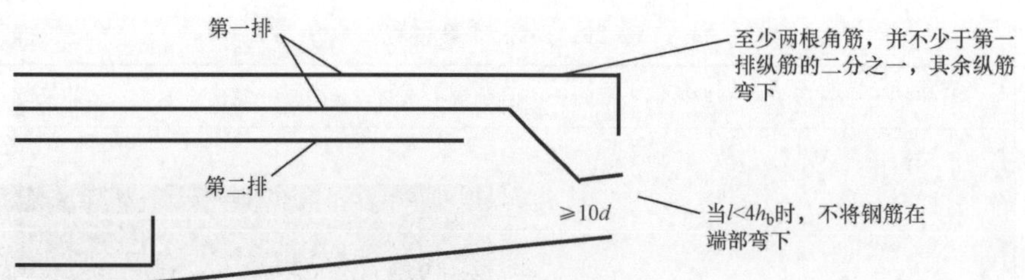

图1-7-6　KL29（2A）计算结果分析

表1-7-7　**KL30（2A）计算条件**

混凝土强度	梁混凝土保护层	支座外侧混凝土保护层	抗震等级	定尺长度	连接方式	l_{aE}/l_a
C30	20	20	一级抗震	9000	对焊	$33d/29d$

（2）平法施工图，见图1-7-7。

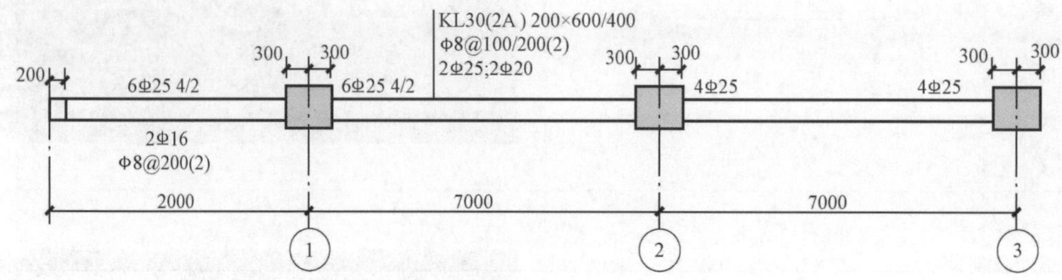

图1-7-7　KL30（2A）

（3）施工效果图见图1-7-8，计算过程见表1-7-8。

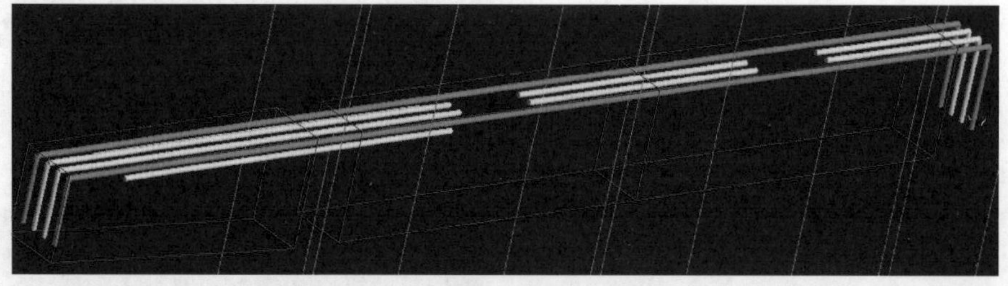

图1-7-8　KL30（2A）施工效果图

表1-7-8　**KL30（2A）计算过程**

计算公式	悬挑端下平直段长度＋支座1宽度＋第1内延伸长度	
悬挑端下平直段长度	(2000−300)×0.75＝1275	

续表

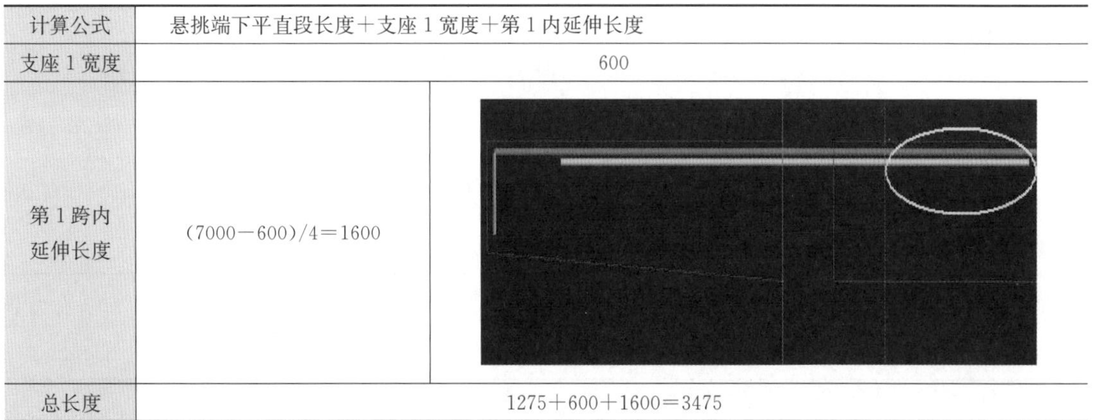

计算公式	悬挑端下平直段长度＋支座 1 宽度＋第 1 内延伸长度	
支座 1 宽度	600	
第 1 跨内延伸长度	(7000－600)/4＝1600	
总长度	1275＋600＋1600＝3475	

（四）悬挑梁下部钢筋

（1）计算条件，见表 1-7-9。

表 1-7-9　　KL31（2A）计算条件

混凝土强度	梁混凝土保护层	支座外侧混凝土保护层	抗震等级	定尺长度	连接方式	l_{aE}/l_a
C30	20	20	一级抗震	9000	对焊	$33d/29d$

（2）平法施工图，见图 1-7-9。

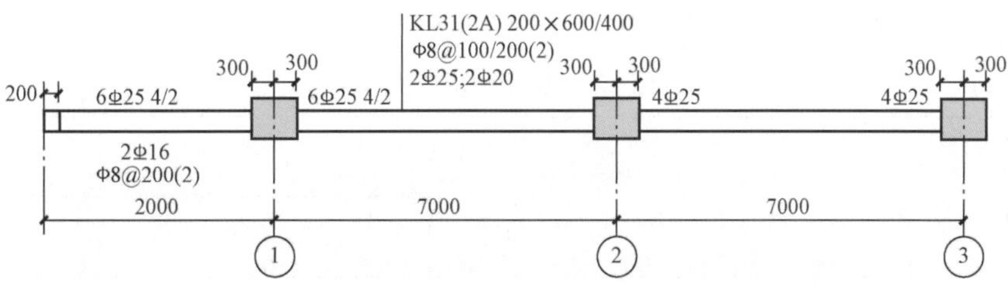

图 1-7-9　KL31（2A）

（3）计算过程及施工效果图，见图 1-7-10。

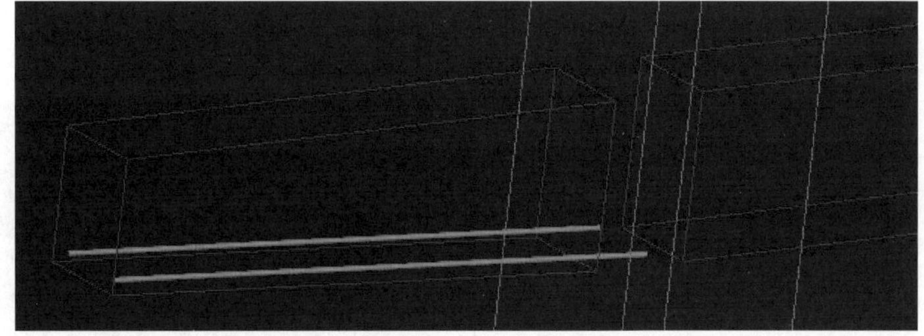

图 1-7-10　KL31（2A）施工效果图

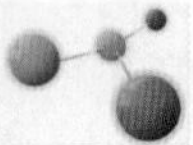

悬挑端下部钢筋长度＝净长＋锚固

$$=2000-300-20+15d$$

$$=2000-300-20+15\times16$$

$$=1920$$

（五）悬挑梁箍筋

（1）计算条件，见表 1-7-10。“l_{aE}/l_a”的取值见 16G101-1 第 58 页。

表 1-7-10　　**KL32（2A）计算条件**

混凝土强度	梁混凝土保护层	支座外侧混凝土保护层	抗震等级	定尺长度	连接方式	l_{aE}/l_a
C30	20	20	一级抗震	9000	对焊	$33d/29d$

（2）平法施工图，见图 1-7-11。

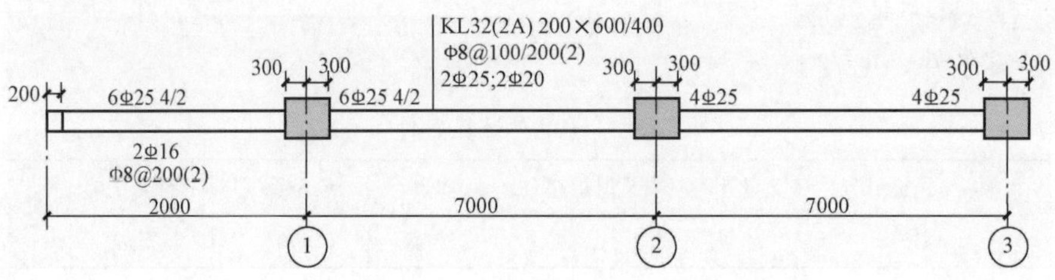

图 1-7-11　KL32（2A）

（3）计算过程及结果分析，见表 1-7-11。

表 1-7-11　　**KL32（2A）计算过程及计算结果分析**

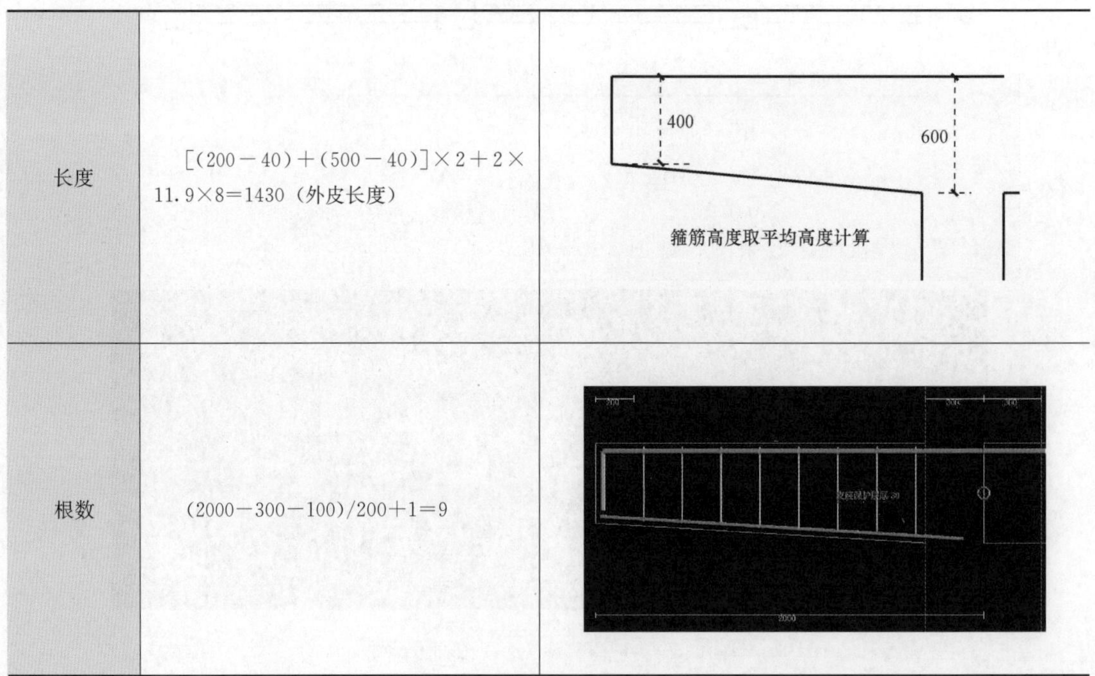

长度	[(200－40)＋(500－40)]×2＋2×11.9×8＝1430（外皮长度）	400 600 箍筋高度取平均高度计算
根数	(2000－300－100)/200＋1＝9	

续表

根数	(2000－300－100)/200＋1＝9	悬挑梁远端有一边梁，箍筋距边梁边有一个50mm的起步距离，两端一共就是100mm的起步距离。 悬挑梁远端有边梁时箍筋布置到什么位置？16G101－1第92页，悬挑梁箍筋全长布置 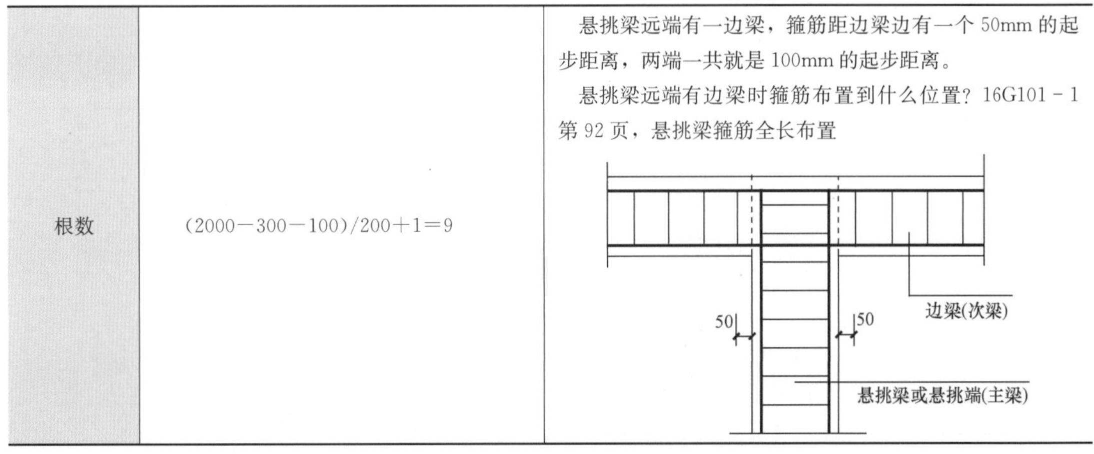

二、纯悬挑梁

1. 计算条件

见表1-7-12。

表1-7-12　　XL1 计 算 条 件

混凝土强度	梁混凝土保护层	支座外侧混凝土保护层	抗震等级	定尺长度	连接方式	l_{aE}/l_a
C30	20	20	一级抗震	9000	对焊	$33d/29d$

2. 平法施工图

见图1-7-12。

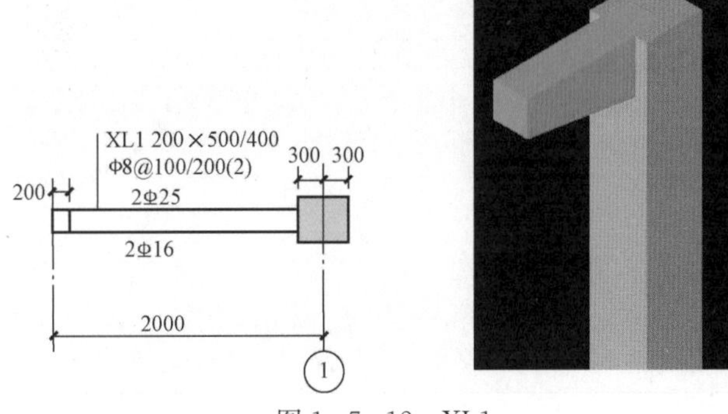

图1-7-12　XL1

3. 计算过程及结果分析

箍筋计算略，见表1-7-13。

表1-7-13　　XL1计算过程及计算结果分析

上部钢筋	计算公式＝净长＋悬挑远端下弯＋端支座锚固
	端支座锚固： $(l_a=29\times25=725)>(h_c=600)$，故需要弯锚 弯锚长度＝600－20＋15×25＝955

续表

上部钢筋	悬挑远端下弯＝12×25＝300
	总长度＝2000－300－20＋955＋300＝2935
	16G101－1 第 92 页： 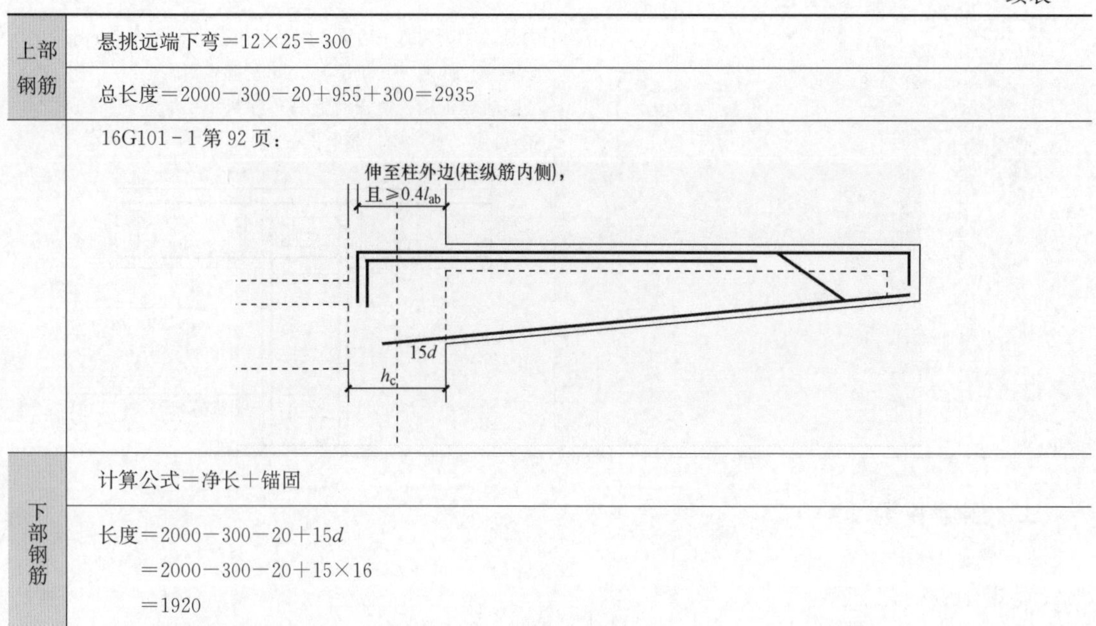
下部钢筋	计算公式＝净长＋锚固
	长度＝2000－300－20＋15d ＝2000－300－20＋15×16 ＝1920

三、悬挑梁钢筋总结

悬挑梁钢筋总结，见表 1－7－14。

表 1－7－14　　　悬挑梁总结

悬挑梁钢筋总结				出处
上部钢筋悬挑端	第一排	$l<4h_b$，全部伸至远端	伸至远端下弯 12d	16G101－1 第 92 页
		$l\geqslant4h_b$ 除角筋外，第一排总根数的 1/2 不伸至悬挑远端即下弯	按 45°角下弯后平伸至远端	
	第二排	伸至 0.75l 位置		
下部钢筋	锚固 15d			
箍筋	长度	悬挑远端变截面时按平均高度计算		
	根数	布置到尽端		梁梁相交处，只有一边的梁上布置箍筋，此处按悬挑梁箍筋布置到尽端。参见 16G101－1 第 92 页
纯悬挑梁锚固	弯锚	$h_c-c+15d$		16G101－1 第 92 页

第八节　基础主梁（JL）与基础次梁（JCL）钢筋计算精讲

一、基础梁概述

1. 基础梁概述

16G101－3 梁板式筏形基础中的基础主梁和基础次梁（图 1－8－1）。

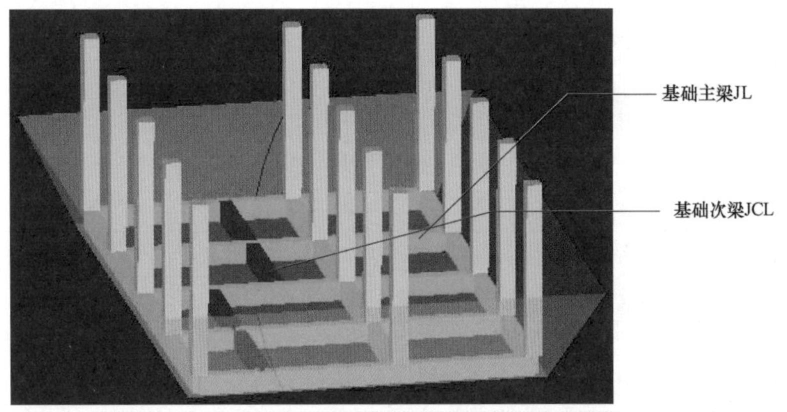

图 1-8-1 基础梁示意图

2. 基础梁钢筋骨架

(1) 基础主梁（全长布置箍筋），见图 1-8-2。

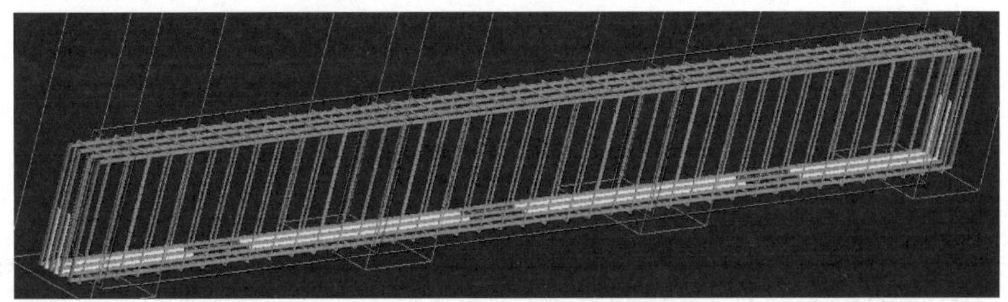
图 1-8-2 基础主梁钢筋骨架

(2) 基础次梁（只有净长范围内布置箍筋），见图 1-8-3。

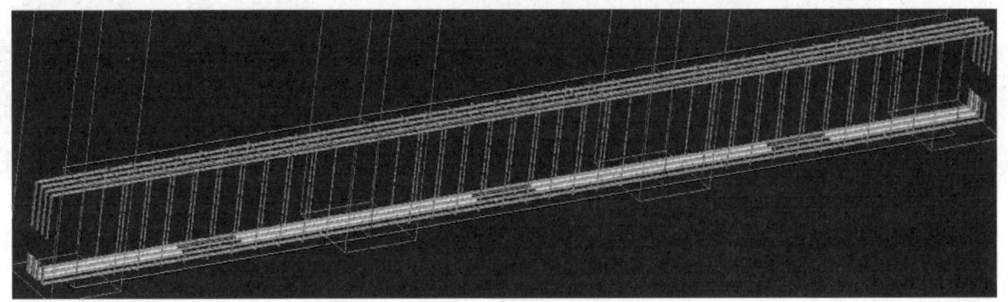
图 1-8-3 基础次梁钢筋骨架

(3) 基础梁钢筋骨架表，见表 1-8-1。

表 1-8-1 基础梁钢筋骨架表

	钢筋骨架	情况
基础梁钢筋	上部贯通筋	1. 有外伸/无外伸 2. 有变截面
	下部贯通筋	
	下部支座非贯通筋	
	侧部构造纵筋	
	箍筋	

二、基础主梁

（一）基础主梁一

基础主梁一——一般情况。

（1）计算条件，见表 1-8-2。"l_{aE}/l_a"的取值见 16G101-3 第 59 页。

表 1-8-2　　**JL1 计算条件**

混凝土强度	混凝土保护层		抗震等级	定尺长度	连接方式	l_{aE}/l_a
C30	底面 40	其他面 20	一级抗震	9000	对焊	$33d/29d$

（2）平法施工图，见图 1-8-4。

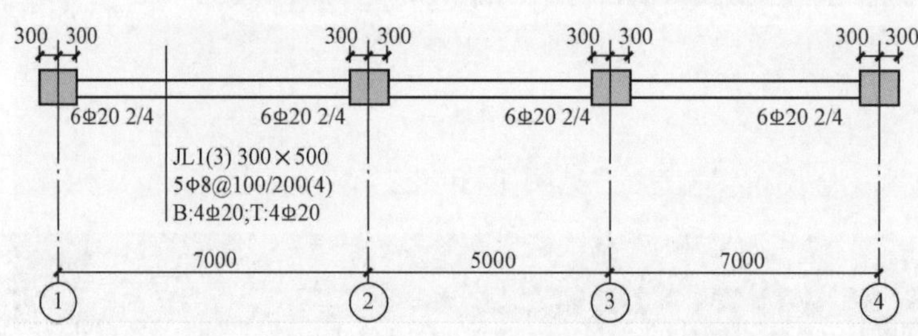

图 1-8-4　JL1

（3）施工效果图见图 1-8-5，计算过程见表 1-8-3。

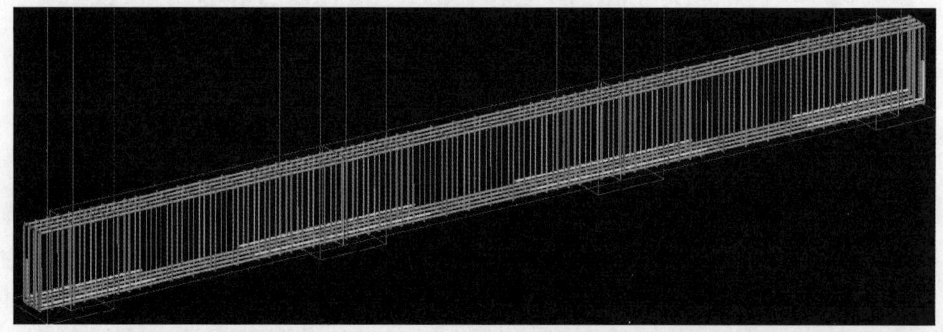

图 1-8-5　JL1 钢筋效果图

表 1-8-3　　**JL1 计算过程**

上部和下部贯通筋	计算公式：端部无外伸时，上部和下部钢筋端部弯折 $15d$
	长度＝梁长－2×保护层＋2×$15d$ ＝7000＋5000＋7000＋600－40＋2×15×20 ＝20 160
	接头个数＝20 160/9000－1＝2
支座 1、4 底部非贯通筋	计算公式：延伸长度＋支座宽度－c＋$15d$
	自支座边起的延伸长度＝l_n/3 ＝(7000－2×300)/3 ＝2133

续表

支座1、4底部非贯通筋	长度$=2133+h_c-c+15d$ $=2133+600-20+15\times20$ $=3013$
支座2、3底部非贯通筋	计算公式=两端延伸长度
	长度$=2\times l_n/3+h_c$ $=2\times(7000-2\times300)/3+600$ $=2\times2133+600$ $=4866$
箍筋长度	外大箍=2×(300−40)+2×(500−60)+2×11.9×8 =1591　按箍筋外皮长计算
	里小箍中心宽度=(300−40−36)/3+20+16=111
	里小箍=2×[111+(500−60)]+2×11.9×8=1293
第1、3净跨箍筋根数	每边5根间距100的箍筋，两端共10根
	跨中箍筋根数=(7000−600−550×2)/200−1=26根
	总根数=36根
第2净跨箍筋根数	每边5根间距100的箍筋，两端共10根
	跨中箍筋根数=(5000−600−550×2)/200−1=16根
	总根数=26根
支座1、2、3、4内箍筋	根数=(600−100)/100+1=6
	四个支座共=4×6=24
整梁总箍筋根数	根数=36×2+26+24=122

（4）计算结果分析。

1）上部和下部贯通筋。16G101－3第81页规定，端部无外伸时上部和下部贯通筋伸至端部弯折$15d$，如图1－8－6所示。

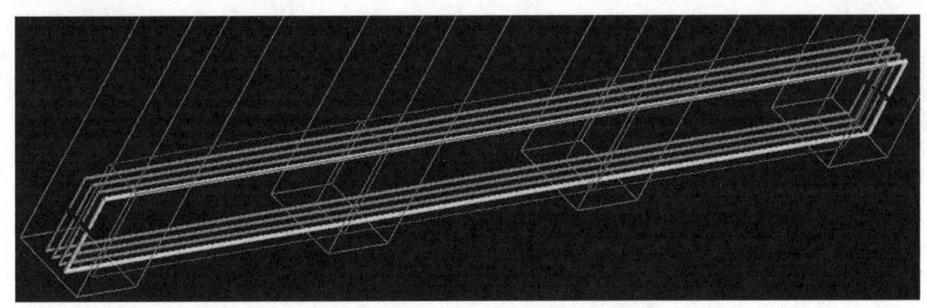

图1－8－6　JL计算结果分析图（一）

2）端支座底部非贯通筋延伸长度。16G101－3第81页规定，底部非贯通筋纵延伸长度自支座边起算，见图1－8－7。

3）中间支座底部非贯通筋延伸长度。16G101－3第33页规定，中间支座下部非贯通的延伸长度为$l_n/3$，见图1－8－8。

4）多肢箍筋的长度。

外大箍=2×(300−80)+2×(500−80)+2×11.9×8=1470（按箍筋外皮长计算）

外大箍筋的弯钩计算方法已在前面楼层框架梁的小节中有详细讲解，此处不重复。

里小箍=2×[97+(500−80)]+2×11.9×8=1224

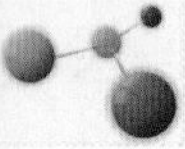

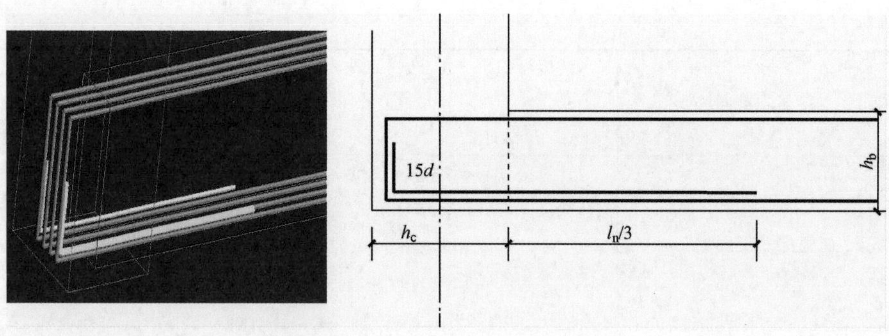

图 1-8-7　JL1 计算结果分析图（二）

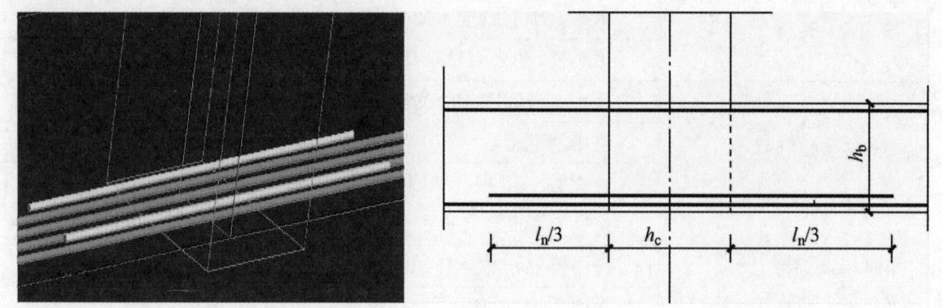

图 1-8-8　JL1 计算结果分析图（三）

里小箍中心线宽度＝(300－40－36)/3＋20＋16＝97，如图 1-8-9 所示，先确定中间小箍箍住的纵筋根数，以该纵筋中心线的宽度来计算中间小箍筋的宽度（图 1-8-9）。

5）箍筋根数。

第一：基础主梁在与柱相交的节点内要放置箍筋，该箍筋按梁第一种箍筋进行设置；

第二：基础主梁的箍筋特点是可能有几种不同配置的箍筋，在梁两端先布置第一种，依次往中间布置（图 1-8-10）。

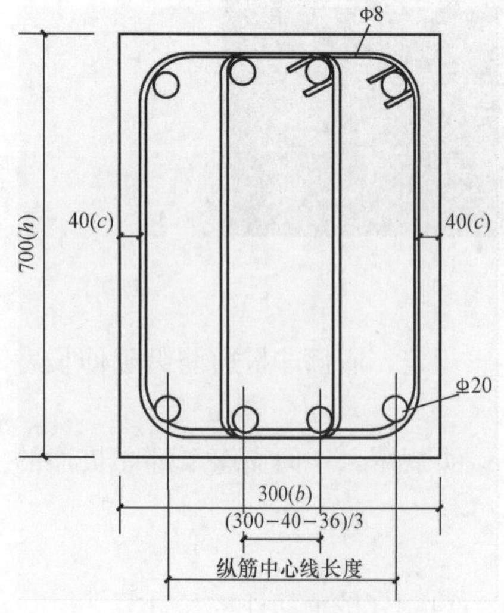

图 1-8-9　多肢箍筋示意图

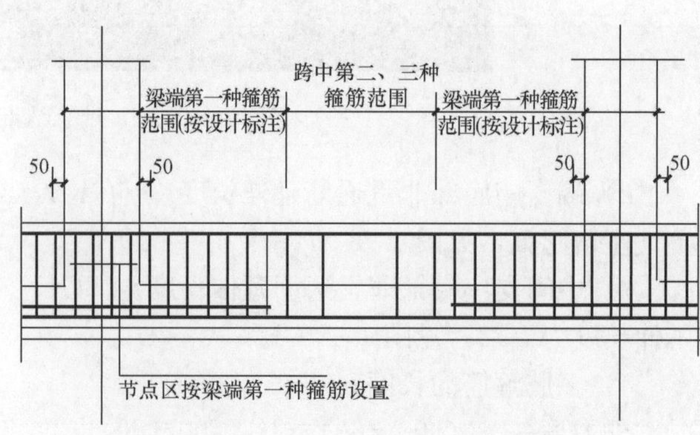

图 1-8-10　基础主梁箍筋布置示意图

（二）基础主梁二（带外伸的基础主梁）

（1）计算条件，见表 1-8-4。

表 1-8-4 **JZL2 计算条件**

混凝土强度	混凝土保护层		抗震等级	定尺长度	连接方式	l_{aE}/l_a
C30	底面 40	其他面 20	一级抗震	9000	对焊	$33d/29d$

（2）平法施工图，见图 1-8-11。

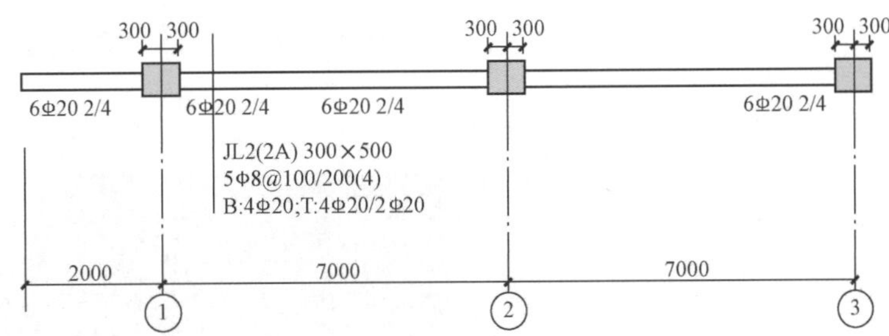

图 1-8-11 JL2（2A）

（3）施工效果图见图 1-8-12，计算过程见表 1-8-5。

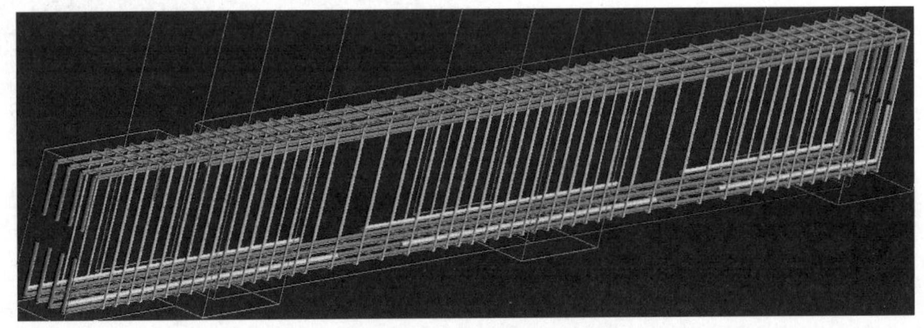

图 1-8-12 JL2 钢筋效果图

表 1-8-5 **JL2 计算过程**

上部和下部贯通筋	计算公式：无外伸端弯折 15d，外伸端弯折 12d	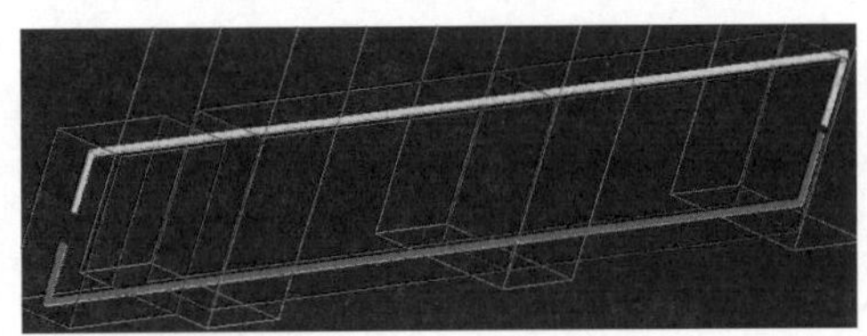
	长度＝梁长－两端保护层＋12d＋15d ＝7000×2＋300＋2000－40＋12×20＋15×20 ＝16 800	
	接头个数＝16 800/9000－1＝1	

续表

支座1底部非贯通筋（位于上排）	计算公式：外伸净长度＋延伸长度＋柱宽	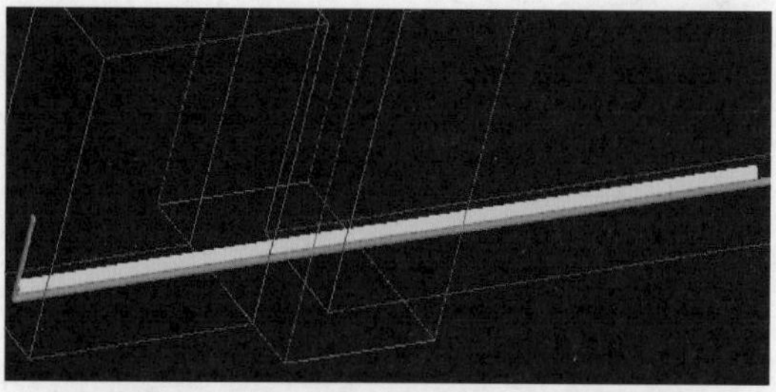
	延伸长度 ＝max(l_n/3，l_n') ＝max[(7000－2×300)/3，(2000－300－30)] ＝2133	
	外伸净长度＝2000－300－20 ＝2000－300－20 ＝1680 （位于上排，外伸端不弯折）	
	长度＝1680＋2133＋600 ＝4413	
支座2底部非贯通筋	计算公式＝两端延伸长度＋柱宽	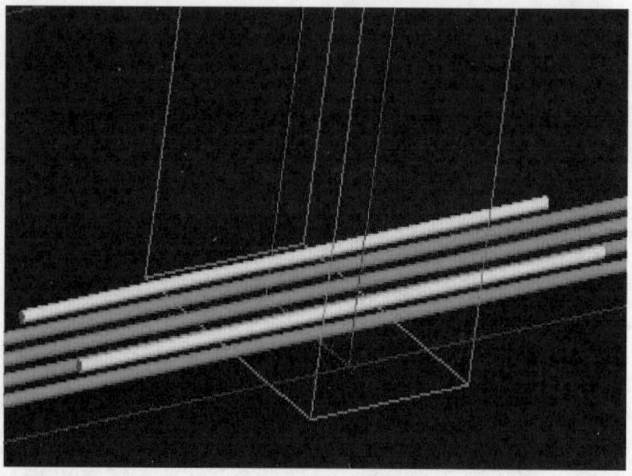
	长度＝2×l_n/3＋h_c ＝2×(7000－2×300)/3＋600 ＝4866	
支座3底部非贯通筋	计算公式：延伸长度＋支座宽－c＋15d	
	延伸长度 ＝l_n/3 ＝700－2×300/3 ＝2133	
	长度＝2133＋600－20＋15×20＝3013	
上部第二排通长筋	上部下排贯通筋长度 ＝7000×2－300＋l_a＋(300－20＋15d) ＝7000×2－300＋29×20＋(300－20＋15×20) ＝14 860	
	接头个数＝14 860/9000－1＝1	
箍筋	箍筋计算略	

（4）计算结果分析。

1）外伸端下部钢筋。16G101－3第81页规定，悬挑端下部钢筋中，下排伸至悬挑端弯折12d，上排伸至悬挑端不弯折。

2）外伸端上部钢筋。16G101－3第81页规定，悬挑端上部钢筋中，上排伸至悬挑端弯折12d，下排不伸至悬挑端，在支座内锚固l_a，见图1－8－13。

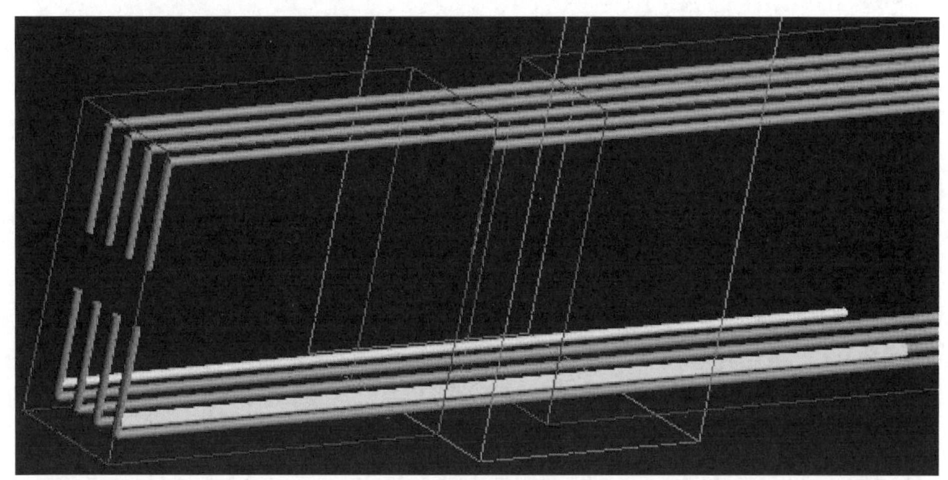

图1－8－13 JL2计算结果分析

（三）基础主梁三

基础主梁三——变截面有高差。

（1）计算条件，见表1－8－6。

表1－8－6 **JL3 计算条件**

混凝土强度	混凝土保护层		抗震等级	定尺长度	连接方式	l_{aE}/l_a
C30	底面40	其他面20	一级抗震	9000	对焊	33d/29d

（2）平法施工图，见图1－8－14。

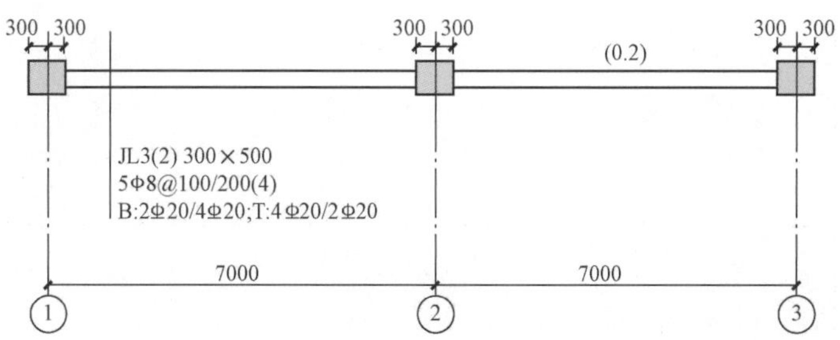

图1－8－14 JL3（2）

（3）施工效果图见图1－8－15～图1－8－23，计算结果见表1－8－7～表1－8－10。

1）1、2号筋：低标高第一排钢筋，见图1－8－16、图1－8－17。

2）3、4号筋：低标高第二排钢筋，见图1－8－18、图1－8－19。

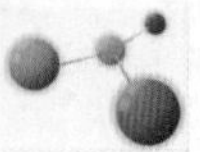

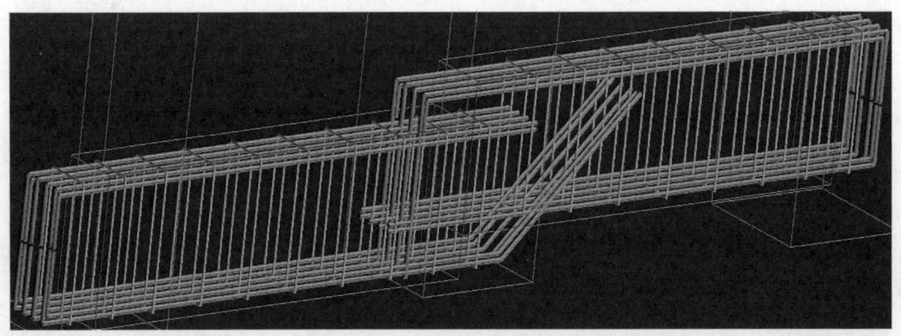

图 1-8-15　JL3 钢筋效果图

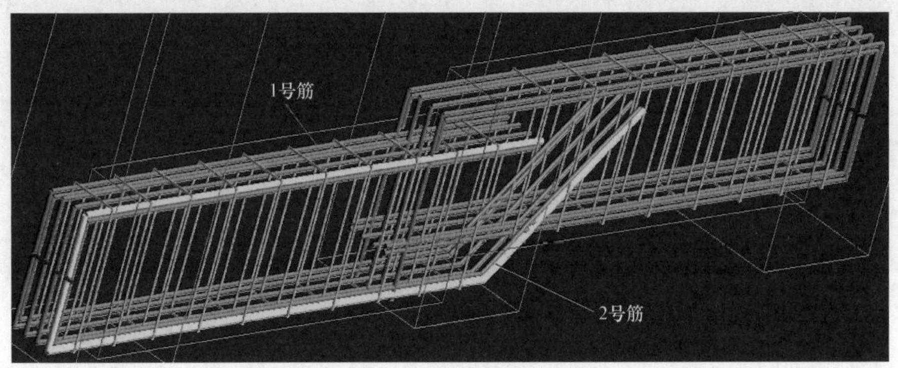

图 1-8-16　JL3 1、2 号筋效果图（一）

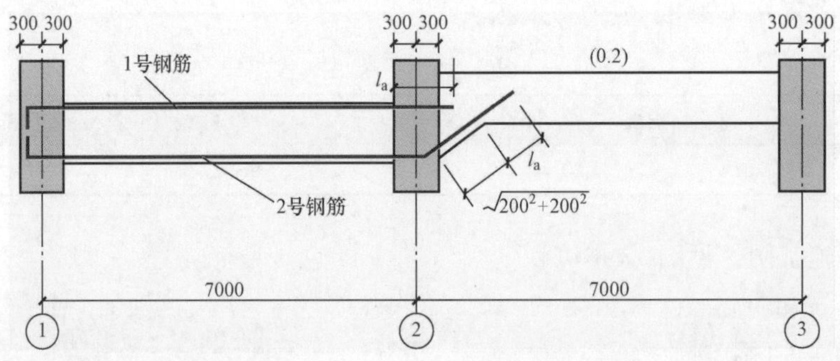

图 1-8-17　JL3 1、2 号筋效果图（二）

表 1-8-7　　JL3 之 1、2 号筋计算过程

1 号筋	长度 $=7000-300+l_a+300-c+15d$ $=7000-300+29\times20+300-20+15\times20$ $=7860$
	16G101-3 第 83 页
2 号筋	长度 $=7000+300\times2-2c+\sqrt{200^2+200^2}+l_a+15d$ $=7000+300\times2-2\times20+\sqrt{200^2+200^2}+29\times20+15\times20$ $=8723$
	16G101-3 第 83 页

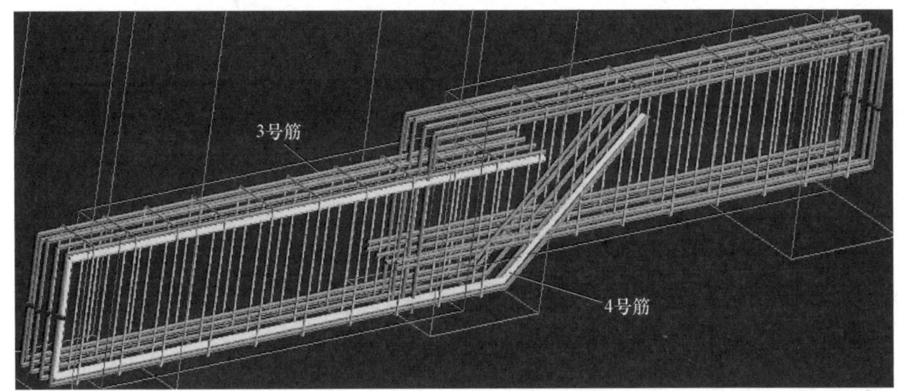

图 1-8-18 JL3 3、4 号筋效果图（一）

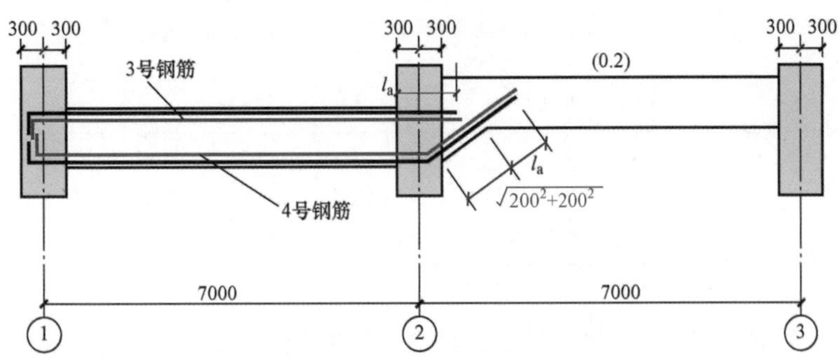

图 1-8-19 JL3 3、4 号筋效果图（二）

表 1-8-8 JL3 之 3、4 号筋计算过程

3 号筋	长度 $=7000-300+l_a+300-c+15d$ $=7000-300+29\times20+300-20+15\times20$ $=7860$
	16G101-3 第 83 页
4 号筋	长度 $=7000+300\times2-2c+\sqrt{200^2+200^2}+l_a+15d$ $=7000+300\times2-2\times20+\sqrt{200^2+200^2}+29\times20+15\times20$ $=8723$
	16G101-3 第 74 页

3）5、6 号筋：高标高第一排钢筋，见图 1-8-20、图 1-8-21。

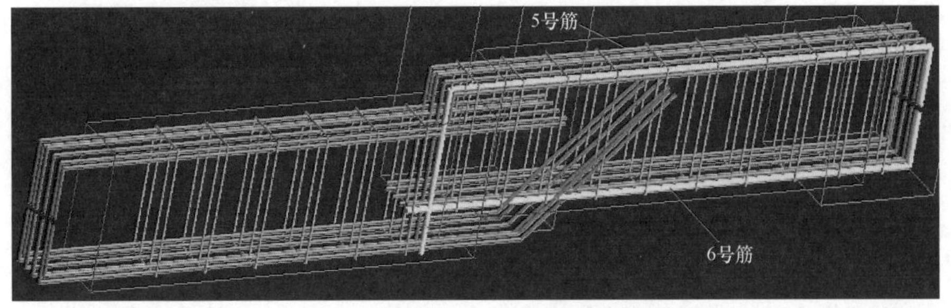

图 1-8-20 JL3 5、6 号筋钢筋效果图（一）

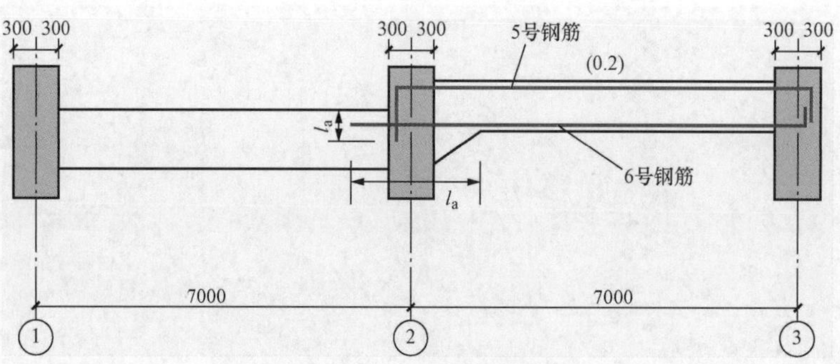

图 1-8-21　JL3 5、6 号筋钢筋效果图（二）

表 1-8-9　　JL3 之 5、6 号筋计算过程

5 号筋	上段=7000+600−2×c+200+l_a+15d =7000+600−40+200+29×20+15×20 =8640
6 号筋	下段=7000−300−200+l_a+300−c+15d =7000−300−200+29×20+300−20+15×20 =7660

4）7、8 号筋：高标高第二排钢筋，见图 1-8-22、图 1-8-23。

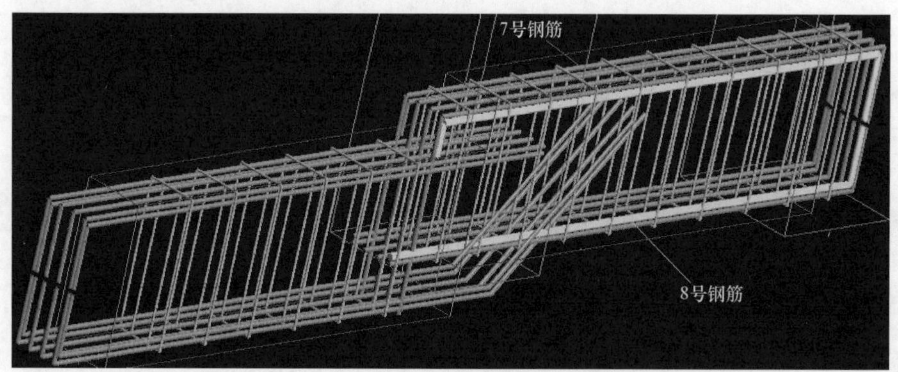

图 1-8-22　JL3 7、8 号筋钢筋效果图（一）

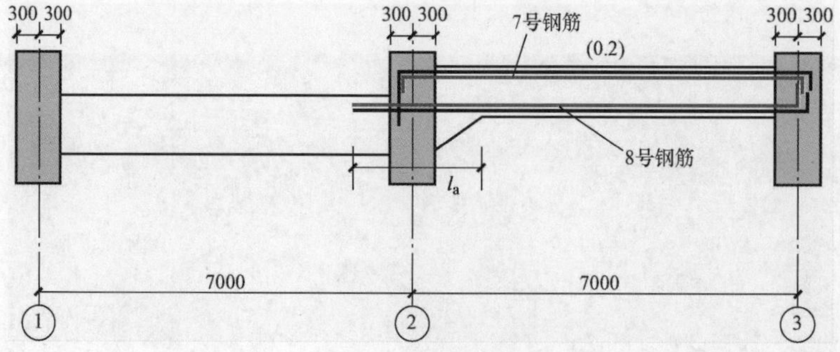

图 1-8-23　JL3 7、8 号筋钢筋效果图（二）

表 1-8-10　　JL3 之 7、8 号筋计算过程

7 号筋	长度 $=7000+2\times300-2c+2\times15d$ $=7000+2\times300-2\times20+2\times15\times20$ $=8160$
	16G101-3 第 83 页
8 号筋	长度 $=7000-300-200+l_a+300-c+15d$ $=7000-300-200+29\times20+300-20+15\times20$ $=7660$
	16G101-3 第 83 页

（四）基础主梁四（变截面，梁宽度不同）

基础主梁四——变截面，梁宽度不同。

（1）计算条件，见表 1-8-11。

表 1-8-11　　JL4 计 算 条 件

混凝土强度	混凝土保护层		抗震等级	定尺长度	连接方式	l_{aE}/l_a
C30	底面 40	其他面 20	一级抗震	9000	对焊	$33d/29d$

（2）平法施工图，见图 1-8-24。

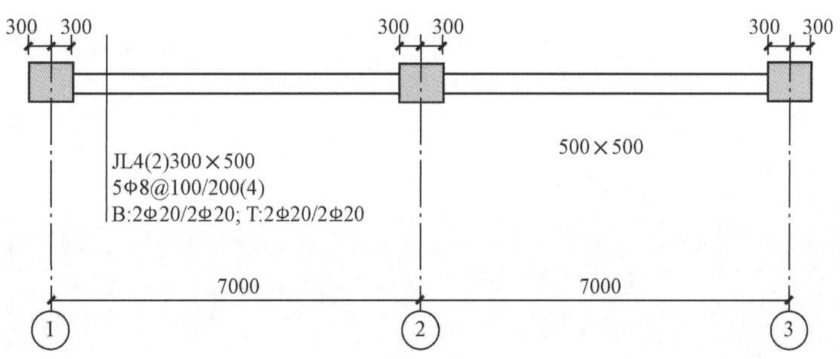

图 1-8-24　JL4

（3）施工效果图与计算过程。

1）JL4 钢筋施工效果图，见图 1-8-25。

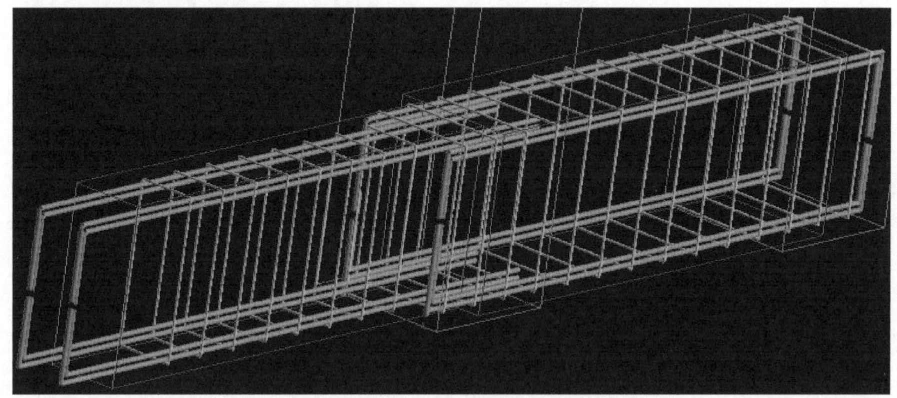

图 1-8-25　JL4 钢筋效果图

2）1、2号筋：见图1-8-26、图1-8-27、表1-8-12。

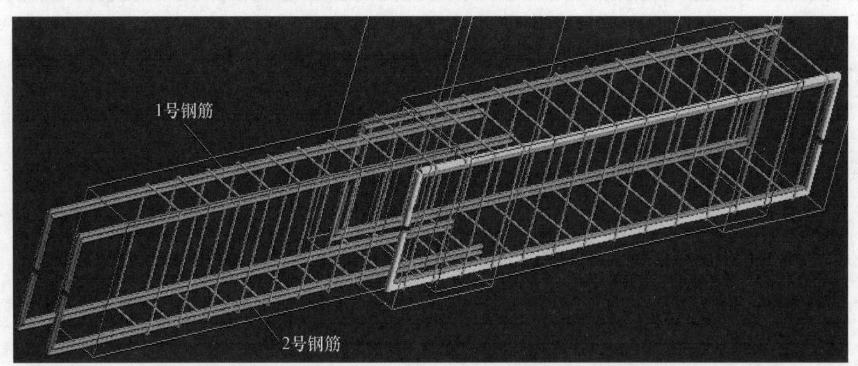

图1-8-26　JL4-1号筋效果图（一）

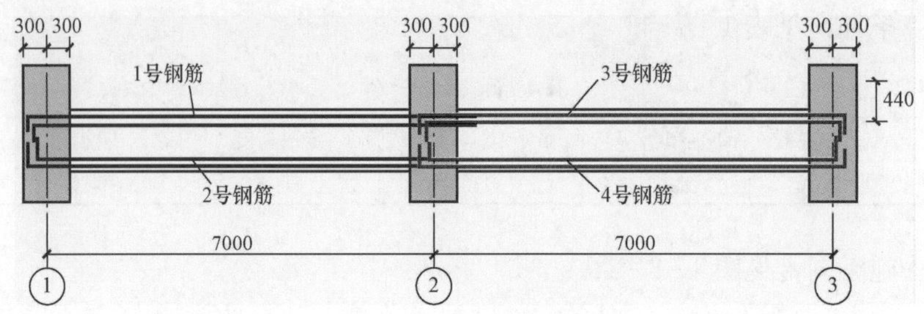

图1-8-27　JL4-1号筋效果图（二）

表1-8-12　JL4-1号筋计算过程

1号筋（上、下排相同）	长度$=7000+300-c+15d-300+l_a$ $=7000+300-20+15\times20-300+29\times20$ $=7860$
	16G101-3第83页
2号筋（上、下排相同）	长度$=7000+300-c+15d-300+l_a$ $=7000+300-20+15\times20-300+29\times20$ $=7860$
	同1号筋

3）3、4号筋：见图1-8-28、表1-8-13。

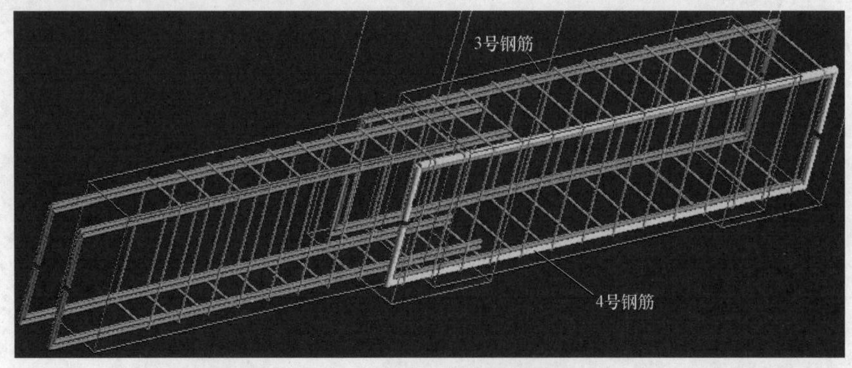

图1-8-28　JL4-2号筋效果图

表 1-8-13 **JL4-2 号筋计算过程**

3 号筋（上、下排相同）	长度 $=7000+2\times300-2c+2\times15d$ $=7000+2\times300-2\times20+2\times15\times20$ $=8160$
	16G101-3 第 83 页，宽出的钢筋根据支座宽度弯锚或直锚
4 号筋（上、下排相同）	长度 $=7000+2\times300-2c+2\times15d$ $=7000+2\times300-2\times20+2\times15\times20$ $=8160$

三、基础次梁

（一）基础次梁一

基础次梁一——一般情况。

（1）计算条件，见表 1-8-14。

表 1-8-14 **JCL1 计 算 条 件**

混凝土强度	混凝土保护层		抗震等级	定尺长度	连接方式	l_{aE}/l_a
C30	底面 40	其他面 20	一级抗震	9000	对焊	$33d/29d$

（2）平法施工图，见图 1-8-29。

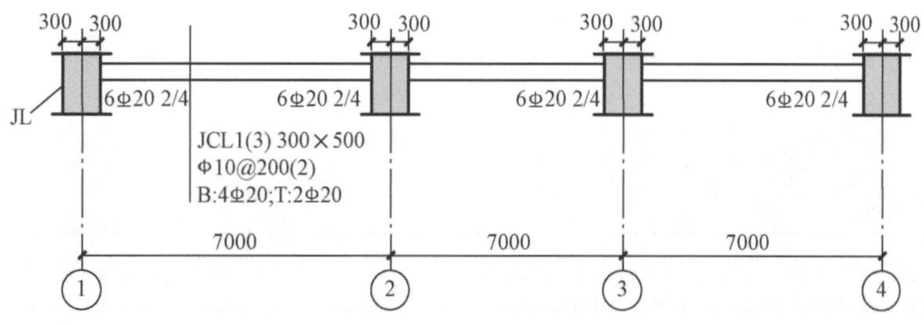

图 1-8-29 JCL1

（3）施工效果图见图 1-8-30，计算过程见表 1-8-15。

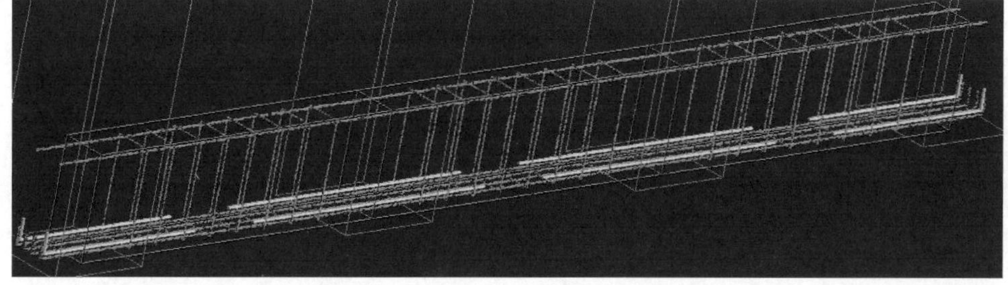

图 1-8-30 JCL1 钢筋效果图

表 1-8-15　　JCL1 钢筋计算过程

钢筋	计算过程
上部贯通筋	计算公式＝净长＋两端锚固
	锚固长度＝max(0.5h_c，12d) ＝max(300，12×20) ＝300
	长度＝7000×3－600＋2×300 ＝21 000
	接头个数＝21 000/9000－1＝2
底部贯通筋	计算公式＝净长＋两端锚固
	长度＝7000×3＋2×300－2×20＋2×15×20 ＝22 160
	接头个数＝22 140/9000－1＝2
支座 1、4 底部非贯通筋	计算公式＝支座锚固长度＋支座外延伸长度
	延伸长度＝l_n/3 ＝(7000－2×300)/3 ＝2133
	长度＝2133＋600－20＋15×20＝3013
支座 2、3 底部非贯通筋	计算公式＝2×延伸长度＋中间支座宽 ＝2×l_n/3＋h_c ＝2×(7000－2×300)/3＋600 ＝4867
箍筋长度	长度＝2×[(300－40)＋(500－60)]＋2×11.9×10 ＝1638（外皮长度）
箍筋根数	三跨总根数＝3×[(6400/200)＋1]＝99

(4) 计算结果分析，见表 1-8-16。

表 1-8-16　　JCL1 钢筋计算结果分析

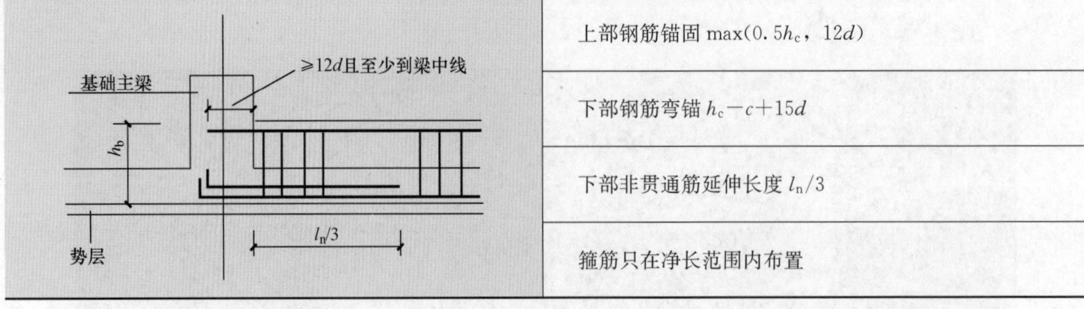

≥12d且至少到梁中线
基础主梁
h_b
l_n/3
势层
上部钢筋锚固 max(0.5h_c，12d)
下部钢筋弯锚 $h_c-c+15d$
下部非贯通筋延伸长度 l_n/3
箍筋只在净长范围内布置

(二) 基础次梁二

基础次梁二——变截面有高差。

(1) 计算条件，见表 1-8-17。

表 1-8-17　　JCL2 计算条件

混凝土强度	混凝土保护层		抗震等级	定尺长度	连接方式	l_{aE}/l_a
C30	底面 40	其他面 20	一级抗震	9000	对焊	$33d/29d$

（2）平法施工图，见图 1-8-31。

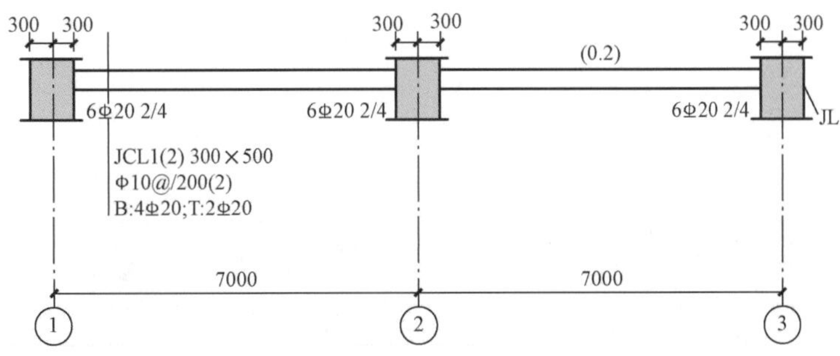

图 1-8-31　JCL2

（3）施工效果图见图 1-8-32，计算过程见表 1-8-18。

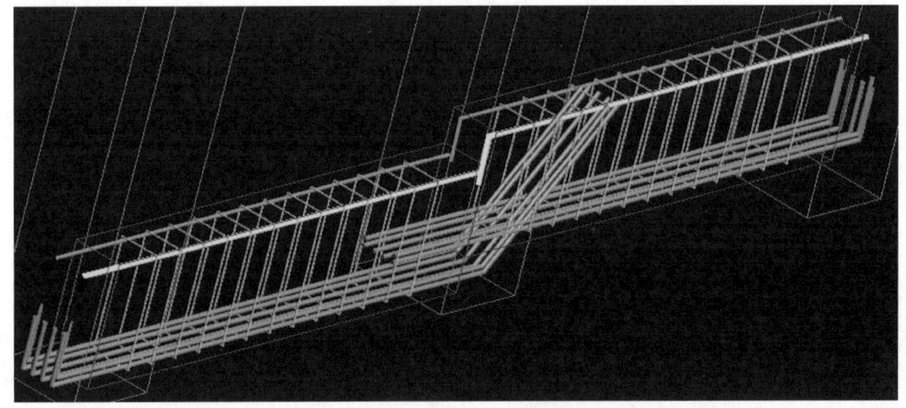

图 1-8-32　JCL2 钢筋效果图

表 1-8-18　　JCL2 钢筋计算过程

<table>
<tr><td rowspan="3">第一跨上部钢筋</td><td colspan="2">计算公式＝净长＋两端锚固</td></tr>
<tr><td>端支座锚固长度＝max(0.5h_c，12d)
＝max(300，12×20)
＝300</td><td>中间支座锚固长度＝max(0.5h_c，l_a)
＝max(300，29×20)
＝580</td></tr>
<tr><td>长度＝6400＋300＋580＝7280</td><td></td></tr>
<tr><td rowspan="3">第二跨上部钢筋</td><td colspan="2">计算公式＝净长＋两端锚固</td></tr>
<tr><td>右端支座锚固长度＝max(0.5h_c，12d)
＝max(300，12×20)
＝300</td><td>左端变截面处锚固长度＝$h_c-c+15d$
＝600－20＋15×20
＝880</td></tr>
<tr><td colspan="2">长度＝6400＋300＋880＝7580</td></tr>
<tr><td>下部钢筋</td><td colspan="2">同基础主梁梁顶梁底有高差的情况</td></tr>
</table>

四、基础主梁和基础梁钢筋计算总结

基础主梁和基础梁钢筋计算总结，见表 1-8-19。

表 1-8-19　　　　基础梁钢筋计算总结

<table>
<tr><th colspan="5">16G101-3 基础梁钢筋总结</th><th>出　处</th></tr>
<tr><td rowspan="17">基础主梁JZL</td><td>上部和下部贯通筋（无外伸）</td><td colspan="3">伸至端部弯折 15d</td><td>16G101-3 第 81 页</td></tr>
<tr><td>底部非贯通筋</td><td colspan="3">自支座边起：$l_n/3$</td><td>16G101-3 第 81 页</td></tr>
<tr><td rowspan="4">有外伸</td><td>上部上排筋</td><td colspan="2">伸至悬挑远端弯折 12d</td><td rowspan="4">16G101-3 第 81 页</td></tr>
<tr><td>上部下排筋</td><td colspan="2">不伸至悬挑端，在支座处锚固 l_a</td></tr>
<tr><td>下部上排筋</td><td colspan="2">伸至悬挑远端不弯折</td></tr>
<tr><td>下部下排筋</td><td colspan="2">伸至悬挑远端弯折 12d</td></tr>
<tr><td>箍筋根数</td><td colspan="3">与柱相交的节点内要布置箍筋，按跨端第一种箍筋进行配置</td><td>16G101-3 第 80 页</td></tr>
<tr><td rowspan="8">变截面梁顶底有高差处</td><td rowspan="2">低标高第一排钢筋</td><td>上部筋</td><td>锚固 l_a</td><td rowspan="10">16G101-3 第 83 页</td></tr>
<tr><td>下部筋</td><td>伸至变截面顶再加 l_a</td></tr>
<tr><td rowspan="2">低标高第二排钢筋</td><td>上部筋</td><td>锚固 l_a</td></tr>
<tr><td>下部筋</td><td>伸至变截面顶再加 l_a</td></tr>
<tr><td rowspan="2">高标高第一排钢筋</td><td>上部筋</td><td>伸至低标高梁顶面再加 l_a</td></tr>
<tr><td>下部筋</td><td>锚固 l_a</td></tr>
<tr><td rowspan="2">高标高第二排钢筋</td><td>上部筋</td><td>直锚 l_a/弯锚 $h_c-c+15d$</td></tr>
<tr><td>下部筋</td><td>锚固 l_a</td></tr>
<tr><td rowspan="2">梁宽度不同</td><td>较宽的上下部第一排钢筋</td><td colspan="2">直锚 l_a/弯锚 $h_c-c+15d$</td></tr>
<tr><td>较宽的上下部第二排钢筋</td><td colspan="2">直锚 l_a/弯锚 $h_c-c+15d$</td></tr>
<tr><td rowspan="10">基础次梁JCL</td><td>上部贯通筋</td><td colspan="3">锚固 max(0.5h_c，12d)</td><td rowspan="4">16G101-3 第 85 页</td></tr>
<tr><td>下部贯通筋</td><td colspan="3">$h_c-c+15d$</td></tr>
<tr><td>底部非贯通筋</td><td colspan="3">自支座边起延伸长度 $l_n/3$</td></tr>
<tr><td>有外伸</td><td colspan="3">上部钢筋弯折 12d，下部第 1 排钢筋弯折 12d，下部第 2 排钢筋不弯折</td></tr>
<tr><td rowspan="4">变截面梁顶底有高差处</td><td>低段上部钢筋；高段上部筋</td><td colspan="2">l_a；$h_c-c+15d$</td><td rowspan="5">16G101-3 第 87 页</td></tr>
<tr><td rowspan="2">下部低标高段</td><td>下部第一排</td><td>伸至变截面顶再加 l_a</td></tr>
<tr><td>下部第二排</td><td>同上</td></tr>
<tr><td>下部高标高段</td><td colspan="2">锚固 l_a</td></tr>
<tr><td>梁宽度不同</td><td>上下部各排多出的钢筋</td><td colspan="2">直锚 l_a/弯锚 $h_c-c+15d$</td></tr>
<tr><td>箍筋根数</td><td colspan="3">只有净长范围内布置箍筋</td><td>16G101-3 第 85 页</td></tr>
<tr><td rowspan="3">侧部构造筋</td><td rowspan="3">侧部钢筋拉筋</td><td>十字交叉</td><td colspan="2">锚固 15d</td><td rowspan="3">16G101-3 第 82 页</td></tr>
<tr><td>丁字交叉</td><td colspan="2">横梁外侧的侧部构造筋贯通，其余锚固 15d</td></tr>
<tr><td colspan="3">拉筋直径φ8，间距为箍筋间距的两倍</td></tr>
</table>

第九节　其他基础类梁钢筋计算精讲

一、条基基础梁 JL

基础梁钢筋骨架。16G101－3 中将条基形基础中基础梁和梁板式筏基中的基础主梁统一称为 JL。见图 1－9－1。故本节不再单独讲解条基基础梁的钢筋计算。

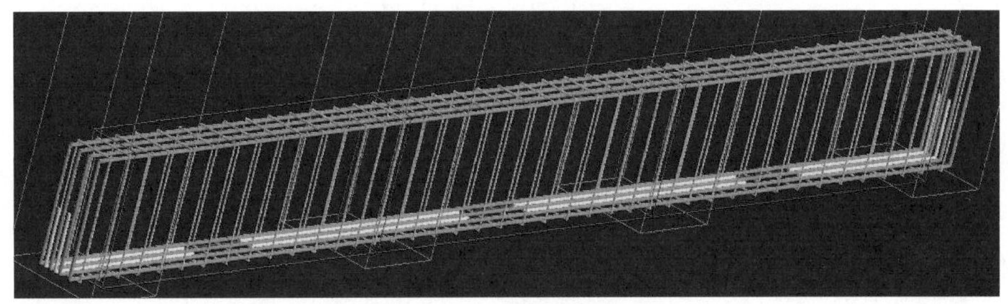

图 1－9－1　基础梁钢筋骨架

二、承台梁 CTL

（一）承台梁概述

承台梁概述，见图 1－9－2、图 1－9－3。

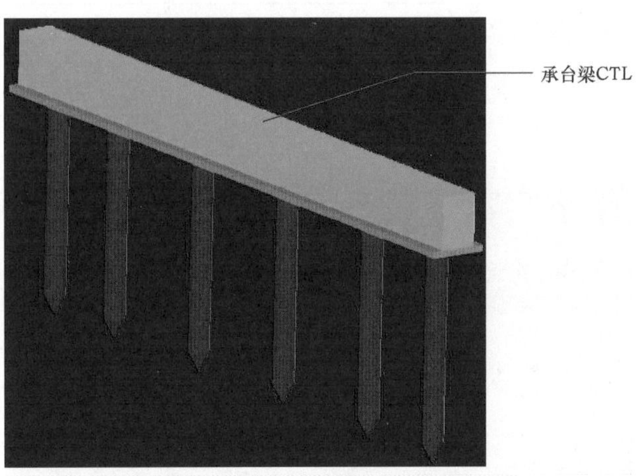

图 1－9－2　承台梁示意图

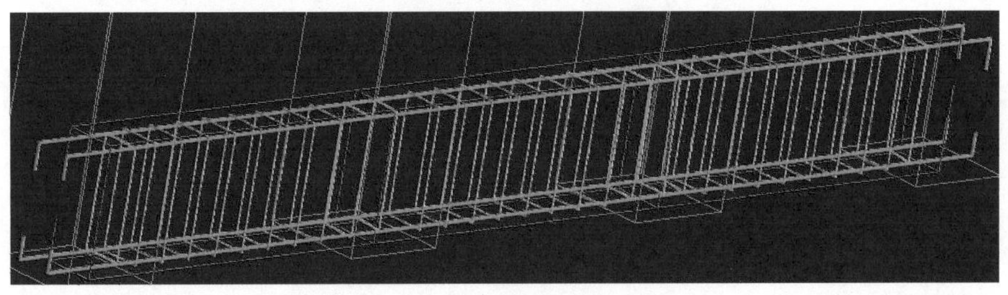

图 1－9－3　承台梁钢筋骨架

（二）承台梁钢筋计算

（1）计算条件，见表 1-9-1。环境类别=a。

表 1-9-1　　CTL1 计算条件

混凝土强度	混凝土保护层		抗震等级	定尺长度	连接方式	l_{aE}/l_a
C30	底面 50	其他面 25	一级抗震	9000	对焊	$33d/29d$

（2）平法施工图，见图 1-9-4。

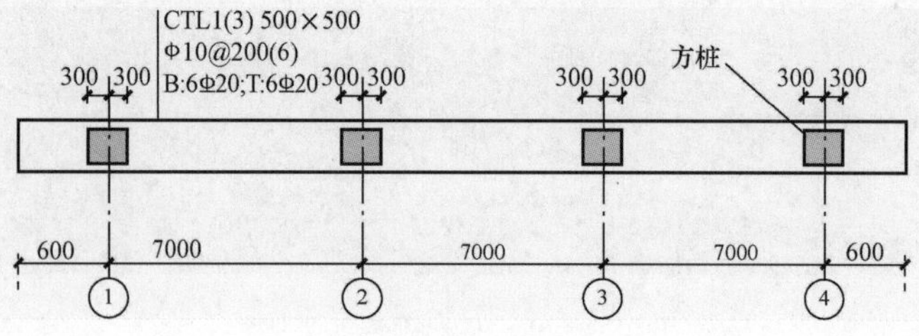

图 1-9-4　CTL1

（3）计算过程，见表 1-9-2。

表 1-9-2　　CTL1 计算过程

上部贯通钢筋	计算公式=梁长度−保护层+两端弯折 $10d$
	长度=7000×3+2×600−2×40+2×$10d$ =7000×3+2×600−2×40+2×10×20 =22 520
	接头个数=22 520/9000−1=2
下部贯通钢筋	计算公式=梁长度−保护层+两端弯折 $10d$
	长度=7000×3+2×600−2×40+2×$10d$ =7000×3+2×600−2×40+2×10×20 =22 520
	接头个数=22 520/9000−1=2
外面大箍筋	长度=2×[(500−50)+(500−75)]+2×11.9d =2×[(500−50)+(500−75)]+2×11.9×10 =1941(外皮长度)
里面小箍筋	长度=2×[(500−50−20−20)/5+20+20+(500−75)]+2×11.9×10 =1285(外皮长度)
根　　数	(7000×3+2×25×20−60)/200+1=111

（4）计算结果分析。

1）上下部贯通筋。16G101-3 第 100 页，承台梁上部和下部贯通筋在梁端部弯折 $10d$（见图 1-9-5）。

2）多肢箍中间小箍筋宽度（见图 1-9-6）。

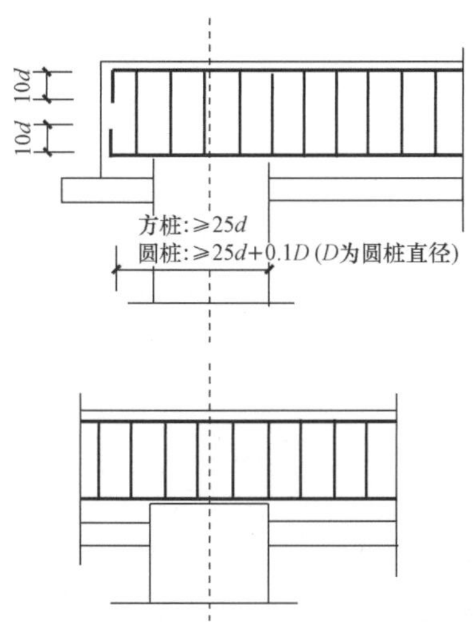

图 1-9-5 承台梁计算结果分析图（一）

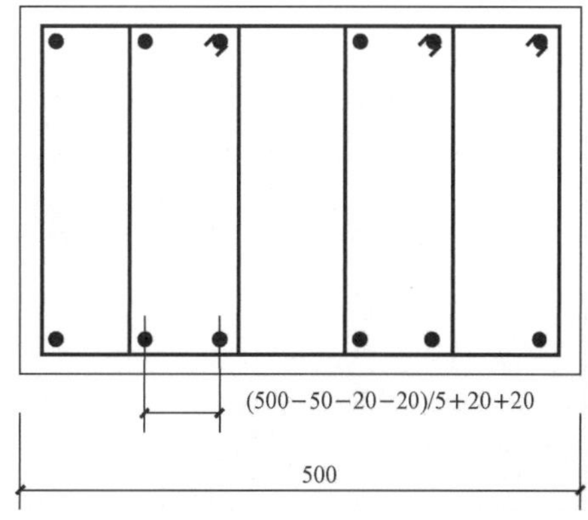

图 1-9-6 承台梁计算结果分析图（二）

三、基础连梁 JLL

（一）基础连梁概述

基础连梁概述，见图 1-9-7、图 1-9-8。

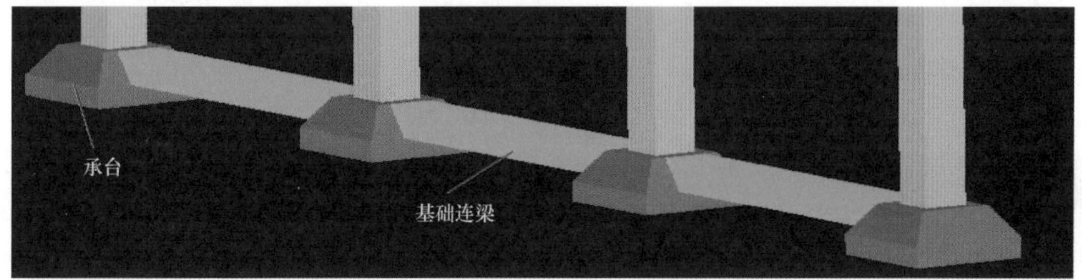

图 1-9-7 基础连梁示意图

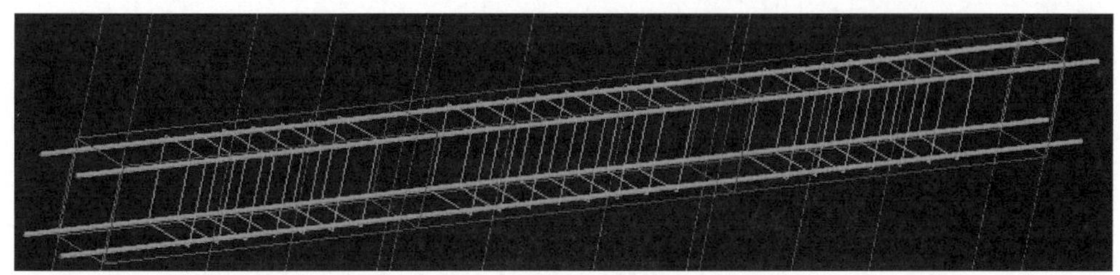

图 1-9-8 基础连梁钢筋骨架

（二）多跨基础连梁

（1）计算条件，见表 1-9-3。环境类别＝a。

（2）平法施工图，见图 1-9-9。

（3）计算过程，见表 1-9-4。

表 1-9-3　　JLL 计算条件

混凝土强度	混凝土保护层		抗震等级	定尺长度	连接方式	l_{aE}/l_a
C30	底面 40	其他面 25	一级抗震	9000	对焊	$33d/29d$

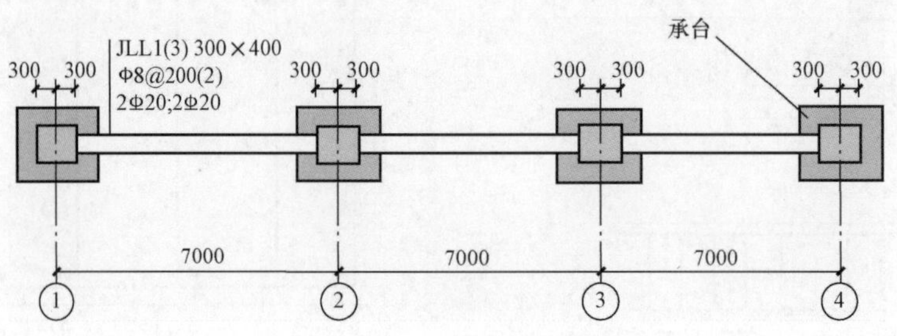

图 1-9-9　JLL1

表 1-9-4　　JLL1 钢筋计算过程

各跨上部和下部钢筋	计算公式＝净长＋两端支座锚固
	锚固长度＝l_a
	长度＝7000－600＋2×l_a ＝7000－600＋2×29×20 ＝7560
箍筋长度	长度＝2×[(300－50)＋(400－65)]＋2×11.9d ＝2×[(300－50)＋(400－65)]＋2×11.9×8 ＝1361(外皮长度)
各跨箍筋根数	根数＝(7000－600－100)/200＋1＝33 根

（4）计算结果分析。16G101－3 第 105 页，基础连梁各跨的锚固长度为 l_a，见图1-9-10。

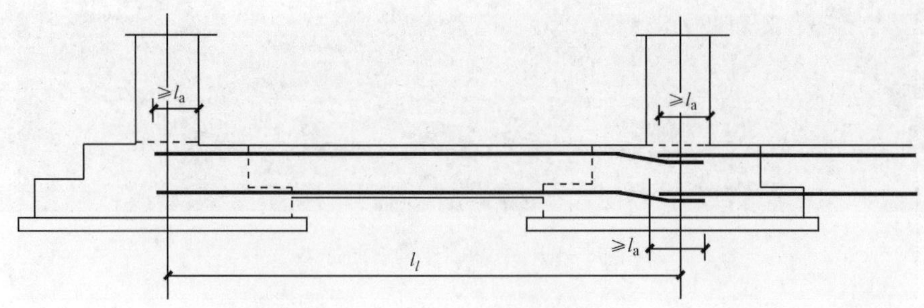

图 1-9-10　JLL1 计算结果分析

（三）单跨无外伸基础连梁

（1）计算条件，见表 1-9-5。环境类别＝a。

表 1-9-5　　**JLL2 计算条件**

混凝土强度	混凝土保护层		抗震等级	定尺长度	连接方式	l_{aE}/l_a
C30	底面 40	其他面 25	一级抗震	9000	对焊	$33d/29d$

（2）平法施工图，见图 1-9-11。

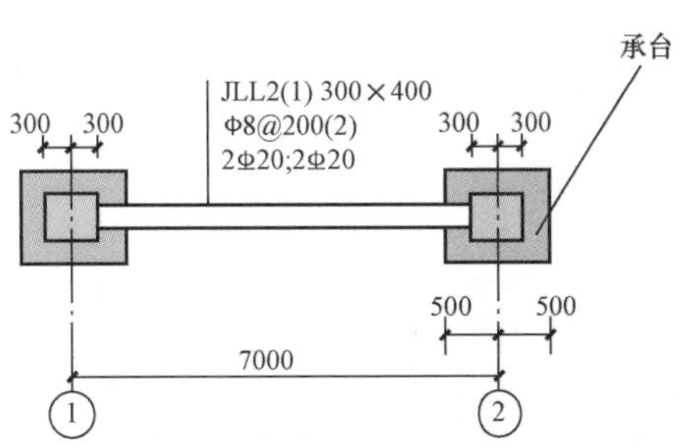

图 1-9-11　JLL2

（3）计算过程及分析，见表 1-9-6。

表 1-9-6　　**JLL2 计算过程**

16G101-3 第 105 页		
基础连梁顶面和承台顶面相平	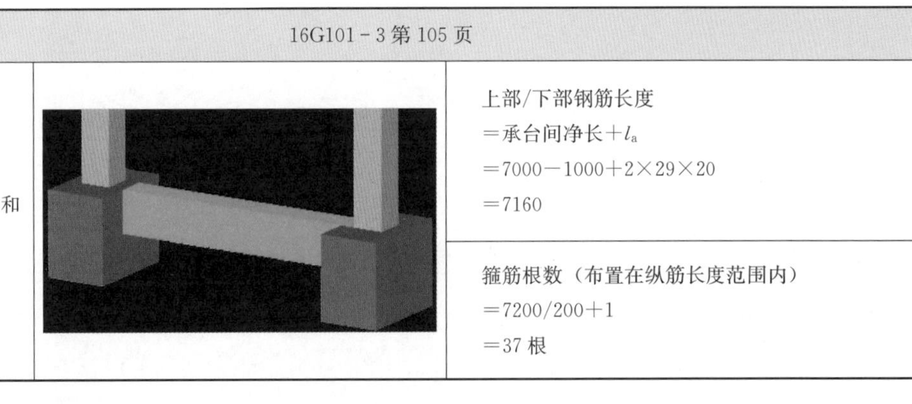	上部/下部钢筋长度 =承台间净长+l_a =7000−1000+2×29×20 =7160 箍筋根数（布置在纵筋长度范围内） =7200/200+1 =37 根

（四）单跨和多跨基础连梁的区别

单跨和多跨基础连梁的区别，见表 1-9-7。

表 1-9-7　　**单跨和多跨基础连梁的区别**

16G101-6 第 105 页	16G101-6 第 105 页

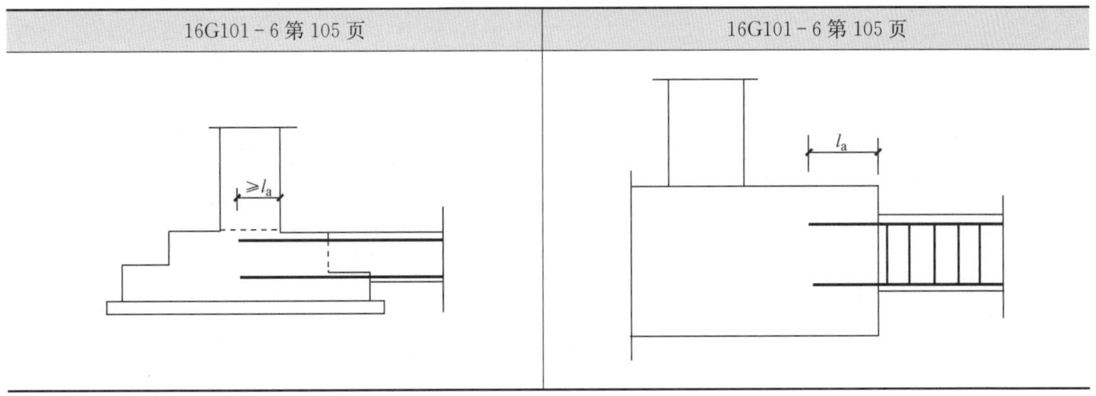

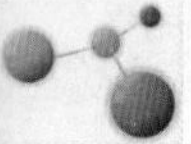

四、承台梁、基础连梁钢筋总结

承台梁、基础连梁、地下框架梁钢筋总结，见表 1-9-8。

表 1-9-8　　承台梁、基础连梁、地下框架梁钢筋计算总结

16G101-3 承台梁、基础连梁钢筋总结				出　处
承台梁	上部、下部贯通筋	伸至梁端部弯折 10d		16G101-3 第 100 页
	箍筋	全长布置		
基础连梁	多跨基础连梁	上下部纵筋	各跨两端支座锚固 l_a	16G101-3 第 105 页
		箍筋	净长范围内布置	
	单跨基础连梁	上下部纵筋	从基础边起锚固 l_a 箍筋根数	

第二章

柱构件

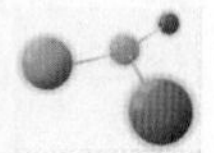

第一节　柱构件钢筋计算知识体系

一、柱构件钢筋计算知识体系图

柱构件钢筋计算的知识体系可以这样来分析，首先，柱分为多少种柱；其次，柱构件当中都有哪些钢筋；还有，这些钢筋在实际工程中会遇到哪些情况，见图 2-1-1。

如图 2-1-1 所示，这是理解柱构件钢筋计算的思路，在脑子里就要形成这样的蓝图，对柱构件的钢筋计算有个宏观的认识。同时，这也是学习平法钢筋计算的一种学习方法，就是要对知识点进行系统的梳理，形成条理，便于理解和掌握。

二、柱的分类

16G101-1 一共将柱分为以下 5 种：框架柱 KZ、框支柱 KZZ、梁上柱 LZ、墙上柱 QZ、芯柱 XZ。见图 2-1-2～图 2-1-4。

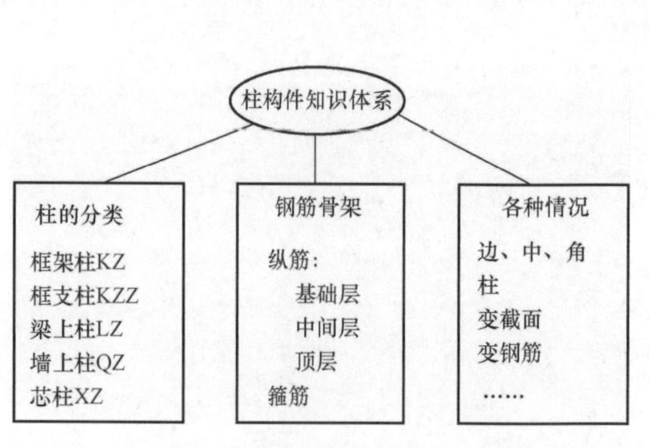

图 2-1-1　构件钢筋计算知识体系

图 2-1-2　框架柱、梁上柱示意图

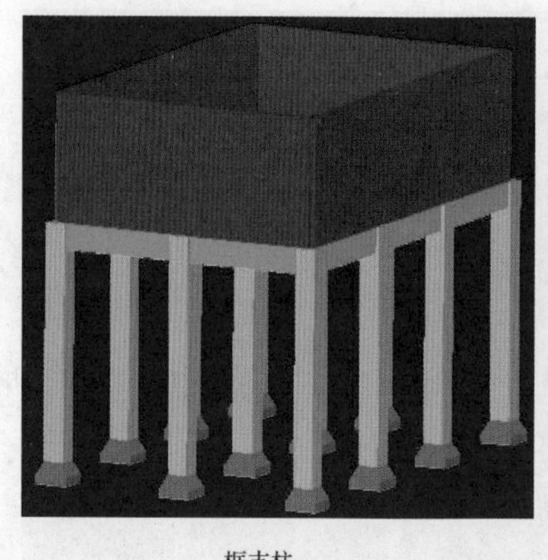

框支柱

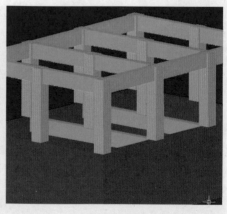

墙上柱

图 2-1-3　框支柱、墙上柱示意图

三、钢筋骨架

钢筋骨架，见图 2-1-5、表 2-1-1。

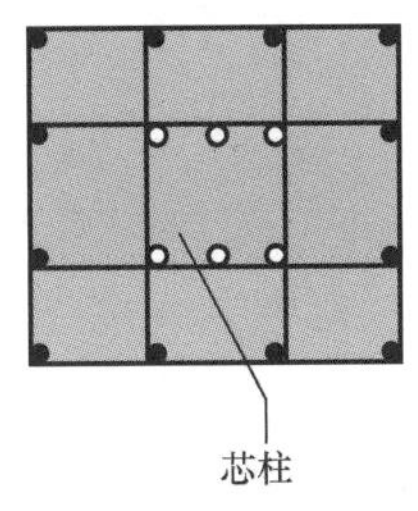

图 2-1-4 芯柱示意图

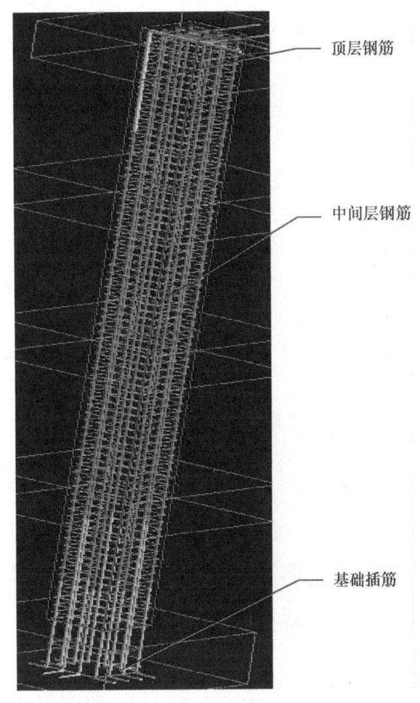

图 2-1-5 柱构件钢筋骨架

表 2-1-1 柱构件钢筋骨架

柱构件钢筋骨架	
纵筋	基础插筋
	中间层钢筋
	顶层钢筋
箍筋	

四、G101 图集柱构件的组成

(1) G101 图集柱构件的组成。平法图集的两大学习方法：系统梳理、前后对照。

系统梳理是指对 G101 平法图集中关于柱构件的内容进行有条理地整理，以便于理解和记忆，比如：关于柱构件的描述，在平法图集上分为几块？分别都描述了哪些具体内容？等等。见表 2-1-2。

表 2-1-2 G101 柱构件的组成

G101 平法图集柱构件的组成					
制图规则	16G101-1 第 8～12 页	柱的分类	框架柱 KZ		
			框支柱 KZZ		
			墙上柱 QZ		
			梁上柱 LZ		
			芯柱		
		柱的平法表示方法	列表式		
			截面式		
		柱的数据项			
		数据项的标注方法			
构造详图	基础以上部分	16G101-1 第 57～67 页	抗震框架柱	纵筋	63～68 页
				箍筋	64、65 页
			抗震梁上柱、墙上柱	纵筋	65 页
				箍筋	65 页
			芯柱		70 页
			柱构件复合箍筋的组合方式		70 页
	基础插筋	筏形基础	16G101-3 第 66 页		
		独基条基等基础	16G101-3 第 66 页		

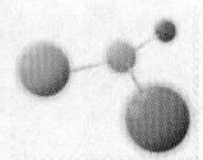

（2）G101 图集关于柱构件的内容分布，见表 2-1-3。

表 2-1-3　　G101 柱构件内容分布

柱构件	纵筋	基础插筋	16G101-3
		地下室钢筋	16G101-1
		中间层及顶层钢筋	16G101-1
	箍筋	基础内箍筋	16G101-3
		地下室箍筋	16G101-64
		地上楼层箍筋	16G101-65

注意理解本教程对 G101 平法图集的系统的整理方法：各种柱类型中的各种钢筋在各种情况下的计算，三个“各种”。

五、柱平法施工图的阅读方法

柱平法施工图的阅读方法：截面式表示方法。见表 2-1-4。

表 2-1-4　　柱平法施工图阅读方法

层号	标高	层高(m)
12	41.07	3.6
11	33.47	3.6
10	33.87	3.6
9	30.27	3.6
8	26.67	3.6
7	23.07	3.6
6	19.47	3.6
5	15.87	3.6
4	12.27	3.6
3	8.67	3.6
2	4.47	4.2
1	−0.03	4.5

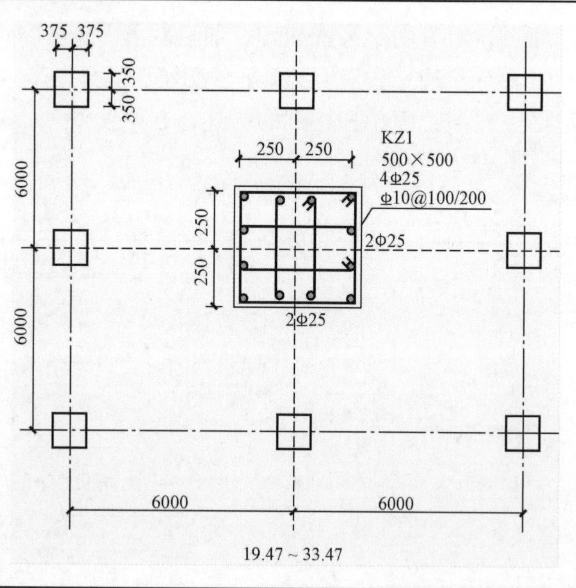

柱构件是竖向构件，与梁构件不同，梁构件的平法施工图主要阅读结构平面图中的梁构件本身的施工图即可。而柱构件，不是单独一层，而是跨楼层形成一根完整的柱子，因上除了阅读柱构构件的截面尺寸及配筋信息外，还要阅读楼层与标高相关信息，概括起来，一共有以下三方面内容：

（1）截面尺寸及配筋信息；

（2）适合于哪些楼层或标高；

（3）整个建筑物的楼层与标高。

六、柱平法钢筋的计算过程实例

1. 计算条件

计算条件，见表 2-1-5。“l_{aE}/l_a” 的取值于 16G101-1 第 58 页查表。

表 2-1-5　　KZ1 计算条件

混凝土强度等级	抗震等级	基础底部保护层	柱混凝土保护层	钢筋连接方式	l_{aE}/l_a
C30	一级抗震	40	20	电渣压力焊	$33d/29d$

2. 平法施工图

平法施工图，见图 2-1-6。

层号	顶标高	层高	梁高
4	15.9	3.6	700
3	12.3	3.6	700
2	8.7	4.2	700
1	4.5	4.5	700
基础	−0.8	—	基础厚度：500

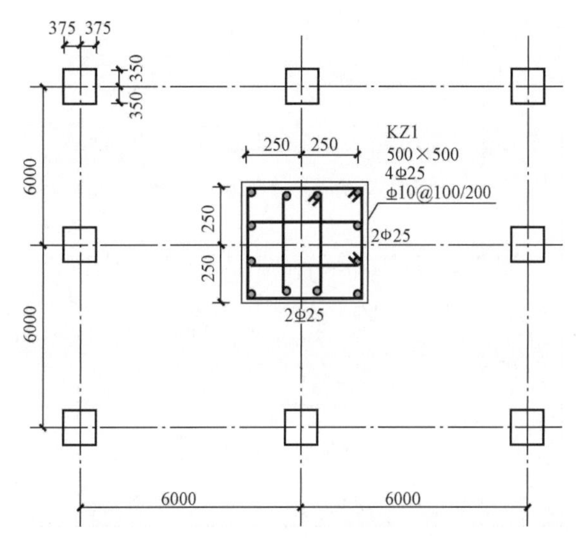

图 2-1-6　KZ1

3. 计算过程

计算过程，见表 2-1-6。

表 2-1-6　　KZ1 计算过程

基础插筋（低）	计算公式＝基础底部弯折长度＋基础内高度＋基础顶面非连接区高度（相邻钢筋错开连接）		
	基础底部的弯折长度	$15d$ $=15\times25$ $=375$	16G101-3 第 66 页
	基础内高度	$500-40$ $=460$	
	基础顶面非连接区高度	$H_n/3$ $=(4500+800-700)/3$ $=1533$	16G101-1 第 63 页
	总长	$375+460+1533$ $=2368$	

续表

基础插筋（高）	基础底部的弯折长度	$15d$ =15×25 =375
	基础内高度	500−40 =460
	基础顶面非连接区高度	$H_n/3$ =(4500+800−700)/3 =1533
	错开连接的高度	$35d$ =35×25 =875
	总长	375+460+1533+875 =3243
一层纵筋（低）	计算公式=层高−本层非连接区高度+伸入上层非连接区高度	
	伸入上层的非连接区高度	max(H_n/6，500，h_c) =max[(4200−700)/6，500，500] =583
	总长	5300−1533+583 =4350
一层纵筋（高）	伸入上层的非连接区高度	max(H_n/6，500，h_c) =max[(4200−700)/6，500，500] =583
	总长	5300−1533−875+583+875 =4350　（875 为错开长度）
二层纵筋（低）	伸入上层的非连接区高度	max(H_n/6，500，h_c) =max[(3600−700)/6，500，500] =500
	总长	4200−583+500=4117
二层纵筋（高）	伸入上层的非连接区高度	max(H_n/6，500，h_c) =max[(3600−700)/6，500，500] =500
	总长	4200−583−875+500+875 =4117　（875 为错开长度）
三层纵筋（低）	伸入上层的非连接区高度	max(H_n/6，500，H_c) =max[(3600−700)/6，500，500]=500
	总长	3600−500+500=3600

续表

三层纵筋（高）	伸入上层的非连接区高度	max(H_n/6，500，H_c) =max[(3600−700)/6，500，500]=500	
	总长	3600−500−875+500+875 =3600	
四层纵筋（低）	计算公式=净高−本层非连接区高度+伸入顶层梁高度		
	伸入顶层梁高度	梁高−保护层+12d =700−20+12×25 =980	
	总长	3600−700−500+970 =3370	
四层纵筋（高）	伸入顶层梁高度	梁高−保护层+12d =700−20+12×25 =980	
	总长	3600−700−500−875+970 =2495	
箍筋	外大箍长度	2×[(500−40)+(500−40)]+2×11.9×10 =2078（外皮长度）	
	里小箍	小箍筋宽度 =(500−40−20−25)/3+25+20 =183 小箍筋长度 =2×[183+(500−40)]+2×11.9×10 =1524（外皮长度）	
箍筋	第1层箍筋根数	下部加密区高度=H_n/3=(5300−700)/3=1533 上部加密区高度及节点高=max(H_n/6，h_c，500)+h_b =max[(5300−700)/6,500,500]+700 =767+700=1467 箍筋根数=(1533/100+1)+(1467/100+1)+[(5300−1533−1467)/200−1] =43根	
	第2层箍筋根数	上、下部加密区高度=max[(4200−700)/6,500,500]=583 箍筋根数： =(583/100+1)+[(583+700)/100+1]+[(4200−583×2−700)/200−1] =31	
	第3、4层箍筋根数	上、下加密区高度=max[(3600−700)/6,500,500]=500 箍筋根数： =(500/100+1)+[(500+700)/100+1]+[(3600−500−1200)/200−1]=28	

通过这个实例，讲解了柱构件钢筋要计算的内容，接下的章节，就对这些内容展开详细讲解。

第二节　柱构件基础插筋计算精讲

一、基础插筋概述

（一）认识基础插筋

如图 2-2-1 所示，柱插入到基础中的预留接头的钢筋称为插筋。在浇筑基础混凝土前，将柱插筋留好，等浇筑完基础混凝土后，从插筋上往上进行连接，依此类推，逐层连接往上。

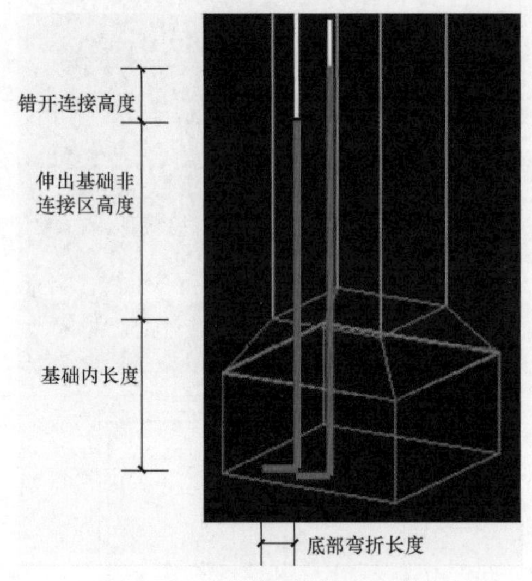

图 2-2-1　基础插筋示意图

（二）基础插筋的计算思路

基础插筋由三段组成：①基础底部弯折长度；②基础内竖直长度；③伸出基础高度。要分别考虑这三段如何计算，跟哪些因素有关。

二、基础插筋构造

1. 16G101-3 第 66 页，“构造（a）”

（1）16G101-3 第 66 页，“构造（a）”三维图解如图 2-2-2 所示。

（2）16G101-3 第 66 页，“构造（a）”解读。

1）本构造所指的基础，包括独基、条基、桩承台、筏基在内的各类基础。

2）当基础高度＞柱纵筋锚固倍数时，采用本构造，即柱全部纵筋插至基础底部弯折 max（$6d$，150）。

3）本构造所指的“柱插筋混凝土保护层＞$5d$”是指中柱，中柱四周的基础构件混凝土，足以使柱插筋混凝土保护层满足＞$5d$ 的条件。

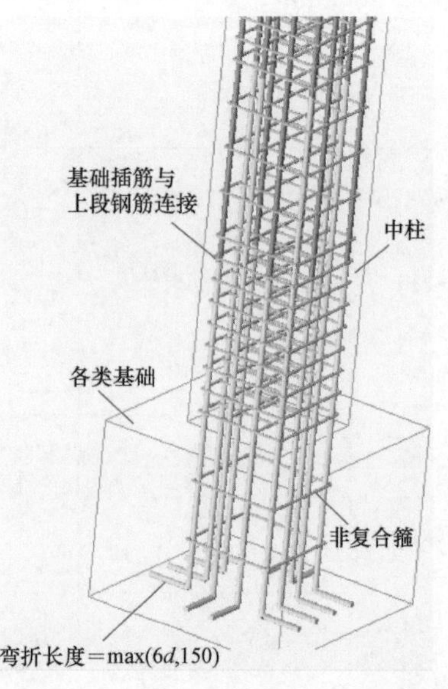

图 2-2-2　“构造（a）”三维图解

（3）16G101-3 第 66 页，“构造（a）”延伸应用。

16G101-3 第 66 页，“构造（a）”，以及文字说明第 4 条，特指柱下为独立基础的一种特殊情况，三维图解如图 2-2-3 所示。

（4）16G101-3 第 66 页，“构造（a）”延伸应用解读。

结合 16G101-1 第 66 页的文字说明第 4 条，特指柱下为独立基础，且独立基础高度到达一定程度时，柱构件仅角筋伸至基础底部弯折，其余各边中部钢筋伸至 l_{aE}位置。

2. 16G101-3 第 66 页，“构造（c）”

（1）16G101-3 第 66 页，“构造（c）”三维图解，

如图 2-2-4 所示。

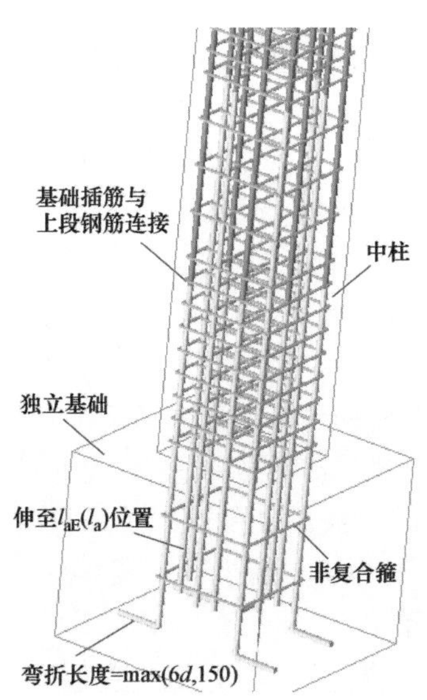

图 2-2-3　“构造（a）”延伸应用三维图解

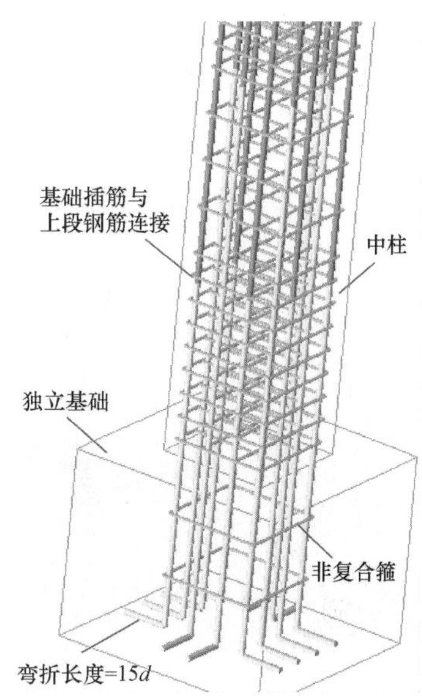

图 2-2-4　“构造（c）”三维图解

（2）16G101-3 第 66 页，“构造（c）”解读。

1）本构造所指的基础，包括独基、条基、桩承台、筏基在内的各类基础。

2）当基础高度≤柱纵筋锚固倍数时，采用本构造，即柱全部纵筋插至基础底部弯折 15d。

3）本构造所指的“柱插筋混凝土保护层＞5d”是指中柱，中柱四周的基础构件混凝土，足以使柱插筋混凝土保护层满足＞5d 的条件。

4）与“构造（a）”比较，底部弯折长度值更大。

3. 16G101-3 第 66 页，“构造（b）”

（1）16G101-3 第 66 页，“构造（b）”三维图解如图 2-2-5 所示。

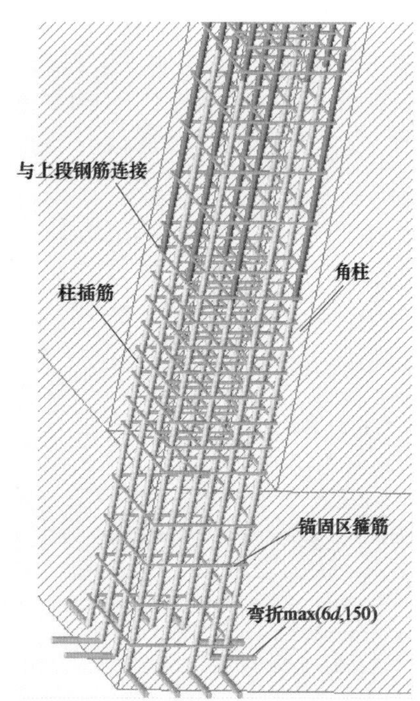

图 2-2-5　“构造（b）”三维图解

（2）16G101-3 第 66 页，“构造（b）”解读。

1）本构造所指柱是位于基础边缘的柱，一般是边柱或角柱。

2）本构造所指的“柱插筋混凝土保护层≤5d”是指，柱外侧边靠近基础外边缘，导致柱混凝土保护层≤5d，所以要增加“锚固区横向箍筋”，其实也就是相对于“构造（一）”箍筋加密。

3）当基础高度＞柱纵筋锚固倍数时，采用本构造，即柱全部纵筋插至基础底部弯折 max（6d，150）。

4. 16G101-3 第 66 页，“构造（d）”三维图解

（1）16G101-3 第 66 页，“构造（d）”三维图解，

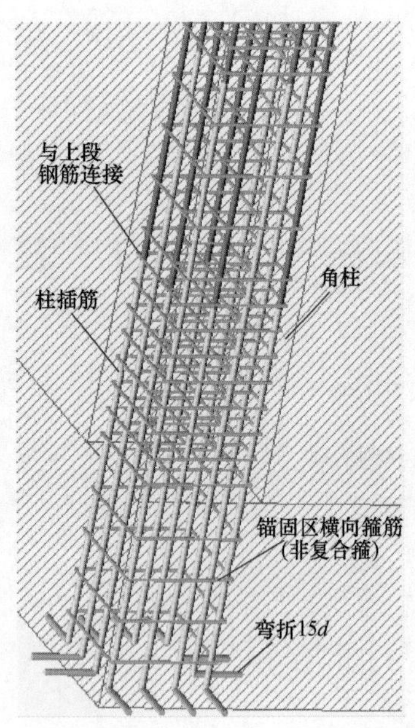

图 2-2-6 “构造（d）”三维图解

如图 2-2-6 所示。

（2）16G101-3 第 66 页，“构造（d）”解读。

1）本构造所指柱是位于基础边缘的柱，一般是边柱或角柱。

2）本构造所指的“柱插筋混凝土保护层≤$5d$”是指，柱外侧边靠近基础外边缘，导致柱混凝土保护层≤$5d$，所以要增加“锚固区横向箍筋”，其实也就是相对于“构造（a）”箍筋加密。

3）当基础高度≤柱纵筋锚固倍数时，采用本构造，即柱全部纵筋插至基础底部弯折 $15d$。

5. 16G101-3 第 66 页，柱插筋构造总结

平法图集的学习方法在于“系统梳理、关联对照”，从而理解这些构造的规律，就容易记忆，而千万不要死记硬背。

16G101-3 第 66 页，柱插筋构造总结，见表2-2-1。

表 2-2-1　16G101-3 第 66 页柱插筋构造总结

条件		钢筋构造
基础高度影响底部弯折长度	基础高度＞柱纵筋锚固倍数时	柱全部纵筋伸至基础底部，弯折长度为 max($6d$，150)
	基础高度＞柱纵筋锚固倍数时，且当基础为独立基础，基础高度≥1200 时	柱角筋伸至基础底部，弯折长度为 max($6d$，150)，柱其余钢筋伸至基础内 1 个锚固倍数
	基础高度≤柱纵筋锚固倍数时	柱全部纵筋伸至基础底部，弯折长度为 $15d$
柱插筋混凝土保护层厚度影响基础高度范围内柱箍筋数量	柱插筋混凝土保护层厚度≤$5d$ 时	设置锚固横向箍筋，也就是箍筋要加密
	柱插筋混凝土保护层厚度＞$5d$ 时	基础高度范围内设置间距不大于 500，且不少于两道箍筋

三、基础插筋实例计算

1. 基础插筋图

基础插筋图，如图 2-2-7 所示。工程二级抗震，柱混凝土 C30，柱纵筋Φ20。

2. 基础插筋计算过程

基础插筋计算过程，见表 2-2-2。

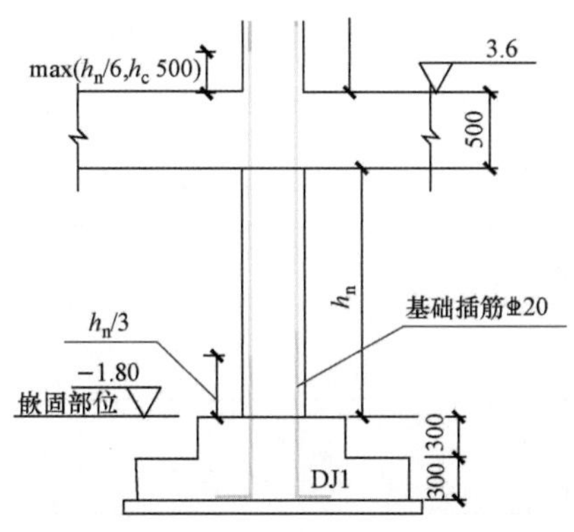

图 2-2-7 基础插筋实例图

表 2-2-2 基础插筋计算过程

步骤	计 算 过 程
1	查表得锚固长度 l_{aE}=33d（16G101-1 第 58 页）
2	确定插筋构造方式： （1）本实例中，柱位于承台中央，插筋混凝土保护厚度＞5d （2）独立基础高度（600）＜l_{aE}（33d） （3）结合上述两点，插筋构造选用 16G101-3 第 66 页“构造（c）”
3	基础插筋长度＝15×20＋600－40＋(3600＋1800－500)/3 ＝2494（根据 16G101-1 第 57 页，嵌固部位非连接区高度取 h_n/3）

第三节 中间层柱钢筋计算精讲

一、中间层柱钢筋计算的内容

1. 钢筋骨架

在中间层柱钢筋计算这一小节中，将要计算以下钢筋项目，见表 2-3-1。

2. 楼层划分

中间层柱的钢筋计算，又进一步划分为“底层柱”和“中间层柱”，因为底层的纵筋下端非连接长度和中间层柱略有不同，见表 2-3-2。

3. 柱类型

普通柱和短柱的纵筋非连接区及箍筋间距都有所不同，应分别进行讲解。见表 2-3-3。

请读者注意理解本教材始终倡导的“系统性”与“条理性”，本小节就将从以上三个角度、若干种情况分别讲解中间层柱钢筋的计算。通过这种系统性地整理，对平法钢筋计算就会有良好的总体把握。

表2-3-1　中间层柱计算项目

纵筋	无截面变化	
	变截面	
	变钢筋	上柱比下柱多
		上柱比下柱大
		下柱比上柱多
箍筋	长度	
	根数	

表2-3-2　柱构件楼层划分

楼层划分	底层柱
	中间层柱

表2-3-3　柱构件类型

柱类型	普通柱
	短柱

二、关于嵌固部位

（一）16G101-1嵌固部位图示

16G101-1第63页，如图2-3-1所示描述了柱纵筋在嵌固部位的非连接区高度及错开连接的要求。

那么，"嵌固部位"在什么地方呢？在不同基础类型、有无地下室等各种情况下，"嵌固部位"分别指的是什么呢？见图2-3-1。

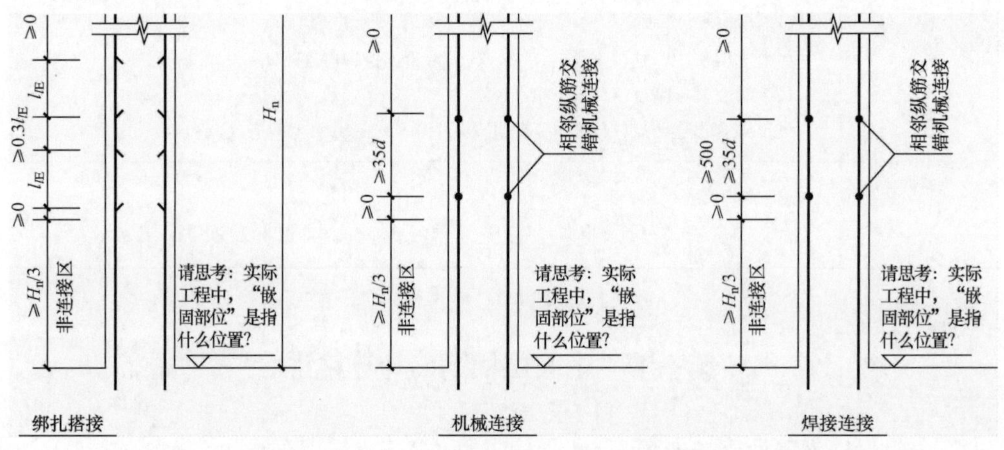

图2-3-1　基础顶面嵌固部位示意图

（二）嵌固部位

"嵌固部位"可以理解为基础结构或地下结构与上部结构的分界，参见具体工程的设计说明，此处列出一些常见的情况。

（1）基础埋深较浅，上部结构与基础结构的分界线一般在基础顶面。见图2-3-2、图2-3-3，对应16G101-1第63页。

（2）有地下框架梁时，上部结构与基础结构的分界一般在地下框架梁顶面。见图2-3-4、图2-3-5，对应16G101-1第64页。

（3）当有地下室时，上部结构与基础结构的分界线一般在地下室顶面，见图2-3-6，对应16G101-1第64页。

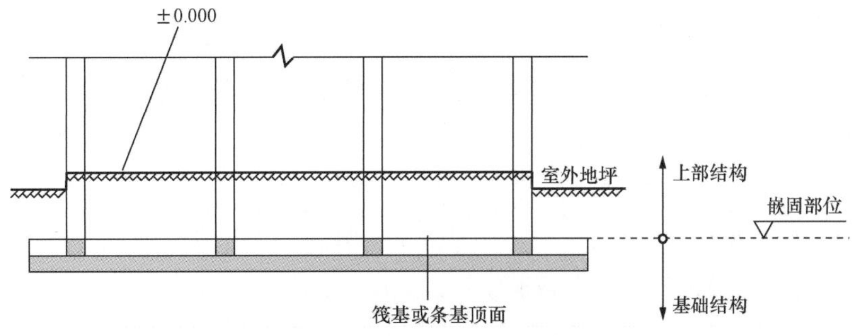

图 2-3-2 筏基或条基顶面嵌部部位示意

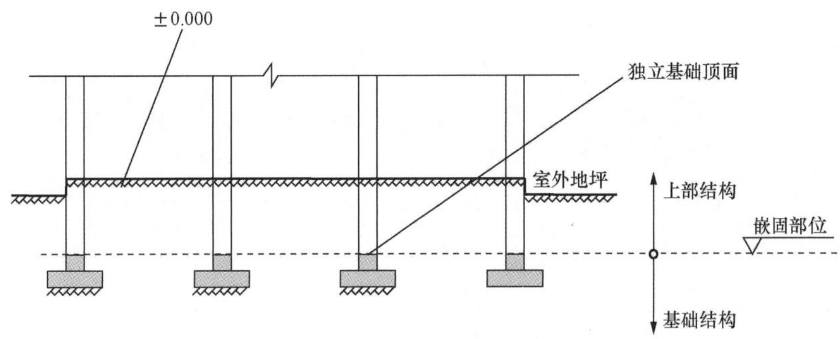

图 2-3-3 独基顶面嵌固部位示意

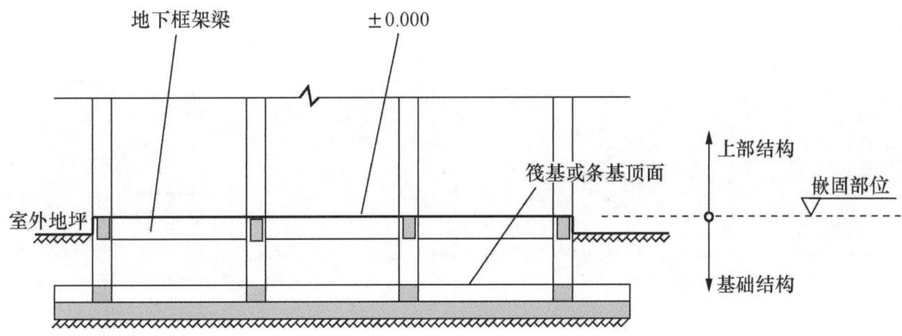

图 2-3-4 设地下框架梁的基础顶面嵌固部位

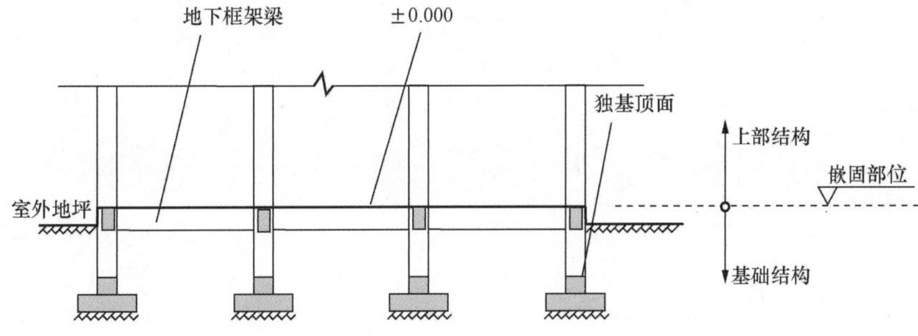

图 2-3-5 设地下框架梁的基础顶面嵌固部位

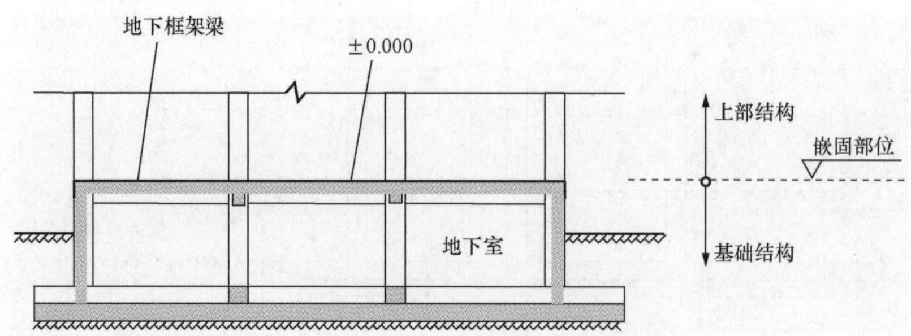

图 2-3-6　有地下室时基础顶面嵌固部位

16G101-1 第 64 页，讲解了嵌固部位在地下室顶面的情况。

三、中间层柱钢筋计算（普通柱）

1. 计算条件

计算条件，见表 2-3-4。“l_{aE}/l_a” 的取值于 16G101-1 第 58 页查表。

表 2-3-4　　KZ4 计算条件

混凝土强度等级	抗震等级	基础底部保护层	柱混凝土保护层	钢筋连接方式	l_{aE}/l_a
C30	一级抗震	40	20	电渣压力焊	$33d/29d$

2. 平法施工图

平法施工图，见图 2-3-7。

层号	顶标高	层高	顶梁高
4	16.47	3.6	700
3	12.27	4.2	700
2	8.67	4.2	700
1	4.47	4.5	700
基础	−1.03	基础厚 800	—

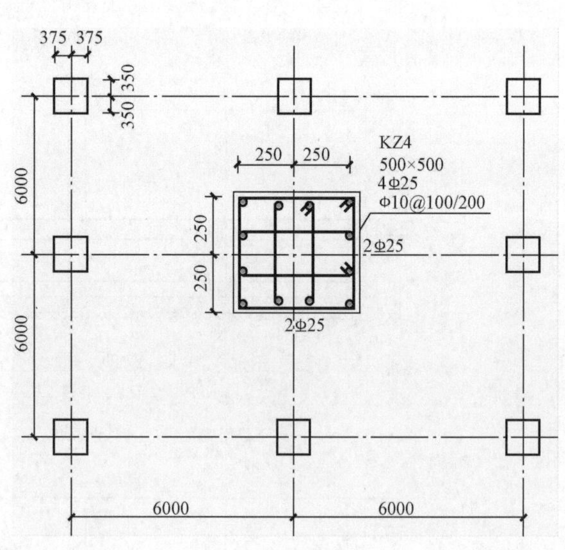

图 2-3-7　KZ4

3. 计算过程

（1）计算简图，见图 2-3-8。

（2）计算过程。

1）1 层钢筋，见表 2-3-5。

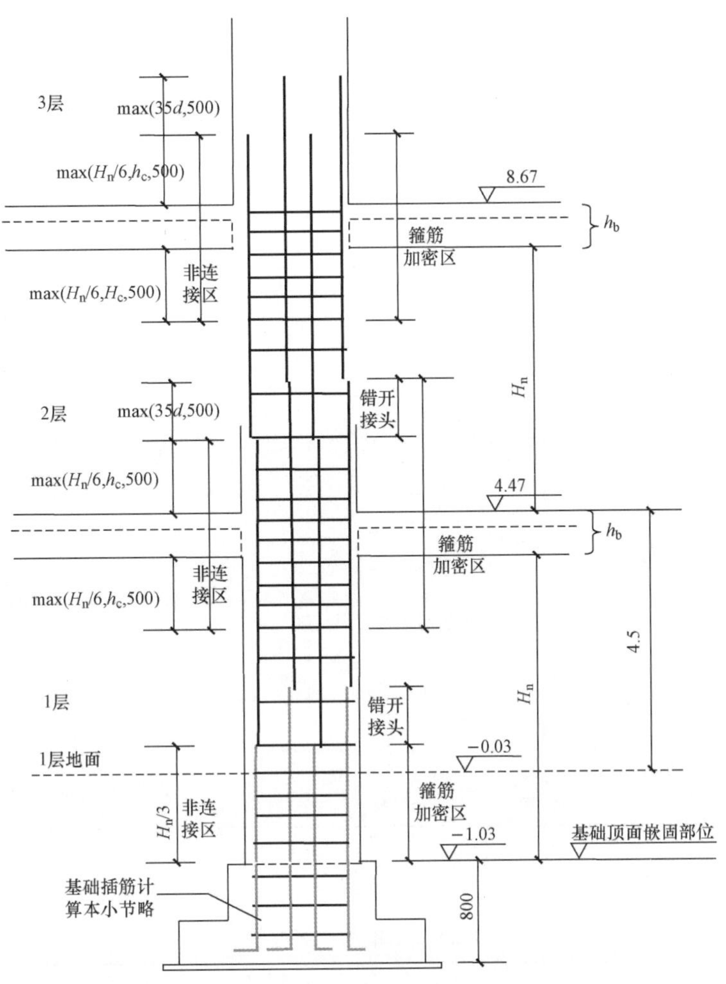

图 2-3-8　KZ4 计算简图

表 2-3-5　　**KZ4 一层钢筋计算过程**

<table>
<tr><td rowspan="8">纵筋</td><td rowspan="4">低位</td><td>计算公式=层高−本层下端非连接区高度+伸入上层非连接区高度</td></tr>
<tr><td>本下端非连接区高度=$H_n/3$
=(4500+1000−700)/3
=1600</td></tr>
<tr><td>伸入 2 层的非连接区高度=max($H_n/6$,h_c,500)
=max[(4200−700)/6,500,500]
=583</td></tr>
<tr><td>总长=4500+1000−1600+583
=4483</td></tr>
<tr><td rowspan="2">高位</td><td>计算公式=层高−本层下端非连接区高度−本层错开接头
+伸入上层非连接区高度+上层错开接头</td></tr>
<tr><td>本下端非连接区高度=$H_n/3$
=(4500+1000−700)/3
=1600</td></tr>
</table>

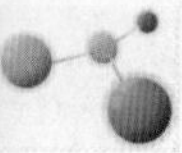

续表

纵筋	高位	错开接头＝max(35d,500)＝875
		伸入2层的非连接区高度＝max(H_n/6,h_c,500) ＝max[(4200－700)/6,500,500] ＝583
		总长＝4500＋1000－1600－max(35d,500)＋583＋max(35d,500) ＝4483
箍筋长度	外大箍	2×[(500－40)＋(500－40)]＋2×11.9×10 ＝2078(外皮长度)
	里小箍	小箍筋宽度＝(500－40－20－25)/3＋25＋20 ＝183 小箍筋长度＝2×[183＋(500－40)]＋2×11.9×10 ＝1524(外皮长度)
箍筋根数	下部加密区长度	H_n/3 ＝(4500＋1000－700)/3 ＝1600
	上部加密区长度	梁板厚＋梁下箍筋加密区高度 ＝700＋max(H_n/6,h_c,500) ＝700＋max[(4500－700＋1000)/6,500,500] ＝1500
	箍筋根数	(1600/100＋1)＋(1500/100＋1)＋(5500－1600－1500)/200－1 ＝44根

2）2层钢筋，见表2-3-6。

表2-3-6　KZ4二层钢筋计算过程

纵筋	低位	计算公式＝层高－本层下端非连接区高度＋伸入上层非连接区高度
		本下端非连接区高度＝max(H_n/6,h_c,500) ＝max[(4200－700)/6,500,500] ＝583
		伸入3层的非连接区高度＝max(H_n/6,h_c,500) ＝max[(4200－700)/6,500,500] ＝583
		总长＝4200－583＋583 ＝4200
	高位	计算公式＝层高－本层下端非连接区高度－本层错开接头 ＋伸入上层非连接区高度＋上层错开接头
		本下端非连接区高度＝max(H_n/6,h_c,500) ＝max[(4200－700)/6,500,500] ＝583
		伸入3层的非连接区高度＝max(H_n/6,h_c,500) ＝max[(4200－700)/6,500,500] ＝583
		总长＝4200－583－max(35d,500)＋583＋max(35d,500) ＝4200

续表

<table>
<tr><td rowspan="2">箍筋长度</td><td>外大箍</td><td>2×[(500−40)+(500−40)]+2×11.9×10
=2078(外皮长度)</td></tr>
<tr><td>里小箍</td><td>小箍筋宽度=(500−40−20−25)/3+25+20
=183
小箍筋长度=2×[183+(500−40)]+2×11.9×10
=1524</td></tr>
<tr><td rowspan="3">箍筋根数</td><td>下部加密区长度</td><td>max(H_n/6,h_c,500)
=max[(4200−700)/6,500,500]
=583</td></tr>
<tr><td>上部加密区长度</td><td>梁板厚+梁下箍筋加密区高度
=700+max(H_n/6,h_c,500)
=700+max[(4200−700)/6,500,500]
=1283</td></tr>
<tr><td>箍筋根数</td><td>(583/100+1)+(1283/100+1)+(4200−583−1283)/200−1
=31 根</td></tr>
</table>

(3) 施工效果图，见图 2-3-9。

4. 计算结果分析

本例中的中间层柱钢筋计算，重点要理解表 2-3-7 的内容，主要体现在三个方面：一是 1 层柱和 2 层下部非连接区高度不同；二是伸入上层的非连接区高度的 H_n 就要用上一层的 H_n；三是在 1 层顶梁下部和上部的箍筋加密区高度中是 H_n 取值不同。

再一次让读者体会这种“前后对照”的平法钢筋计算的学习方法，见表 2-3-7。

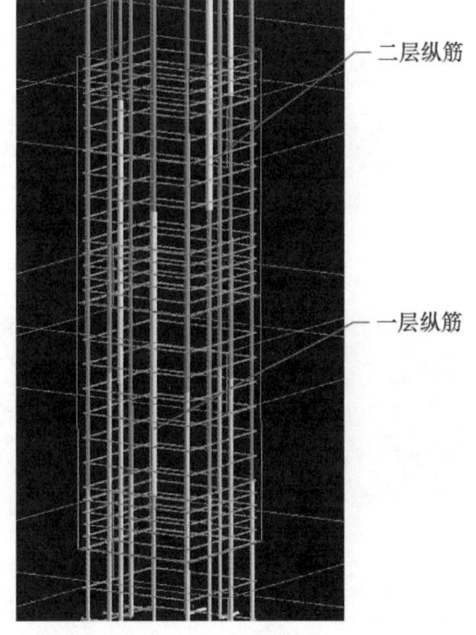

图 2-3-9　KZ4 钢筋效果图

四、中间层柱钢筋计算 [短柱：(H_n/h_c)≤4]

1. 计算条件

计算条件，见表 2-3-8。“l_{aE}/l_a”的取值于 16G101-1 第 58 页查表。

2. 平法施工图

平法施工图，见图 2-3-10。

表 2-3-7　KZ4 计算结果分析

<table>
<tr><th>钢　筋</th><th>计 算 公 式</th><th>H_n 取值</th></tr>
<tr><td rowspan="2">1 层纵筋</td><td>下部非连接区=H_n/3</td><td>H_n=4500−700+1000</td></tr>
<tr><td>伸入 2 层的非连接区=max(H_n/6,h_c,500)</td><td>H_n=4200−700</td></tr>
<tr><td rowspan="2">1 层箍筋</td><td>下部非连接区=H_n/3</td><td rowspan="2">H_n=4500−700+1000</td></tr>
<tr><td>上部加密区=max(H_n/6,h_c,500)+h_b</td></tr>
<tr><td rowspan="2">2 层纵筋</td><td>下部非连接区=max(H_n/6,h_c,500)</td><td>H_n=4200−700</td></tr>
<tr><td>伸入 3 层的非连接区=max(H_n/6,h_c,500)</td><td>H_n=4200−700</td></tr>
<tr><td>2 层箍筋</td><td>全部加密</td><td>H_n=4200−700</td></tr>
</table>

表 2-3-8　**KZ5 计算条件**

混凝土强度等级	抗震等级	基础底部保护层	柱混凝土保护层	钢筋连接方式	l_{aE}/l_a
C30	一级抗震	40	20	电渣压力焊	$33d/29d$

层号	顶标高	层高	顶梁高
4	15.87	3.6	700
3	12.27	3.6	700
2	8.67	4.2	700
1	4.47	4.5	700
基础	−1.03	基础厚 800	—

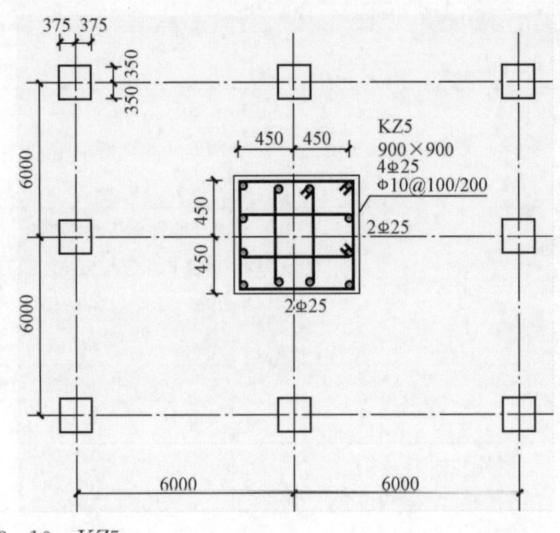

图 2-3-10　KZ5

3. 计算过程

(1) 计算简图，见图 2-3-11。

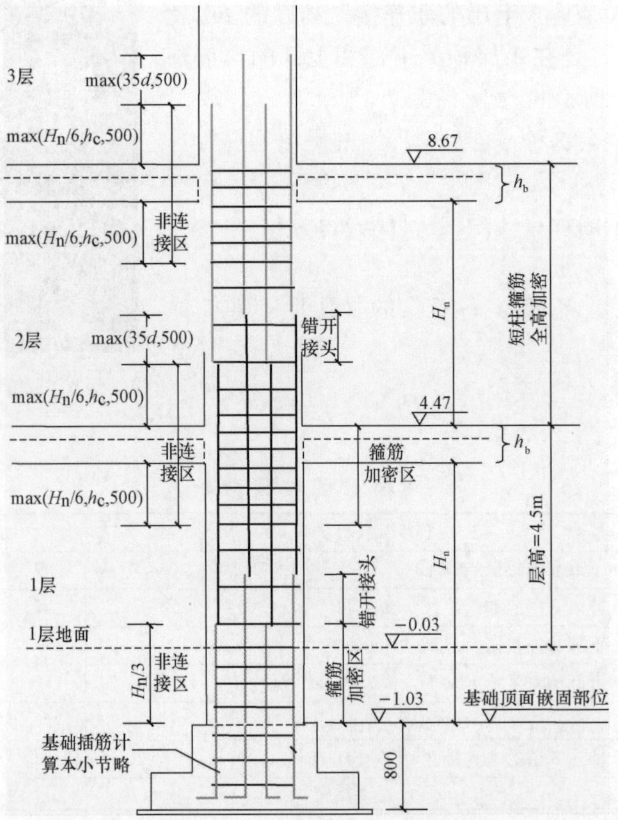

图 2-3-11　KZ5 计算简图

（2）计算过程。

1）1层钢筋（普通柱），见表2-3-9。

表2-3-9　　KZ5一层钢筋计算过程

短柱判别		(H_n=4500－700＋1000)：(h_c=900)>4，故1层不是短柱
1层纵筋	低位	计算公式=层高－本层下端非连接区高度＋伸入上层非连接区高度
		本下端非连接区高度=H_n/3 =(4500＋1000－700)/3 =1600
		伸入2层的非连接区高度=max(H_n/6，h_c，500) =max[(4200－700)/6，900，500] =900
		总长=4500＋1000－1600＋900 =4800
	高位	计算公式=层高－本层下端非连接区高度－本层错开接头 ＋伸入上层非连接区高度＋上层错开接头
		本下端非连接区高度=H_n/3 =(4500＋1000－700)/3 =1600
		伸入2层的非连接区高度=max(H_nn/6，h_c，500) =max[(4200－700)/6，900，500] =900
		总长=4500＋1000－1600－max(35d，500)＋900＋max(35d，500) =4800
箍筋长度	外大箍	2×[(900－40)＋(900－40)]＋2×11.9×10 =3678(外皮长度)
	里小箍	小箍筋宽度=(900－40－20－25)/3＋25＋20 =317 小箍筋长度=2×[317＋(900－40)]＋2×11.9×10 =2592(外皮长度)
1层箍筋根数	下部加密区长度	H_n/3 =(4500＋1000－700)/3 =1600
	上部加密区长度	梁板厚＋梁下箍筋加密区高度 =700＋max(H_n/6，h_c，500) =700＋max[(4500－700＋1000)/6，900，500] =1600
	箍筋根数	(1600/100＋1)＋(1600/100＋1)＋(5500－1600－1600)/200－1 =45根

2）2层钢筋（短柱），见表2-3-10。

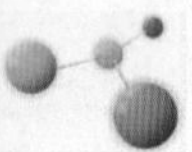

表 2-3-10　　**KZ5 二层钢筋计算过程**

短柱判别		$(H_n=4200-700):(h_c=900)<4$，故 2 层是短柱，见 16G101-1 第 62 页
2 层纵筋	低位	计算公式＝层高－本层下端非连接区高度＋伸入上层非连接区高度
		本下端非连接区高度＝$\max(H_n/6,h_c,500)$ ＝$\max[(4200-700)/6,900,500]$ ＝900
		伸入 3 层的非连接区高度＝$\max(H_n/6,h_c,500)$ ＝$\max[(3600-700)/6,900,500]$ ＝900
		总长＝4200－900＋900 ＝4200
	高位	计算公式＝层高－本层下端非连接区高度－本层错开接头 ＋伸入上层非连接区高度＋上层错开接头
		本下端非连接区高度＝900（同上）
		伸入 3 层的非连接区高度＝900（同上）
		总长＝$4200-900-35d+900+35d$ ＝4200
箍筋长度	外大箍	2×[(900－40)＋(900－40)]＋2×11.9×10＝3678
	里小箍	小箍筋宽度＝(900－40－20－25)/3＋25＋20＝317 小箍筋长度＝2×[317＋(900－40)]＋2×11.9×10＝2592
2 层箍筋根数	加密区长度	短柱全高加密
	箍筋根数	(4200/100)＋1＝43 根

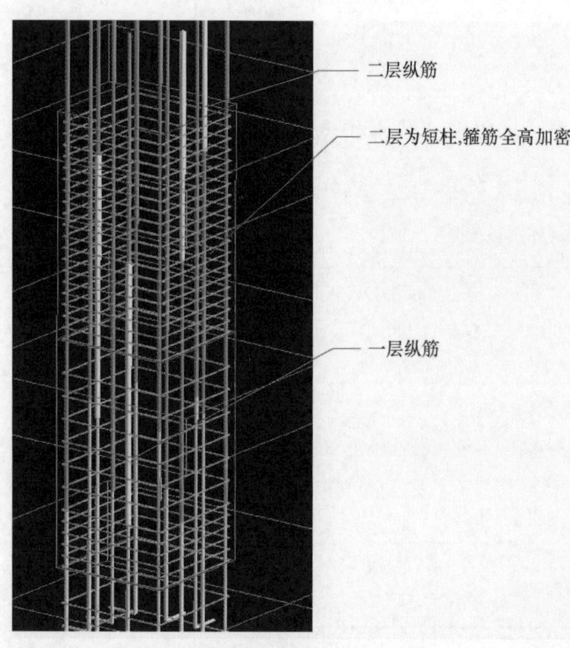

图 2-3-12　KZ5 钢筋效果图

（3）施工效果图，见图 2-3-12。

4. 计算结果分析

本例中 2 层为短柱，1 层是普通柱。2 层短柱，箍筋全高加密，见 16G101-1 第 66 页，见表 2-3-11。

表 2-3-11　　**KZ5 计算结果分析表**

1 层普通柱	下部加密区	$H_n/3$
	上部加密区	$\max(H_n/6,h_c,500)$
2 层短柱	全高加密	

五、中间层双侧变截面柱钢筋计算（非直通构造，双侧缩进）

1. 计算条件

计算条件，见表 2-3-12。“l_{aE}/l_a”的取值于 16G101-1 第 58 页查表。

表 2-3-12　　KZ6 计算条件

混凝土强度等级	抗震等级	基础底部保护层	柱混凝土保护层	钢筋连接方式	l_{aE}/l_a
C30	一级抗震	40	20	电渣压力焊	$33d/29d$

2. 平法施工图

平法施工图，见图 2-3-13。

层号	顶标高	层高	顶梁高
4	15.87	3.6	700
3	12.27	3.6	700
2	8.67	4.2	700
1	4.47	4.5	700
基础	−1.03	基础厚 800	—

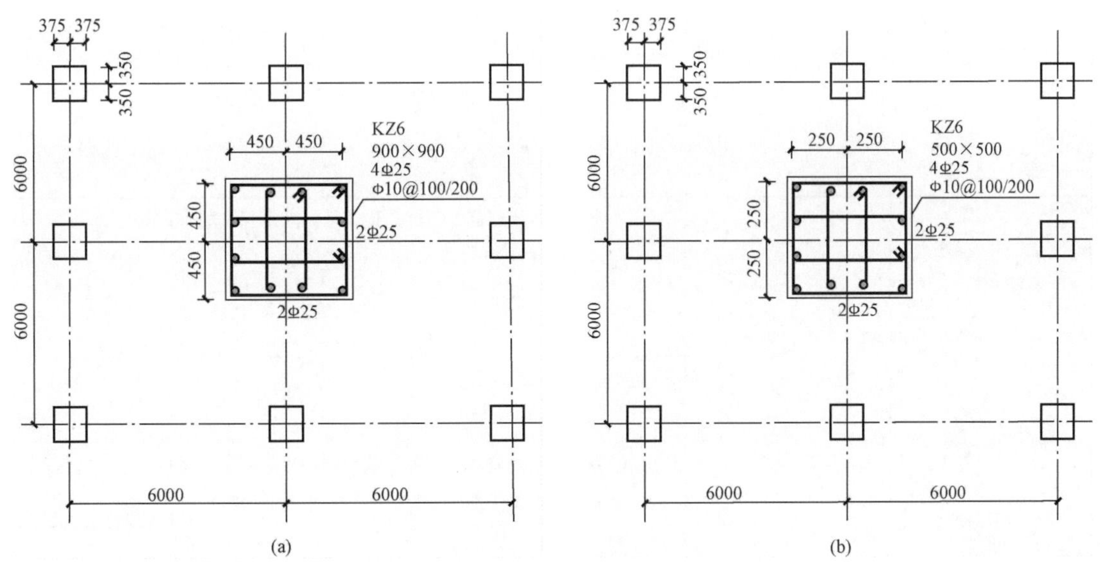

图 2-3-13　KZ6

(a) 1、2 层平面图；(b) 3、4 层平面图

3. 计算过程

(1) 计算简图，见图 2-3-14。

(2) 计算过程。$\Delta=200$，$(\Delta/h_b=200/700)>1/6$，故采用非直通构造。见表 2-3-13。

(3) 施工效果图，见图 2-3-15。

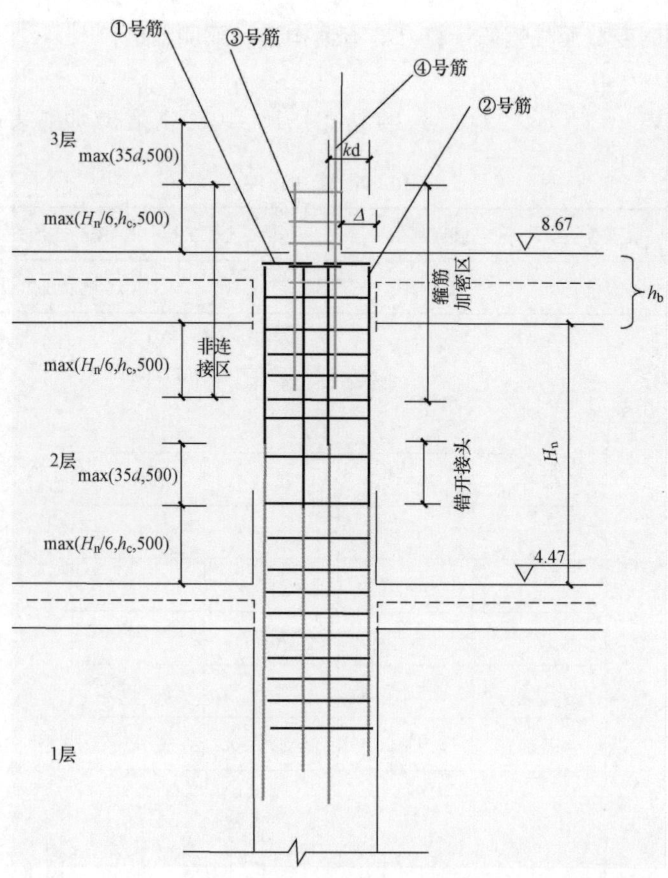

图 2-3-14　KZ6 计算简图

表 2-3-13　　**KZ6 计算过程**

2 层纵筋	①号筋(低位)	计算公式＝本层层高－下部非连接区－上部保护层＋$12d$
		下部非连接区＝max(H_n/6,h_c,500) ＝max[(4200－700)/6,900,500] ＝900
		总长＝4200－900－20＋12×25 ＝3580
	②号筋(高位)	计算公式＝本层层高－下部非连接区－错开连接高度－上部保护层＋$12d$
		下部非连接区＝max(H_n/6,h_c,500) ＝max[(4200－700)/6,900,500] ＝900
		错开连接高度＝max($35d$,500) ＝max(35×25,500) ＝875
		总长＝4200－900－875－20＋12×25 ＝2705

续表

3 层纵筋	③号筋(低位)	计算公式=伸入下层的高度($1.2l_{aE}$)+本层下部非连接区高度
		本层非连接区高度=max(H_n/6,h_c,500) =max[(3600−700)/6,500,500] =500
		总长=$1.2l_{aE}$+500 =1.2×33×25+500 =1490
	③号筋(高位)	计算公式=伸入下层的高度($1.2l_{aE}$)+本层下部非连接区高度+错开连接高度
		本层非连接区高度=max(H_n/6,h_c,500) =max[(3600−700)/6,500,500] =500
		总长=$1.2l_{aE}$+500+max(35d,500) =1.2×33×25+500+35×25 =2365
箍筋计算:略		

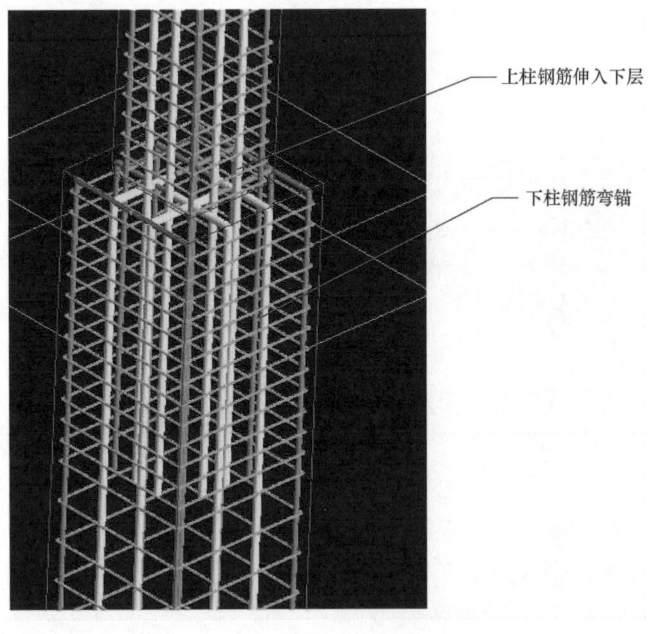

图 2-3-15　KZ6 钢筋效果图

六、中间层柱钢筋计算

中间层柱钢筋计算（变钢筋：上柱比下柱多）。

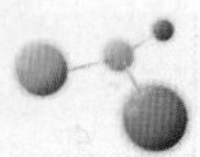

1. 计算条件

计算条件，见表 2-3-14。

表 2-3-14　　　　KZ7 计算条件

混凝土强度等级	抗震等级	基础底部保护层	柱混凝土保护层	钢筋连接方式	l_{aE}/l_a
C30	一级抗震	40	20	电渣压力焊	$33d/29d$

2. 平法施工图

平法施工图，见图 2-3-16。

层号	顶标高	层高	顶梁高
4	15.87	3.6	700
3	12.27	3.6	700
2	8.67	4.2	700
1	4.47	4.5	700
基础	−1.03	基础厚 800	—

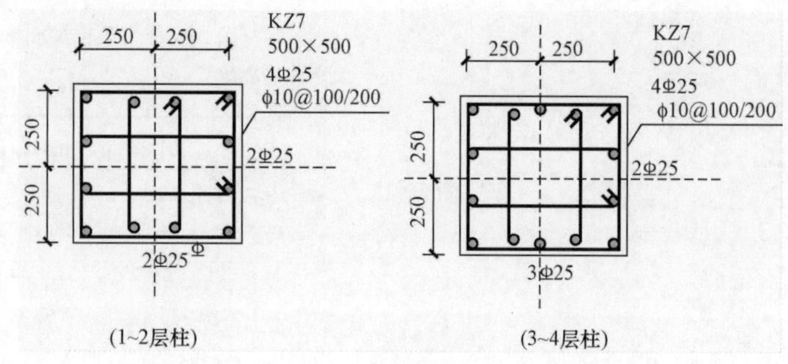

图 2-3-16　KZ7

3. 计算过程

（1）计算简图，见图 2-3-17。

（2）计算过程，见表 2-3-15。

表 2-3-15　　　　KZ7 计算过程

①号筋	计算公式＝本层非连接区高度＋伸入下层的长度
	本层(3 层)非连接区高度＝max(H_n/6,h_c,500) ＝max[(3600−700)/6,500,500] ＝500
	伸入下层的长度＝1.2l_{aE} ＝1.2×33×25 ＝990
	总长＝500＋990＝1490

（3）施工效果图，见图 2-3-18。

七、中间层柱钢筋计算

中间层柱钢筋计算（变钢筋：下柱比上柱多）。

1. 计算条件

计算条件，见表 2-3-16。

表 2-3-16　　　　KZ8 计算条件

混凝土强度等级	抗震等级	基础底部保护层	柱混凝土保护层	钢筋连接方式	l_{aE}/l_a
C30	一级抗震	40	20	电渣压力焊	$33d/29d$

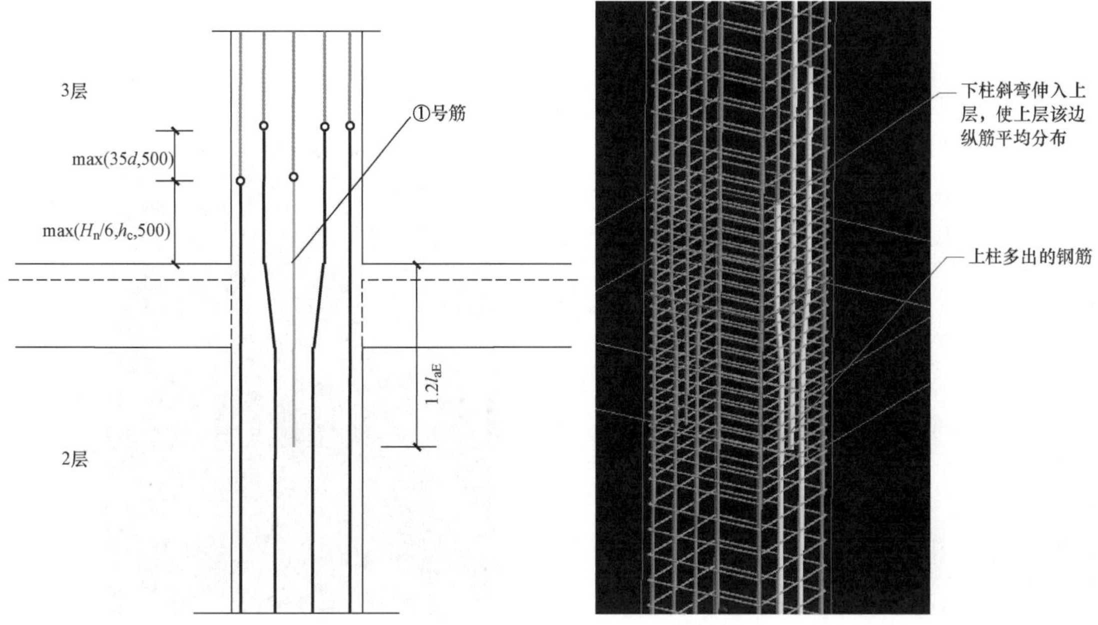

图 2-3-17　KZ7 计算简图　　　图 2-3-18　KZ7 钢筋效果图

2. 平法施工图

平法施工图，见图 2-3-19。

层号	顶标高	层高	顶梁高
4	15.87	3.6	700
3	12.27	3.6	700
2	8.67	4.2	700
1	4.47	4.5	700
基础	−1.03	基础厚 800	—

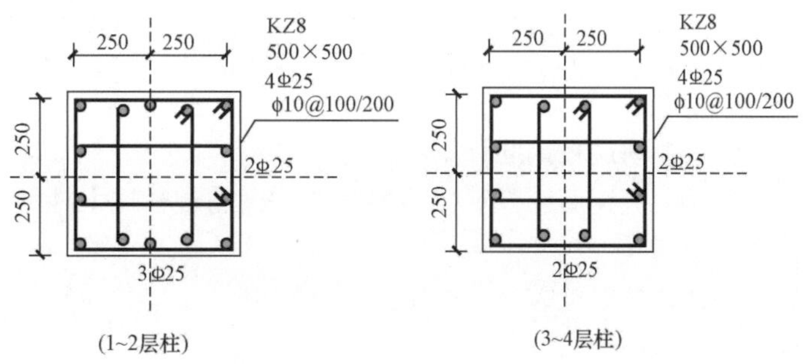

图 2-3-19　KZ8

3. 计算过程

(1) 计算简图，见图 2-3-20。

(2) 计算过程，见表 2-3-17。

表 2-3-17　　**KZ8 计算过程**

①号筋	计算公式=本层净高−本层非连接区高度+伸入上层的长度
	本层(2 层)非连接区高度$=\max(H_n/6, h_c, 500)$ $=\max[(4200-700)/6, 500, 500]$ $=583$
	伸入上层的长度$=1.2l_{aE}$ $=1.2\times33\times25$ $=990$
	总长$=4200-700-583+990=3907$

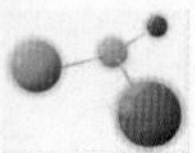

（3）施工效果图，见图 2-3-21。

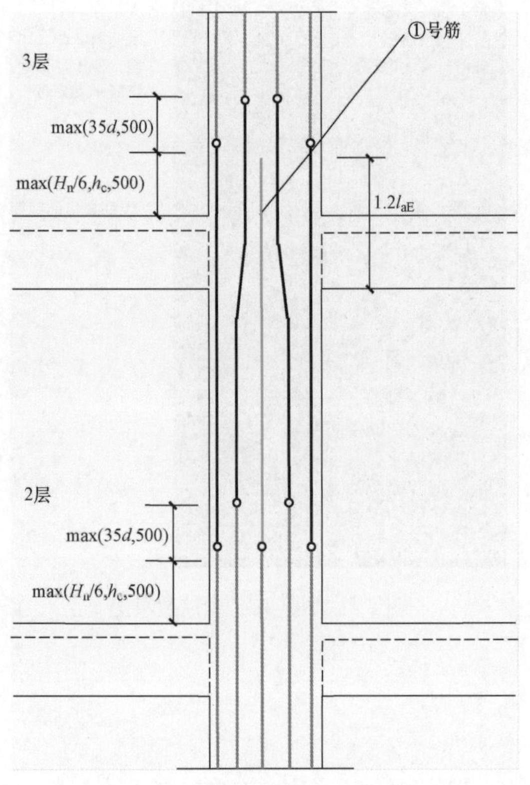

图 2-3-20　KZ8 计算简图

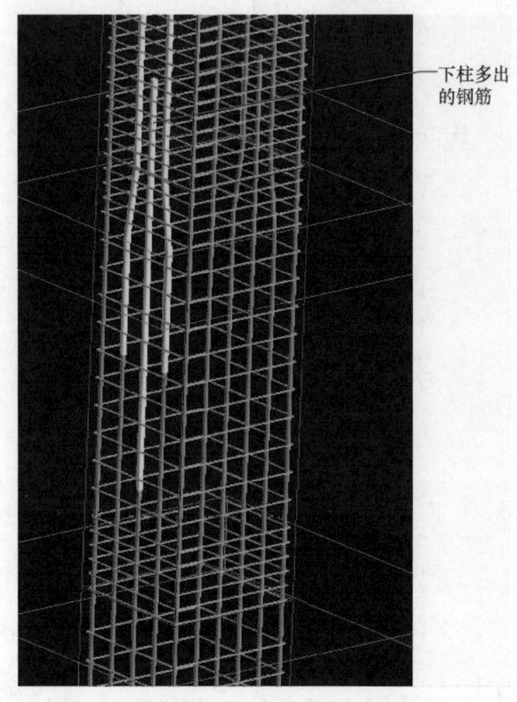

图 2-3-21　KZ8 钢筋效果图

八、中间层柱钢筋计算

中间层柱钢筋计算（变钢筋：上柱钢筋直径比下柱钢筋直径大）。

1. 计算条件

计算条件，见表 2-3-18。

表 2-3-18　　　KZ9 计算条件

混凝土强度等级	抗震等级	基础底部保护层	柱混凝土保护层	钢筋连接方式	l_{aE}/l_a
C30	一级抗震	40	20	电渣压力焊	$34d/29d$

2. 平法施工图

平法施工图，见图 2-3-22。

层号	顶标高	层高	顶梁高
4	15.87	3.6	700
3	12.27	3.6	700
2	8.67	4.2	700
1	4.47	4.5	700
基础	−1.03	基础厚 800	—

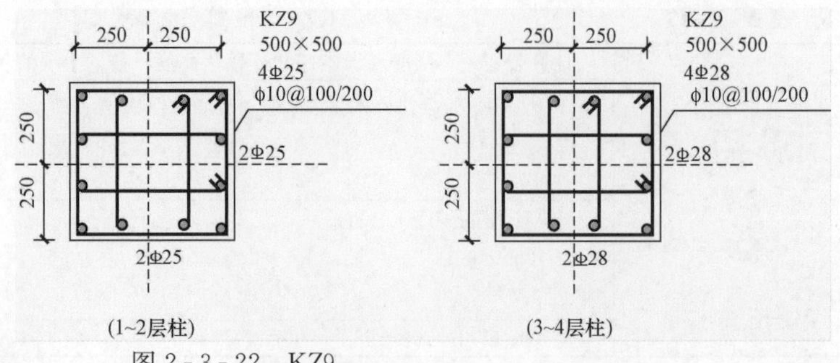

图 2-3-22　KZ9

3. 计算过程

(1) 计算简图，见图 2-3-23。

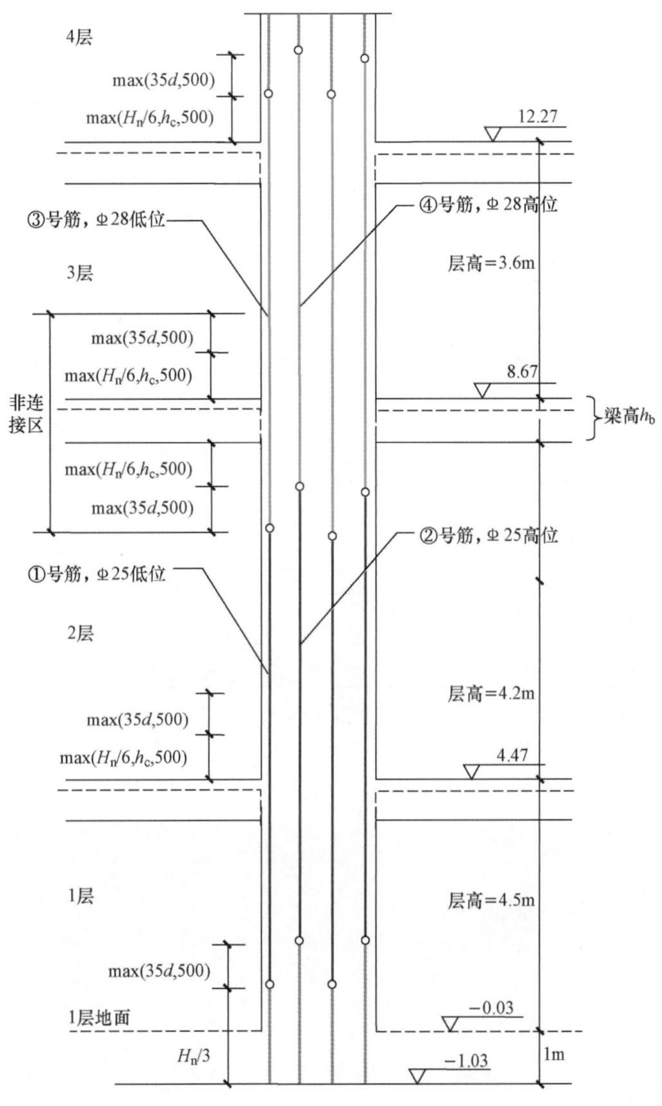

图 2-3-23　KZ9 计算简图

(2) 计算过程（注意对照计算简图查看计算过程）。见表 2-3-19。

表 2-3-19　　　　KZ9 计 算 过 程

①号筋，⌀25 低位	计算公式=1 层层高+1 层地面至基础顶面高度−1 层下部非连接区+2 层层高−2 层顶梁高−2 层上部非连接区−错开连接
	1 层下部非连接区高度$=H_n/3$ $=(4500+1000-700)/3$ $=1600$
	2 层上部非连接区高度$=\max(H_n/6,h_c,500)$ $=\max[(4200-700)/6,500,500]$ $=583$

续表

①号筋，⌀25 低位	错开连接高度＝max(35d,500) ＝35×25 ＝875
	总长＝4500＋1000－1600＋4200－700－583－875 ＝5942
②号筋，⌀25 高位	计算公式＝1 层层高＋1 层地面至基础顶面高度－1 层下部非连接区＋错开连接高度 ＋2 层层高－2 层顶梁高－2 层上部非连接区
	1 层下部非连接区高度＝H_n/3 ＝(4500＋1000－700)/3 ＝1600
	2 层上部非连接区高度＝max(H_n/6,h_c,500) ＝max[(4200－700)/6,500,500] ＝583
	错开连接高度＝max(35d,500) ＝35×25 ＝875
	总长＝4500＋1000－1600－875＋4200－700－583 ＝5942
注：①号筋和②号筋长度相同，只是错开 max(35d,500)	
③号筋，⌀28 低位 （与①号筋连接）	计算公式＝3 层层高＋(2 层顶梁高＋2 层上部非连接区高度＋错开连接)＋(伸入 4 层的非连接区高度)
	2 层上部非连接区高度＝max(H_n/6,h_c,500) ＝max[(4200－700)/6,500,500] ＝583
	错开连接高度＝max(35d,500) ＝35×25 ＝875
	伸入 4 层的非连接区高度＝max(H_n/6,h_c,500) ＝max[(3600－700)/6,500,500] ＝500
	总长＝3600＋(700＋583＋875)＋500 ＝6258
④号筋，⌀28 高位 （与②号筋连接）	计算公式＝3 层层高＋(2 层顶梁高＋2 层上部非连接区高度) ＋(伸入 4 层的非连接区高度＋错开连接)
	2 层上部非连接区高度＝max(H_n/6,h_c,500) ＝max[(4200－700)/6,500,500] ＝583
	错开连接高度＝max(35d,500) ＝35×25 ＝875

续表

④号筋,⌀28 高位（与②号筋连接）	伸入 4 层的非连接区高度＝max(H_n/6,h_c,500) ＝max[(3600－700)/6,500,500]＝500
	总长＝3600＋(700＋583)＋500＋875 ＝6258

注 ③号筋和④号筋长度相同，只是错开 max(35d,500)。

（3）计算结果分析。本例上柱钢筋直径比下柱钢筋直径大，要重点理解表 2-3-20 反映的内容。

表 2-3-20　　KZ9 计算结果分析

左图是正确的，2 层的钢筋应该由 1 层一直延到 2 层上端，然后和 3 层伸下来的钢筋连接	右图是错误的，在 2 层出现了两次连接，一般，框架柱纵筋不允许在同一层出现两次连接
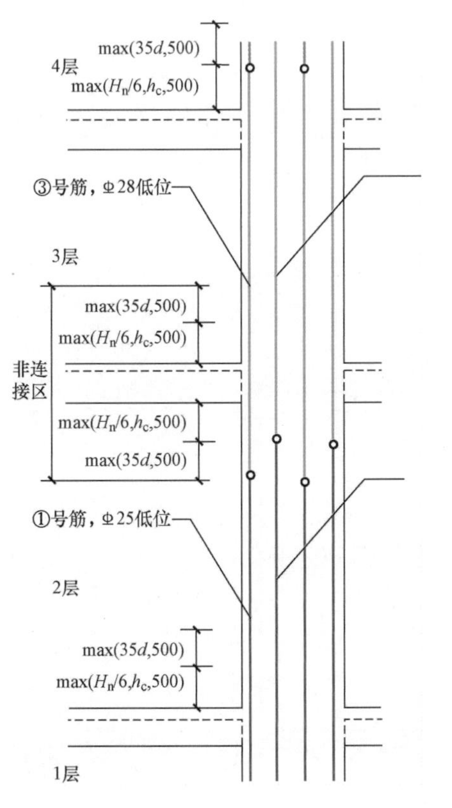	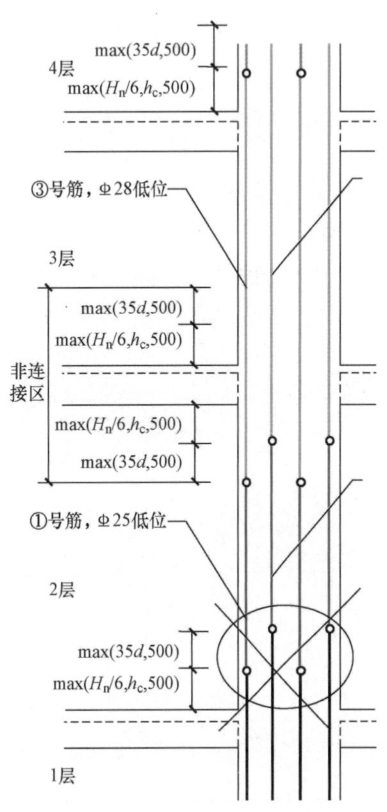

九、中间层柱钢筋计算总结

中间层柱钢筋计算总结，见表 2-3-21。

表 2-3-21　　框架柱中间层钢筋计算总结

<table>
<tr><th colspan="4">中间层柱钢筋计算总结</th><th>出　处</th></tr>
<tr><td rowspan="7">普通柱</td><td rowspan="5">纵筋</td><td>基本计算公式</td><td>本层层高－本层非连接区高度＋伸入上层非连接区高度</td><td rowspan="5">16G101-1第63、64、68页</td></tr>
<tr><td>上柱比下柱钢筋多</td><td>多出的钢筋伸入下层 $1.2l_{aE}$</td></tr>
<tr><td>下柱比上柱钢筋多</td><td>多出的钢筋伸入上层 $1.2l_{aE}$</td></tr>
<tr><td rowspan="2">上柱比下柱钢筋直径大</td><td>上柱大直径的钢筋伸入下层，在下层的上部非连接区以下位置连接</td></tr>
<tr><td>下柱小直径钢筋由下层直接伸到本层上部，与上层伸下来的大直径的钢筋连接</td></tr>
<tr><td rowspan="2">箍筋</td><td>上部加密区高度</td><td>上部非连接区高度＋顶梁板高</td><td rowspan="2">16G101-1第64、65、66页</td></tr>
<tr><td>下部加密区高度</td><td>下部非连接区高度</td></tr>
<tr><td rowspan="3">短柱</td><td rowspan="2">纵筋</td><td>下部非连接区高度</td><td>同普通柱</td><td rowspan="2"></td></tr>
<tr><td>上部非连接区高度</td><td>同普通柱</td></tr>
<tr><td>箍筋</td><td>全高加密</td><td></td><td>16G101-3第66页</td></tr>
</table>

第四节　顶层柱钢筋计算精讲

一、顶层柱钢筋计算概述

（一）柱类型

根据柱的平面位置，把柱分为边、中、角柱，其钢筋伸到顶层梁板的方式和长度不同，见图2-4-1。

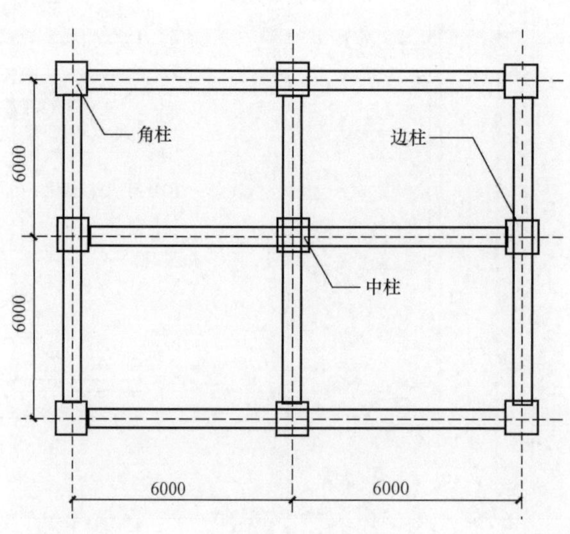

图2-4-1　柱顶类型

（二）边柱、角柱钢筋分类

边柱、角柱钢筋分类，见图2-4-2。

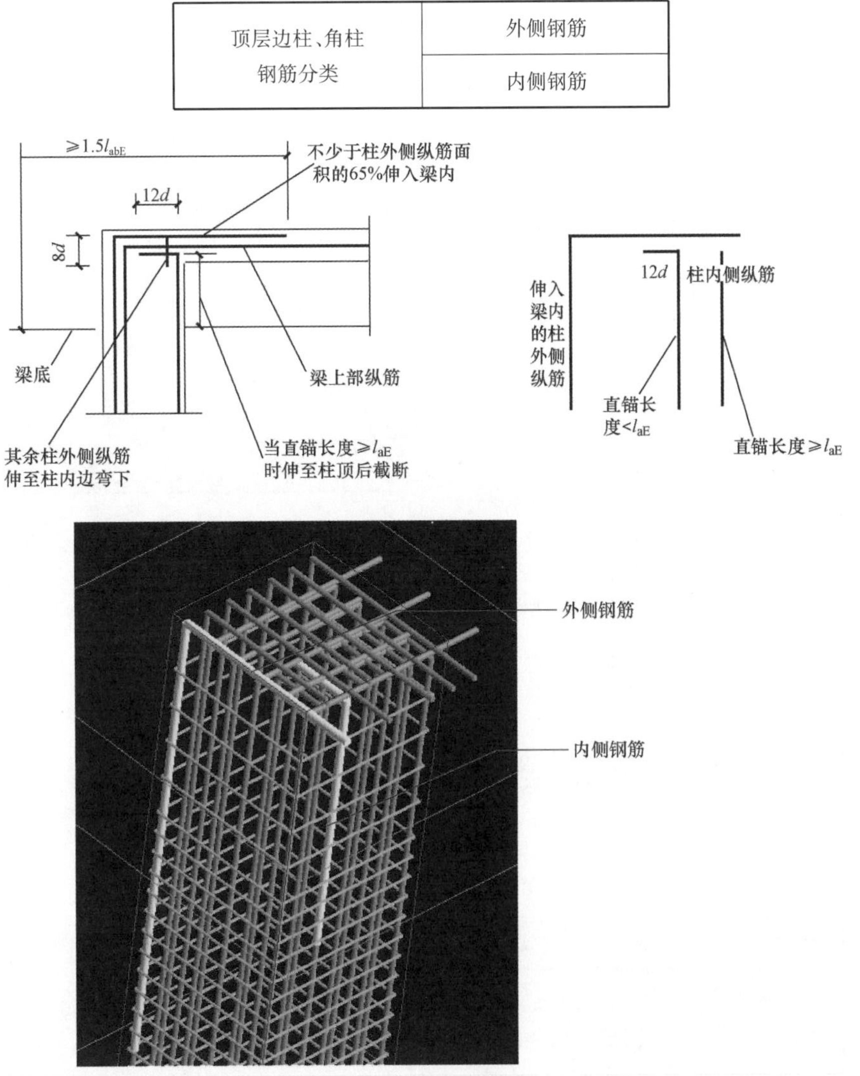

顶层边柱、角柱钢筋分类	外侧钢筋
	内侧钢筋

图 2-4-2 柱顶钢筋分类

二、顶层中柱钢筋计算（弯锚）

(1) 计算条件，见表 2-4-1。

表 2-4-1 **KZ10 计算条件**

混凝土强度等级	抗震等级	基础底部保护层	柱混凝土保护层	钢筋连接方式	l_{aE}/l_a
C30	一级抗震	40	20	电渣压力焊	$33d/29d$

(2) 平法施工图，见图 2-4-3。

(3) 计算简图，见图 2-4-4。

层号	顶标高	层高	梁高
4	15.9	3.6	700
3	12.3	3.6	700
2	8.7	4.2	700
1	4.5	4.5	700
基础	−0.8	—	基础厚度：500

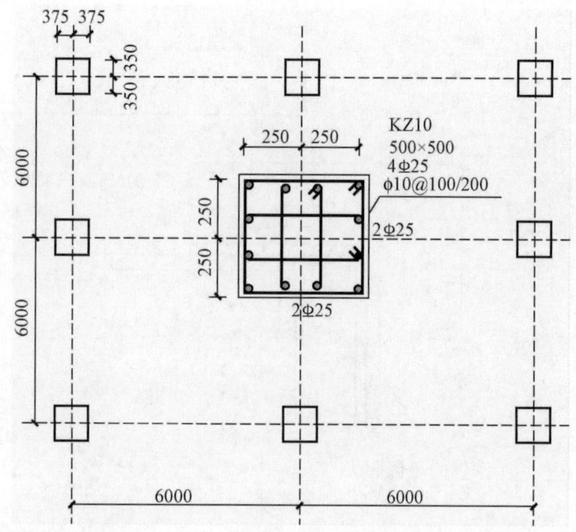

图2-4-3　KZ10

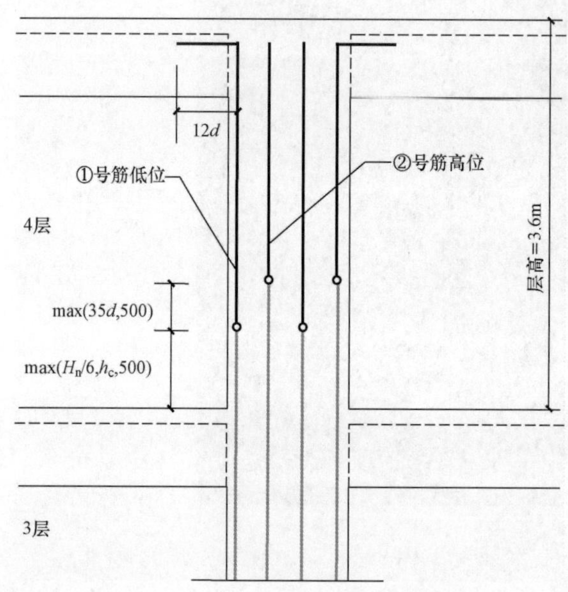

图2-4-4　KZ10计算简图

（4）计算过程，见表2-4-2。

表2-4-2　KZ10 计算过程

锚固方式判别	$(h_b=700)<(l_{aE}=33d=33\times25=825)$，故本例中柱所有纵筋伸入顶层梁板内弯锚
①号筋低位	计算公式＝本层净高－本层非连接区高度＋（梁高－保护层＋12d）
	本层非连接区高度＝$\max(H_n/6,h_c,500)$ ＝max[(3600－700)/6,500,500] ＝500
	总长＝(3600－700)－500＋(700－20＋12d) ＝(3600－700)－500＋(700－20＋12×25) ＝3380

续表

锚固方式判别	($h_b=700$)<($l_{aE}=33d=33\times25=825$)，故本例中柱所有纵筋伸入顶层梁板内弯锚
②号筋高位	计算公式＝本层净高－本层非连接区高度－错开连接高度＋(梁高－保护层＋$12d$)
	本层非连接区高度$=\max(H_n/6,h_c,500)$ $=\max[(3600-700)/6,500,500]$ $=500$
	错开连接高度$=\max(35d,500)$ $=875$
	总长$=(3600-700)-500-875+(700-20+12d)$ $=(3600-700)-500-875+(700-20+12\times25)$ $=2505$

三、顶层中柱钢筋计算（直锚）

（1）计算条件，见表 2-4-3。

表 2-4-3　　KZ11 计算条件

混凝土强度等级	抗震等级	基础底部保护层	柱混凝土保护层	钢筋连接方式	l_{aE}/l_a
C30	一级抗震	40	20	电渣压力焊	$33d/29d$

（2）平法施工图，见图 2-4-5。

层号	顶标高	层高	梁高
4	15.9	3.6	1000
3	12.3	3.6	700
2	8.7	4.2	700
1	4.5	4.5	700
基础	－0.8	—	基础厚度：500

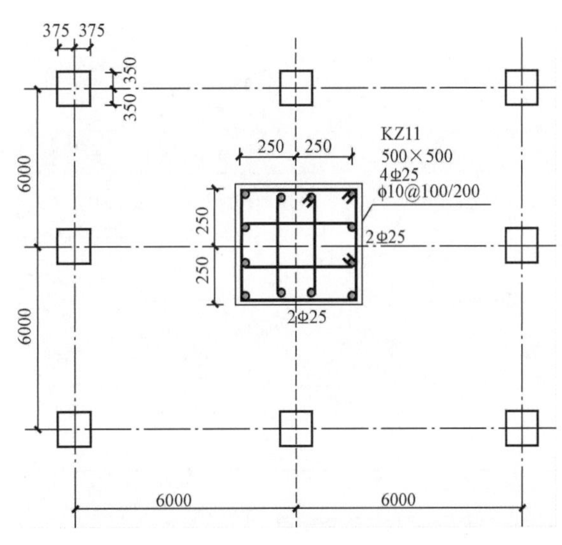

图 2-4-5　KZ11

（3）计算简图，见图 2-4-6。

（4）计算过程，见表 2-4-4。

（5）计算结果分析。中柱柱顶钢筋直锚时，柱纵筋要伸至柱顶混凝土保护层位置，而不是直锚 l_{aE}。

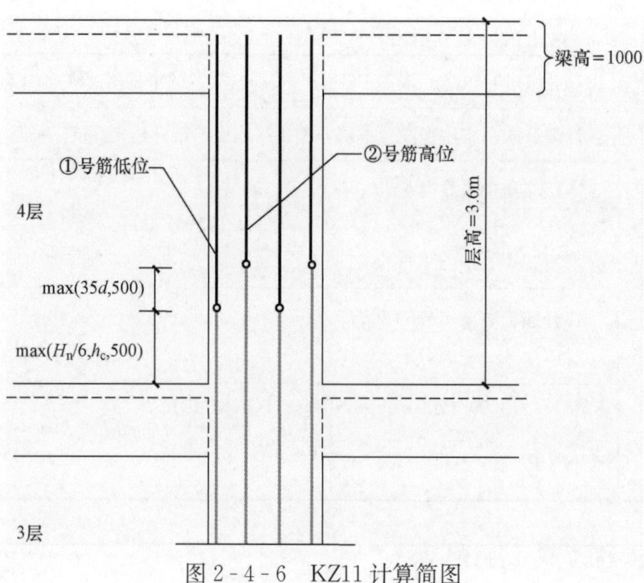

图 2-4-6　KZ11 计算简图

表 2-4-4　　**KZ11 计算过程**

锚固方式判别	($l_{aE}=34d=33\times25=825$)＜($h_b=1000$)，故本例中柱所有纵筋伸入顶层梁板内直锚
①号筋低位	计算公式＝本层层高－保护层－本层非连接区高度
	本层非连接区高度＝max(H_n/6，h_c，500) ＝max[(3600－700)/6，500，500] ＝500
	总长＝3600－20－500 ＝3080
②号筋高位	计算公式＝本层层高－保护层－本层非连接区高度－错开连接高度
	本层非连接区高度＝max(H_n/6，h_c，500) ＝max[(3600－700)/6，500，500] ＝500
	错开连接高度＝max(35d，500) ＝875
	总长＝(3600－20)－500－875 ＝2205

四、顶层角柱钢筋计算

（一）顶层角柱钢筋概述

顶层角柱钢筋伸入梁板内有两种类型，一种称为“梁纵筋与柱纵筋弯折搭接型”，另一种称为“梁纵筋与柱纵筋竖直搭接型”。前者工程上俗称“柱包梁”，后者工程上俗称“梁包柱”，见表 2-4-5。

表 2-4-5　　柱顶钢筋伸入梁内类型

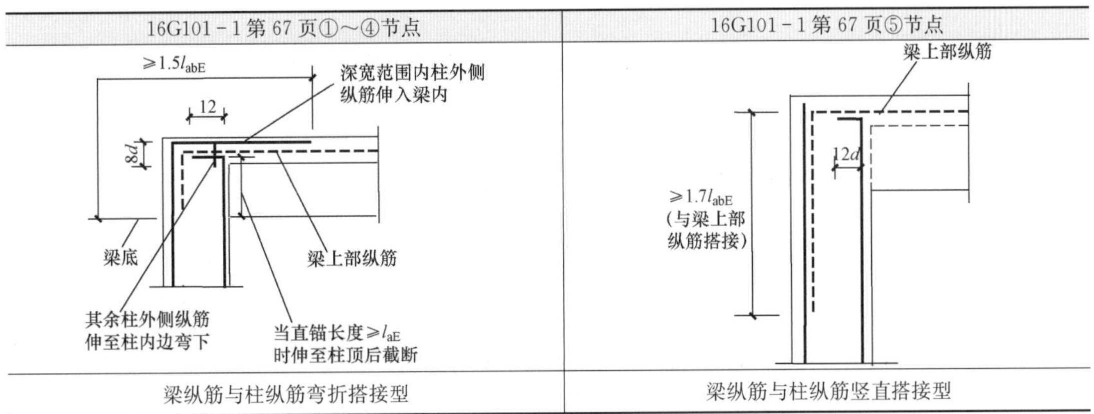

屋面框架梁纵筋端柱构造有两种形式，见表 2-4-6，一种称为“梁纵筋与柱纵筋弯折搭接型”，另一种叫“梁纵筋与柱纵筋竖直搭接型”，前者工程上俗称“柱包梁”，后者工程上俗称“梁包柱”。见表 2-4-6。

表 2-4-6　　屋面框架梁锚固类型

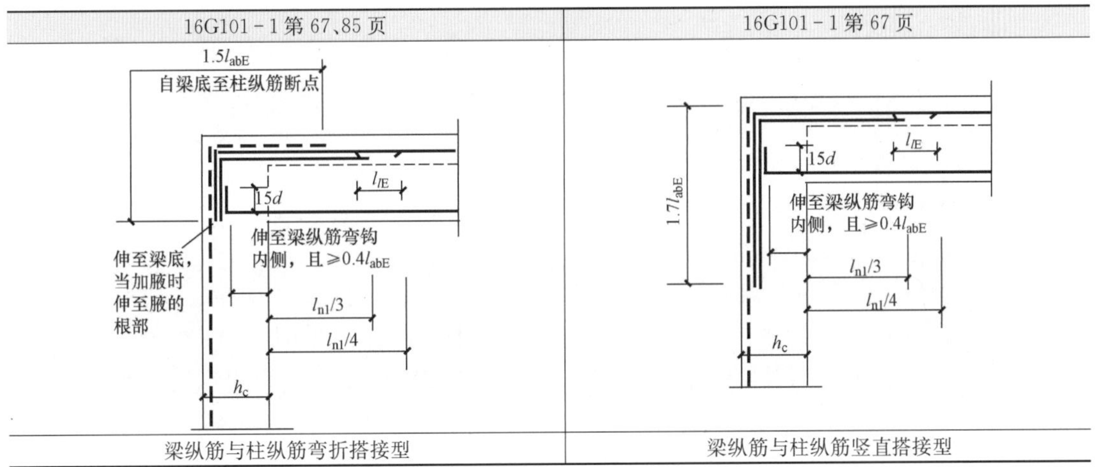

从表 2-4-5 和表 2-4-6 可以看出，顶层角柱钢筋与屋面框架梁钢筋是一一对应的，有关屋面框架梁的钢筋计算，在本教第一章有详细的讲解。

顶中角柱纵向钢筋伸入梁板内采用“梁包柱”还是“柱包梁”由设计者确定，本教程以柱包梁为例。

（二）顶层角柱钢筋计算

本例按 16G101-1 第 67 页②+④节点计算。

（1）计算条件，见表 2-4-7。

表 2-4-7　　**KZ12 计算条件**

混凝土强度等级	抗震等级	基础底部保护层	柱混凝土保护层	钢筋连接方式	$l_{aE}/l_a/l_{abE}$
C30	一级抗震	40	20	电渣压力焊	33d/29d/33d

注　16G101-1 第 58 页，查表得 $l_{abE}=33d$。

（2）平法施工图，见图 2-4-7。

层号	顶标高	层高	梁高
4	15.9	3.6	750
3	12.3	3.6	700
2	8.7	4.2	700
1	4.5	4.5	700
基础	−0.8	—	基础厚度：500

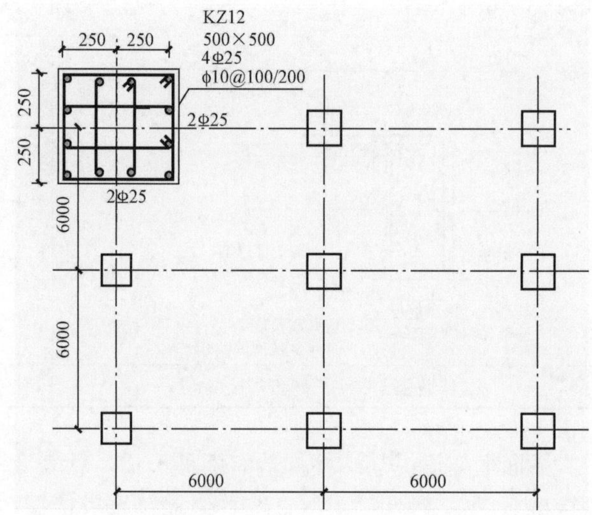

图 2-4-7　KZ12（顶板厚 80mm）

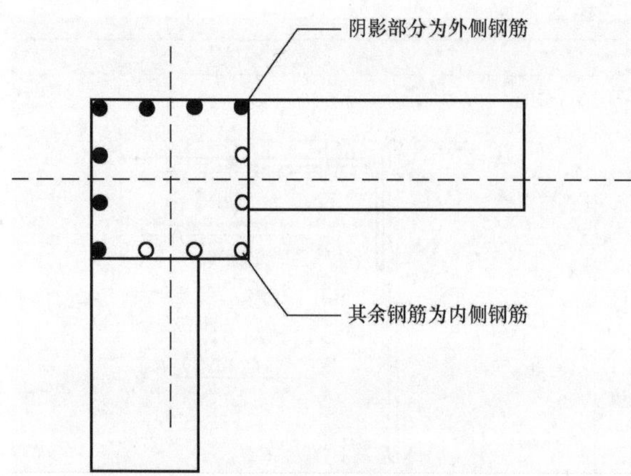

图 2-4-8　内外侧钢筋示意图

（3）计算过程，计算步骤见表 2-4-8。

表 2-4-8　　计 算 步 骤

第一步	区分内侧钢筋、外侧钢筋
第二步	外侧钢筋中，区分第一层、第二层，区分伸入梁板内不同长度的钢筋
第三步	分别计算每根钢筋

1）区分内、外侧钢筋。外侧钢筋总根数为 7 根，见图 2-4-8。

2）区分内、外侧钢筋中的第一层、第二层钢筋，以及伸入梁板内不同长度的钢筋，见图 2-4-9。

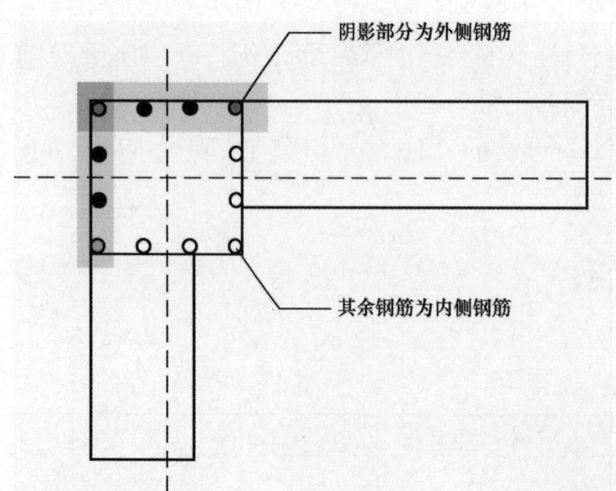

1 号筋	●	外侧伸入梁内纵筋，按②节点计算（从梁底起算 1.5l_{abE} 超过柱内侧边）
2 号筋	●	未伸入梁内的柱外侧钢筋，位于第一层的，伸至柱内侧边下弯 8d，共 1 根，按④节点计算
3 号筋	●	未伸入梁内的柱外侧钢筋，位于第二层的，伸至柱内侧边，共 1 根，按④节点计算
4 号筋	○	内侧钢筋，共 6 根，按⑤节点计算

图 2-4-9　第一层、第二层钢筋示意图

3）施工效果图，见图 2-4-10。

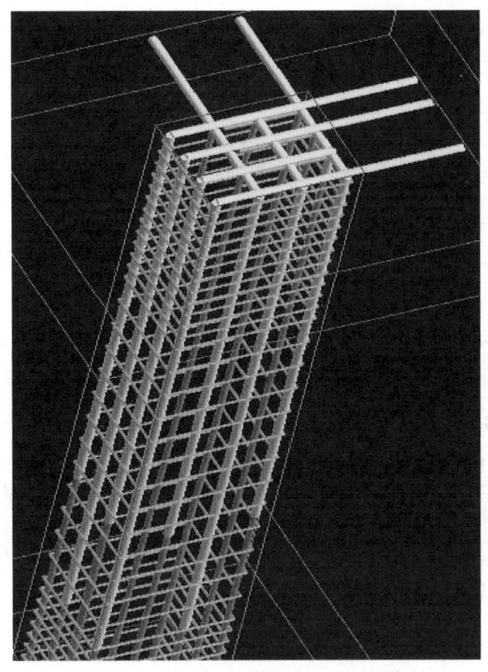

图 2-4-10 KZ12 钢筋效果图

4）计算每一种钢筋。

a. 1 号筋计算图见图 2-4-11 及计算过程见表 2-4-9。

表 2-4-9 1 号筋计算过程

1号筋	低位	计算公式=净高−下部非连接区高度+伸入梁板内长度
		下部非连接区高度=max(H_n/6，h_c，500) =max[(3600−750)/6，500，500] =500
		伸入梁板内长度=1.5l_{abE} =1.5×33×25 =1238
		总长度=(3600−750)−500+1238 =3588
1号筋	高位	计算公式=净高−下部非连接区高度−错开连接高度+伸入梁板内长度
		下部非连接区高度=max(H_n/6，h_c，500) =max[(3600−750)/6，500，500] =500
		错开连接高度=max(35d，500)=875
		伸入梁板内长度=1.5l_{abE} =1.5×33×25 =1238
		总长度=(3600−750)−500−875+1238=2713

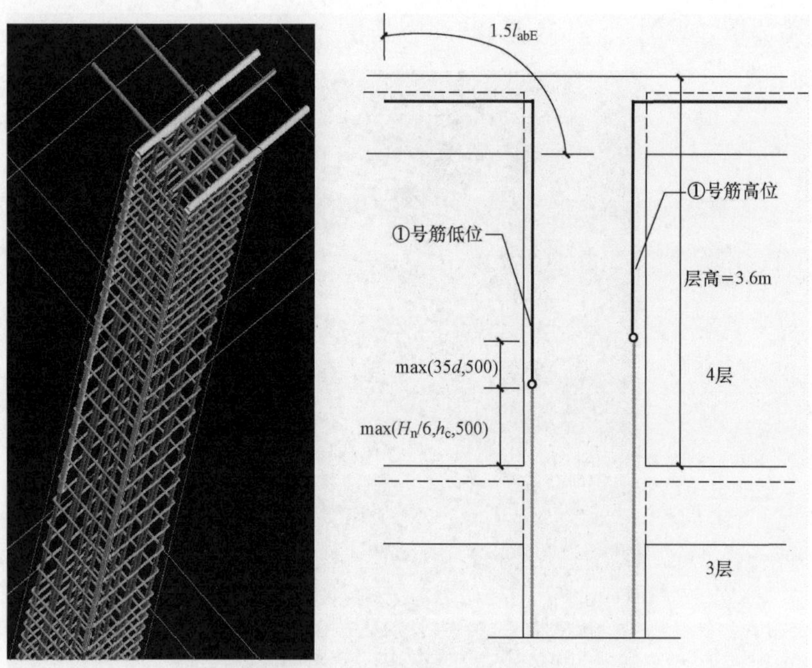

图 2-4-11　1 号筋计算图

b. 2 号筋计算图见图 2-4-10 及计算过程见表 2-4-10。

表 2-4-10　　2 号 筋 计 算 图

说明：2 号筋只有 1 根，根据其所在的位置，为高位钢筋		
2 号筋	高位	计算公式=净高−下部非连接区高度−错开连接高度+伸入梁板内长度
		下部非连接区高度=max(H_n/6,h_c,500) =max[(3600−750)/6,500,500] =500
		伸入梁板内长度=(梁高−保护层)+(柱宽−保护层)+8d =(600−20)+(500−40)+8×25 =1240
		错开连接高度=max(35d,500)=875
		总长度=(3600−750)−500−875+1240=2715

c. 3 号筋计算图见图 2-4-13 及计算过程见表 2-4-11。

表 2-4-11　　3 号 筋 计 算 过 程

说明：2 号筋只有 1 根，根据其所在的位置，为高位钢筋		
3 号筋	低位	计算公式=净高−下部非连接区高度+伸入梁板内长度
		下部非连接区高度=max(H_n/6,h_c,500) =max[(3600−750)/6,500,500] =500

续表

3 号筋	低位	伸入梁板内长度=(梁高-保护层)+(柱宽-保护层) =(600-20)+(500-40) =1040
		总长度=(3600-750)-500+1040=3390

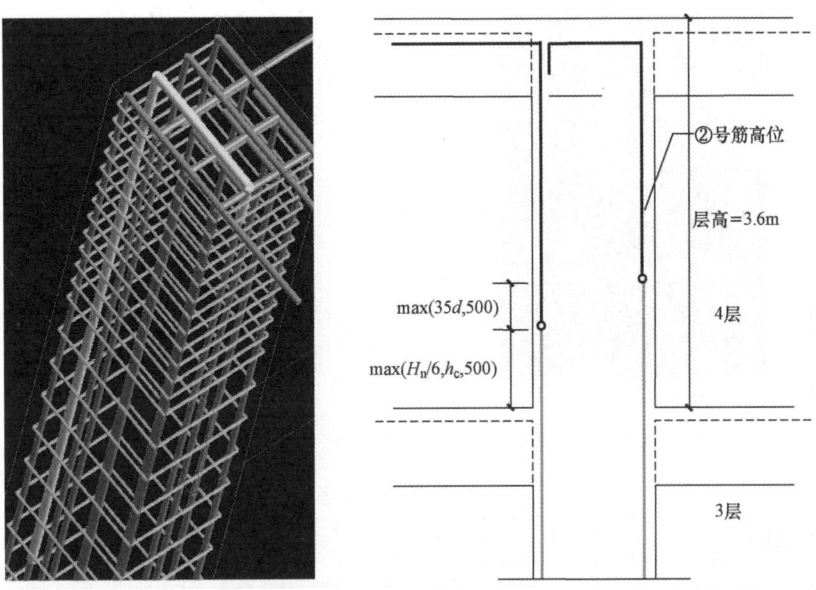

图 2-4-12 2 号筋计算图

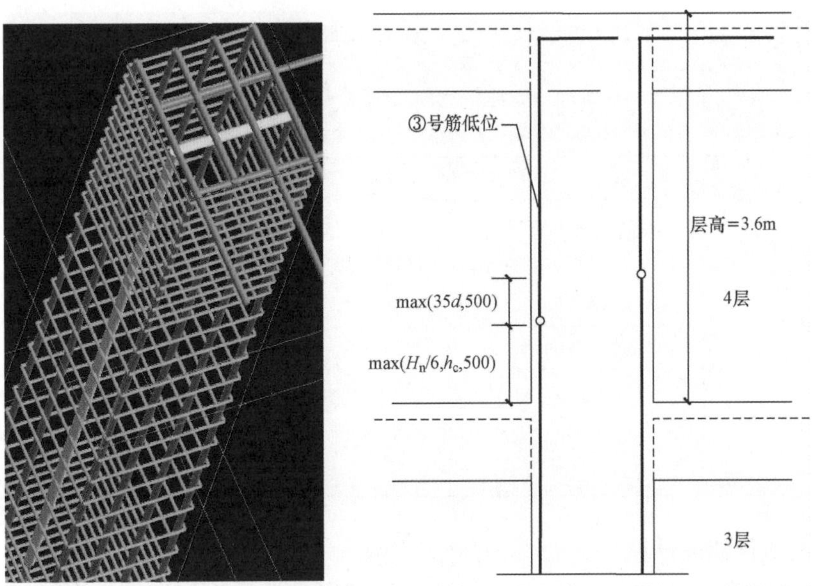

图 2-4-13 3 号筋计算图

d. 4 号筋计算图，见图 2-4-14 及计算过程见表 2-4-12。

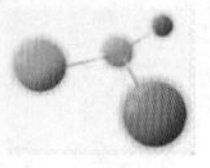

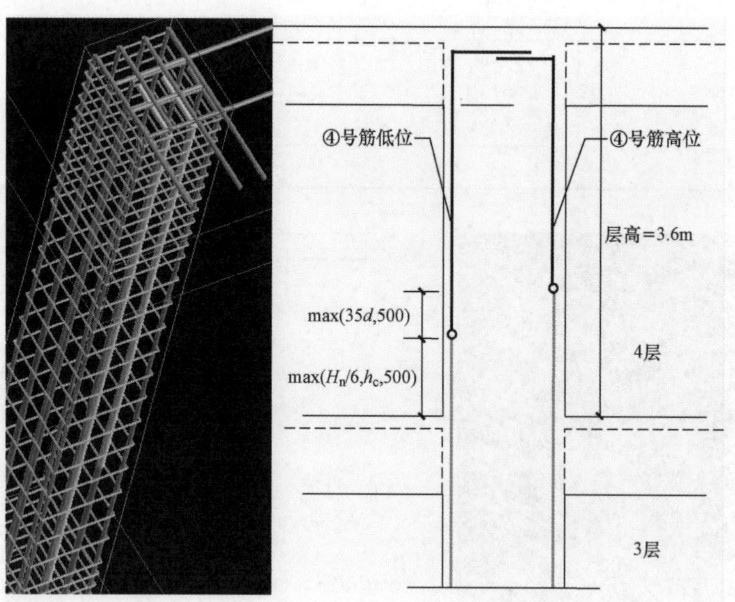

图 2-4-14　4 号筋计算图

表 2-4-12　　4 号筋计算过程

锚固方式判别	$(h_b=750)<(l_{aE}=33d=33\times25=825)$，故本例中柱所有纵筋伸入顶层梁板内弯锚
④号筋低位	计算公式＝本层净高－本层非连接区高度＋（梁高－保护层＋12d）
	本层非连接区高度＝max(H_n/6，h_c，500) ＝max[(3600－750)/6，500，500] ＝500
	总长＝(3600－750)－500＋(750－20＋12d) ＝(3600－750)－500＋(750－20＋12×25) ＝3380
④号筋高位	计算公式＝本层净高－本层非连接区高度－错开连接高度＋（梁高－保护层＋12d）
	本层非连接区高度＝max(H_n/6，h_c，500) ＝max[(3600－750)/6，500，500] ＝500
	错开连接高度＝max(35d，500)＝875
	总长＝(3600－750)－500－875＋(750－20＋12d) ＝(3600－750)－500－875＋(750－20＋12×25) ＝2505

五、顶层边柱钢筋计算

顶层边柱的钢筋计算与顶层角度的钢筋计算相同，只是外侧钢筋和内侧钢筋的根数不同，见图 2-4-15。

六、顶层钢筋计算总结

顶层钢筋计算总结，见表 2-4-13。

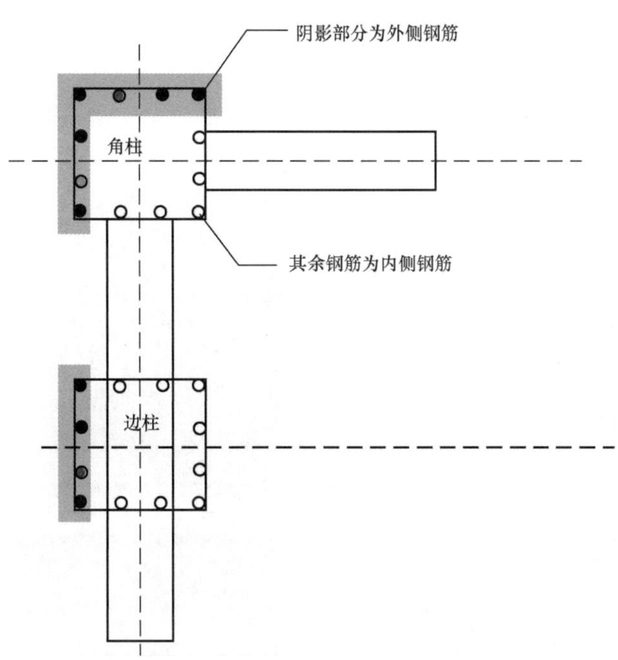

图 2-4-15　顶层边柱内、外侧钢筋示意图

表 2-4-13　　柱顶层钢筋计算总结

<table>
<tr><td rowspan="2">中柱</td><td colspan="3">直锚：伸至柱顶－保护层</td></tr>
<tr><td colspan="3">弯锚：伸至柱顶－保护层＋12d</td></tr>
<tr><td rowspan="8">边、角柱
16G101－1
第 67 页</td><td rowspan="5">梁纵筋与柱纵筋弯折搭接型
（以②＋④节点为例）
若顶板厚≥100mm，则全部外侧钢筋用②节点</td><td rowspan="3">外侧钢筋</td><td>外侧伸入梁内钢筋，自梁底起 1.5l_{abE}</td></tr>
<tr><td>剩下的位于第一层钢筋，伸至柱顶、柱内侧边下弯 8d</td></tr>
<tr><td>剩下的位于第二层钢筋，伸至柱、柱内侧边</td></tr>
<tr><td rowspan="2">内侧钢筋</td><td>直锚：伸至柱顶－保护层</td></tr>
<tr><td>弯锚：伸至柱顶－保护层＋12d</td></tr>
<tr><td rowspan="3">梁纵筋与柱纵筋竖直搭接型
（⑤节点）</td><td>外侧钢筋</td><td>伸至柱顶－保护层</td></tr>
<tr><td rowspan="2">内侧钢筋</td><td>直锚：伸至柱顶－保护层</td></tr>
<tr><td>弯锚：伸至柱顶－保护层＋12d</td></tr>
</table>

第五节　抗震框架柱箍筋根数计算精讲

一、箍筋计算概述

箍筋计算包括长度和根数两方面，矩形箍筋及复合箍筋的长度计算，已在前面的章节中多次讲述了，此处不再重复讲解，本小节主要总结一下有关柱构件中的箍筋根数计算。见表2-5-1。

表 2-5-1　　　　箍　筋　类　型

矩形箍筋长度=周长+2×max[(10d，75)+1.9d] 计算周长时，无论是矩形箍还是复合箍，根据其箍住的纵筋的间距来计算其宽度		
箍筋长度	矩形箍	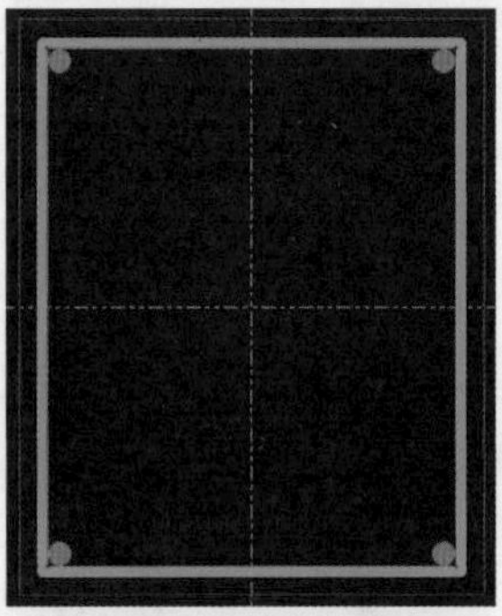
	复合箍	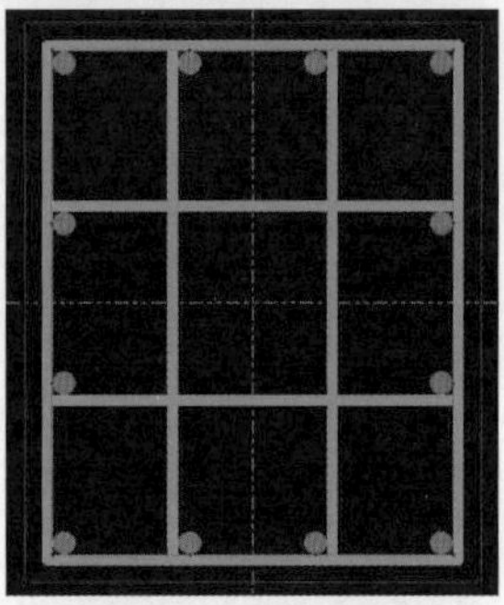
	异形箍	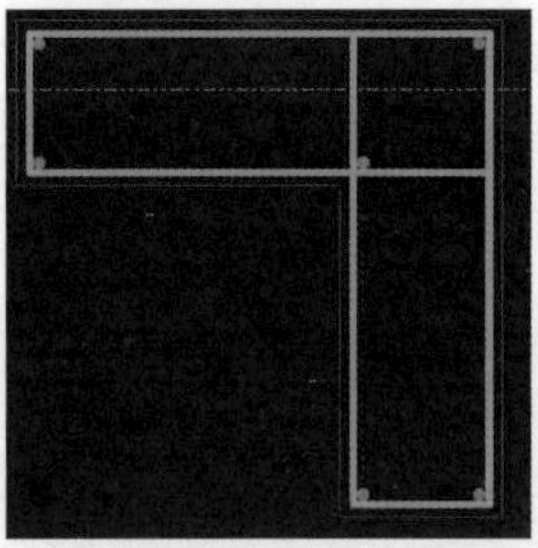
箍筋根数	加密区长度	基础内
		底层柱根
		短柱
		中间节点高度
		相邻楼层的 H_n 的取值

二、基础内箍筋根数

基础内箍筋根数在前面“柱钢筋”小节中进行了讲解。见表 2-5-2。

表 2-5-2　　基础内箍筋根数

箍筋根数	中柱	间距≤500，且不少于两道矩形封闭箍
	边、角柱	设置锚固区横向箍筋

三、底层柱根

底层柱根是指：基础结构或地下结构与上部结构的分界位置，在本章第三节讲中间层框架柱钢筋计算时，详细讲述了基础结构或地下结构与上部结构的分界位置。

底层柱根处的箍筋加密区为：$H_n/3$，见图 2-5-1。

四、中间节点高度

在每层楼梁柱相交处的节点高度范围是要进行箍筋加密的，如图 2-5-2 所示，实际工程往往会遇抗震框架柱周围相连的梁标高不同或高度不同，这时要注意节点高度的取值，一般可按图 2-5-2 考虑。

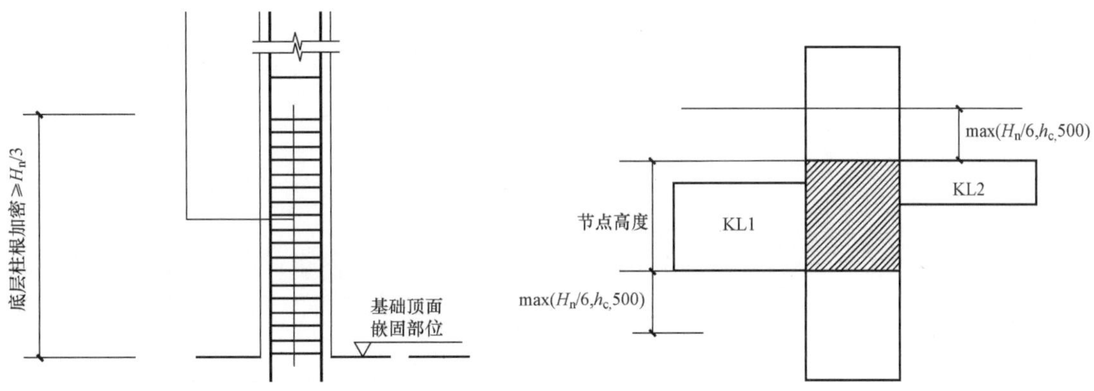

图 2-5-1　底层柱箍筋加密区　　图 2-5-2　中间节点高度

五、相邻楼层 H_n 的取值

如图 2-5-3 所示，梁上部和下部的箍筋加密区处在相邻两层，H_n 的取值就是各自取相应楼层的 H_n，见图 2-5-3。

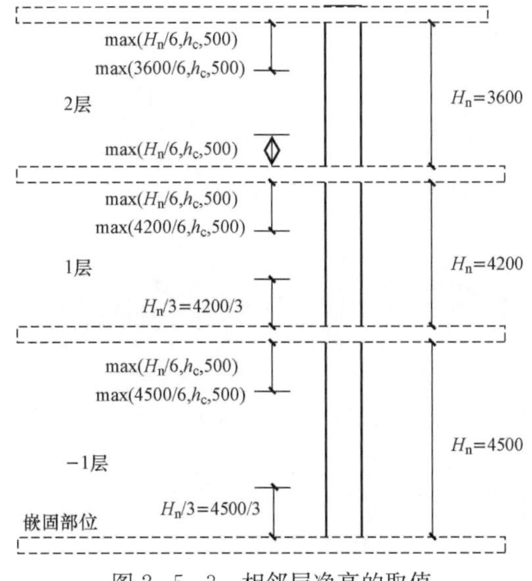

图 2-5-3　相邻层净高的取值

第三章

板构件

第一节　16G101－1 板构件钢筋计算概述

一、板构件钢筋计算知识体系图

板构件钢筋计算的知识体系可以这样来分析，首先，板分为多少种板；其次，板构件当中都有哪些钢筋；还有，这些钢筋在实际工程中会遇到哪些情况。见图 3－1－1。

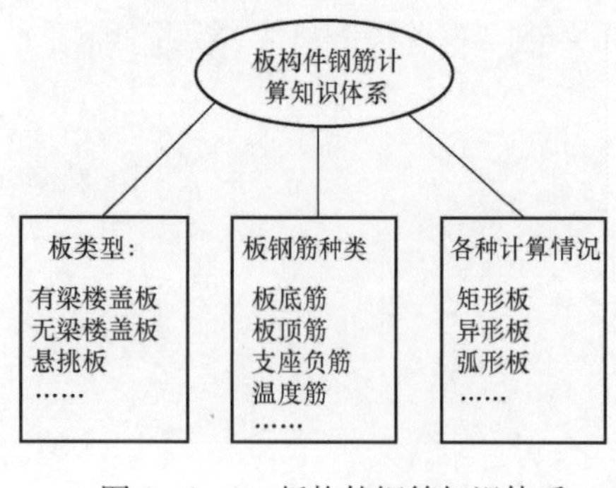

图 3－1－1　板构件钢筋知识体系

二、板的类型

本章主要讲解“有梁楼盖板”构件。见表 3－1－1。

表 3－1－1　　板　类　型

有梁楼盖板	楼面板 LB
	屋面板 WB
	纯悬挑板 XB
无梁楼盖板	柱上板带 ZSB
	跨中板带 KZB

（1）有梁楼盖板图示，见图 3－1－2。

图 3－1－2　有梁楼盖板示意图

（2）无梁楼盖板图示。X 和 Y 方向都由柱上板带和跨中板带所组成，每个板带中，只有顺着板带长方向布置钢筋，最终，X 方向和 Y 方向的板带相互交叉后，形成钢筋网，见图 3－1－3。

三、板的钢筋骨架

（一）板钢筋骨架概述

板钢筋骨架概述，见表 3－1－2。

表 3－1－2　　板钢筋骨架表

板钢筋骨架	主要钢筋	板底筋
		板顶筋
		支座负筋
	附加钢筋	温度筋
		角部附加放射筋
		洞口附加筋

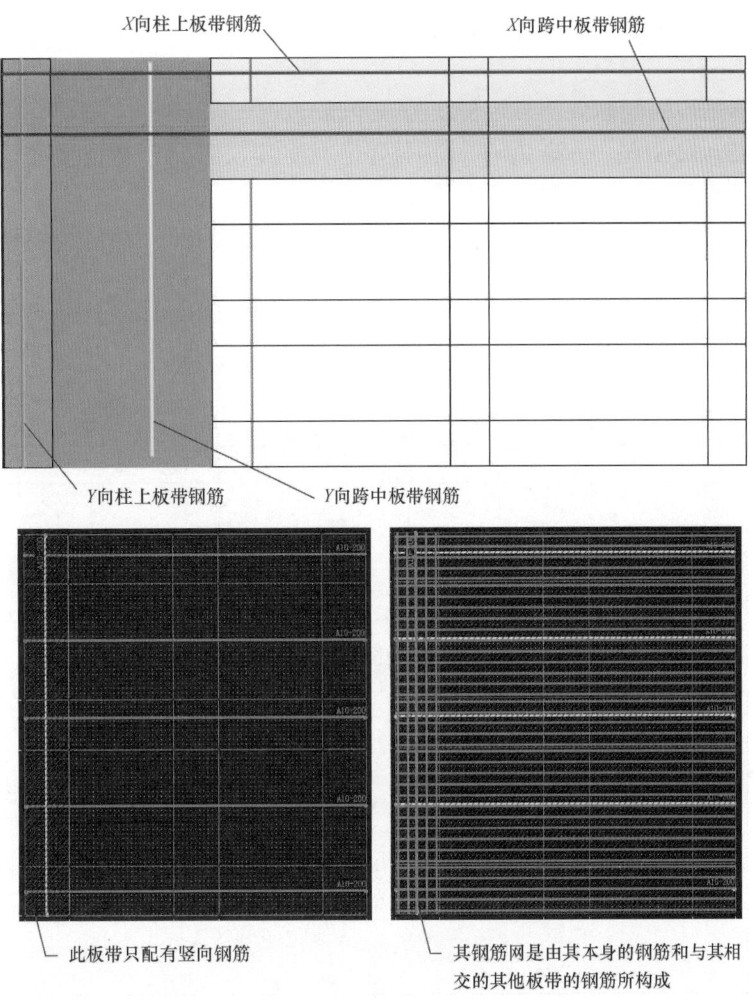

图 3-1-3　无梁楼盖板示意图

板钢筋骨架示意图，见图 3-1-4。

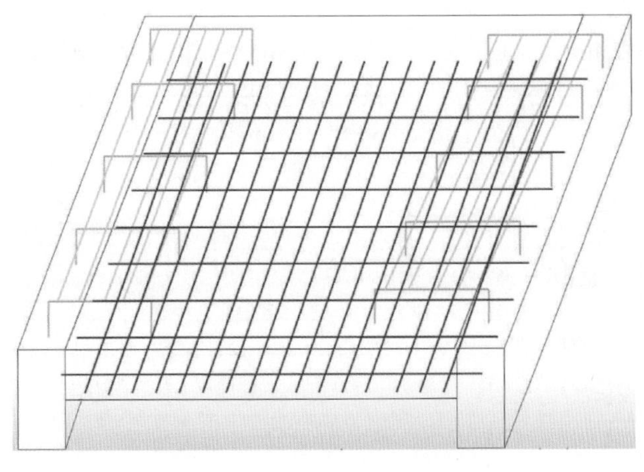

图 3-1-4　板钢筋骨架

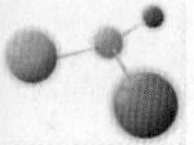

（二）板钢筋骨架的三个知识点

1. 理解“板块”

“板块”，是指板的配筋以“一块板”为一个单元。

板块的定义，16G101－1 第 39 页，描述了板块的定义：对于普通楼面，两向均以一跨为一块板；对于密肋性楼盖，两向主梁均以一跨为一块板。

那么，理解“板块”，对板的钢筋计算有什么影响呢？对照一下传统的板的配筋图和平法板的配筋就可以找到答案。

（1）传统现浇板配筋图。如图 3－1－5 所示，①号筋按其标注的长度计算，超过定尺长度时，计算接头。如果是一级钢筋，两端计算弯钩。

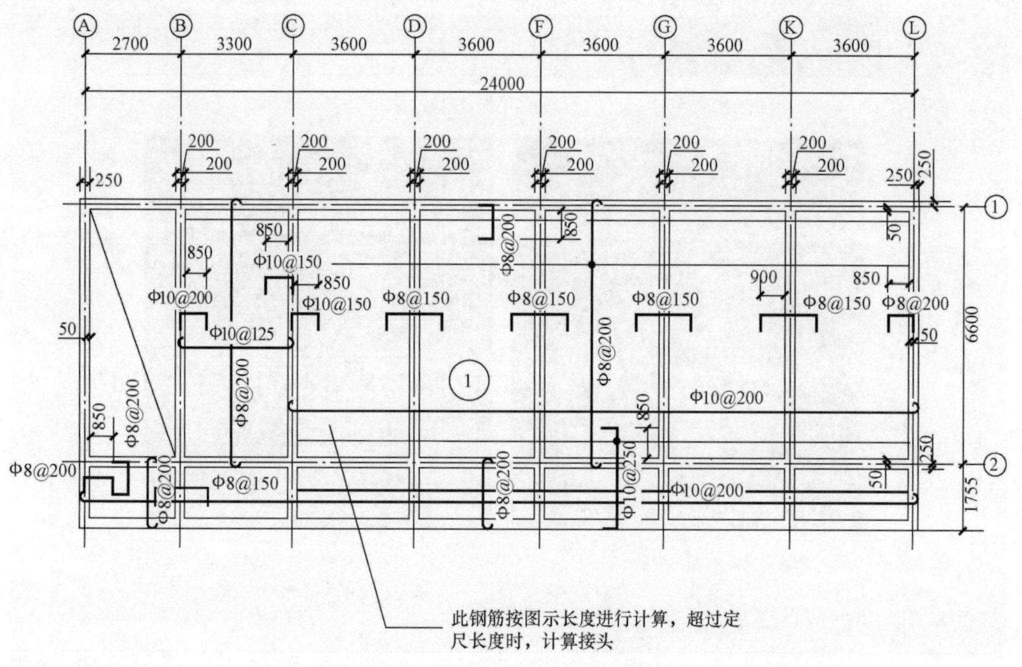

图 3－1－5　传统现浇板配筋图

（2）平法现浇板配筋图。如图 3－1－6 所示，1—2/A—B、2—3/A—B、3—4/A—B 为三块板，这三块板配筋相同，在平法施工图上就标注为相同的板编号，见图 3－1－6。

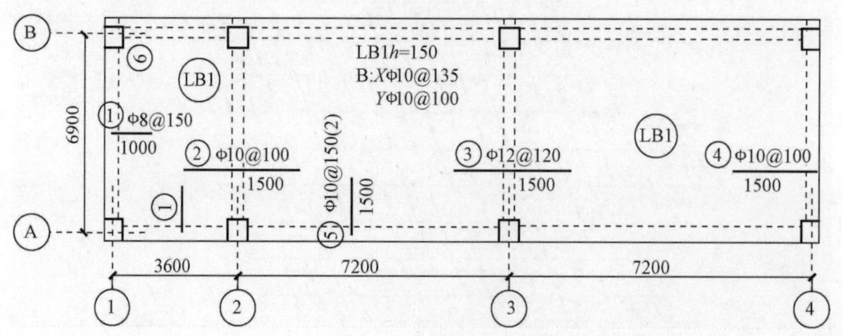

图 3－1－6　平法 04G101－4 板配筋图

如图 3－1－6 所示，1—2/A—B、2—3/A—B、3—4/A—B 三块板的 X 方向板底筋均为

Φ10@135，而且板厚、标高均相同，那么能否把 X 方向的钢筋连通计算呢？

查看 16G101－1 第 99 页，板底筋既可分跨锚固，也可通长计算，见图 3－1－7。

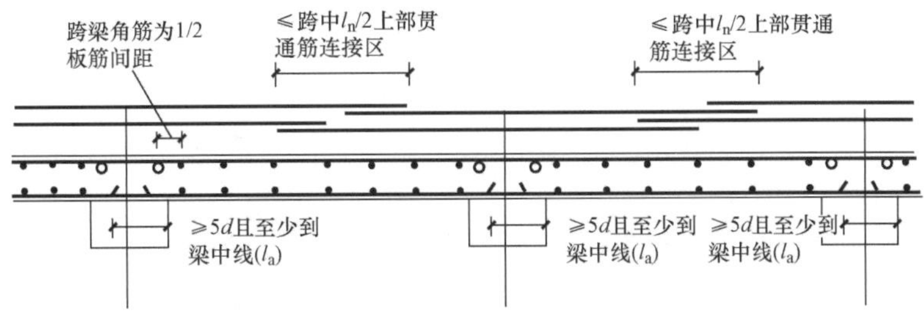

图 3－1－7 平法 16G101－1 板钢筋骨架

以上是板钢筋骨架的第一个知识点，理解“板块”，16G101－1 按板块进行配筋，相同的配筋的板只要标注上相同的编号即可。

2. 理解“隔一布一”

“隔一布一”，见图 3－1－8。

如图 3－1－8 所示，这是一块双层双向配筋的板，且在四周梁上布置了支座负筋。这样一来，支座负筋和同向的板顶筋就出现了重叠，见图 3－1－9。

那么，这种双层双向配筋的板，同时在梁上又布置有支座负筋，支座负筋与同向的板顶筋如何布置呢？就是采用“隔一布一”（16G101－1 第 40 页），上例的效果，如图 3－1－10 所示。

如图 3－1－10 所示，双层双向配筋的板，又在梁上配置有支座负筋，采用

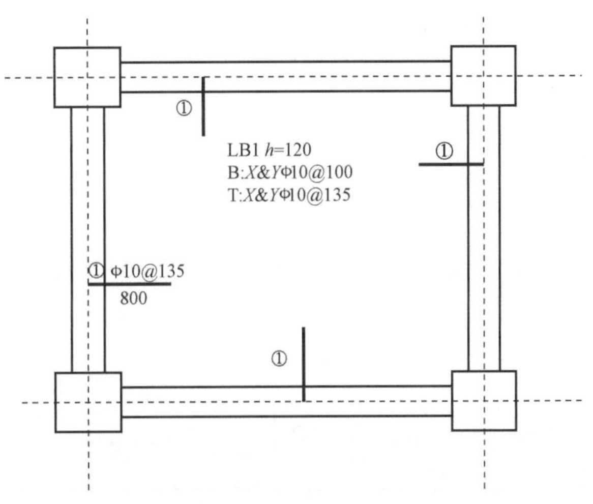

图 3－1－8 “隔一布一”示意图

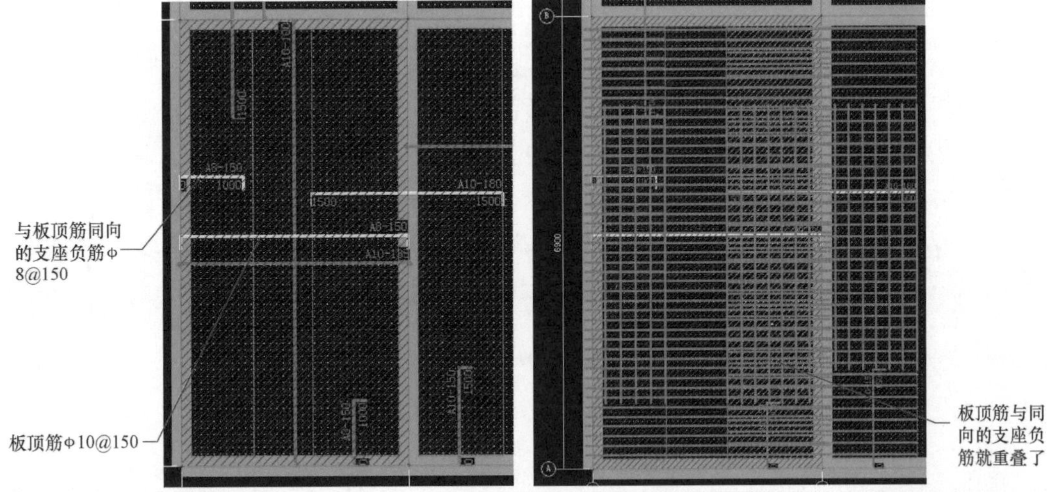

图 3－1－9 “隔一布一”效果图

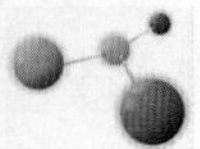

“隔一布一”，实际上就是在支座上部进行了加密，该位置的实际钢筋间距为支座负筋和板顶筋标注间距的 1/2。

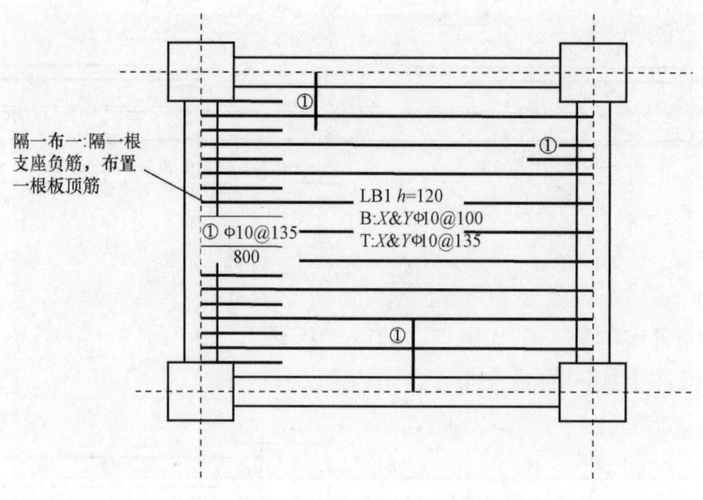

图 3-1-10 “隔一布一”效果图

3. 板顶钢筋与支座负筋的分布筋相互替代

板顶钢筋与支座负筋的分布筋相互替代，见图 3-1-11。

请看图 3-1-11 中的 1—4/B—C 轴板顶筋：T：X Φ8@150，以及横跨在 B—C 轴线上⑥号跨板支座筋。先单独看⑥号钢筋和 B—C 轴之间的板顶筋，见图 3-1-12。

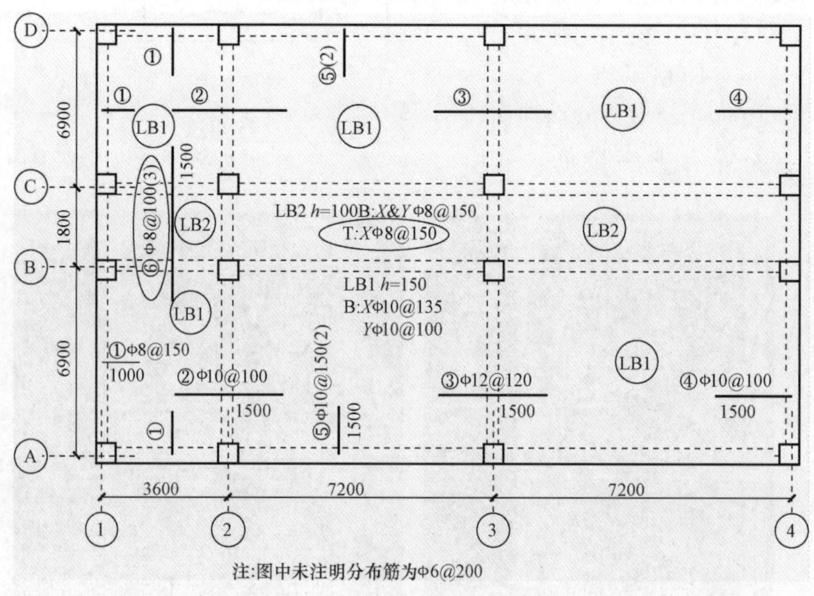

图 3-1-11 板顶筋与支座负筋

现在，把⑥号钢筋和 B—C 轴之间的板顶筋放到一起来看，发现又有重叠的现象，就是两个方向的分布筋重叠了。见图 3-1-13。

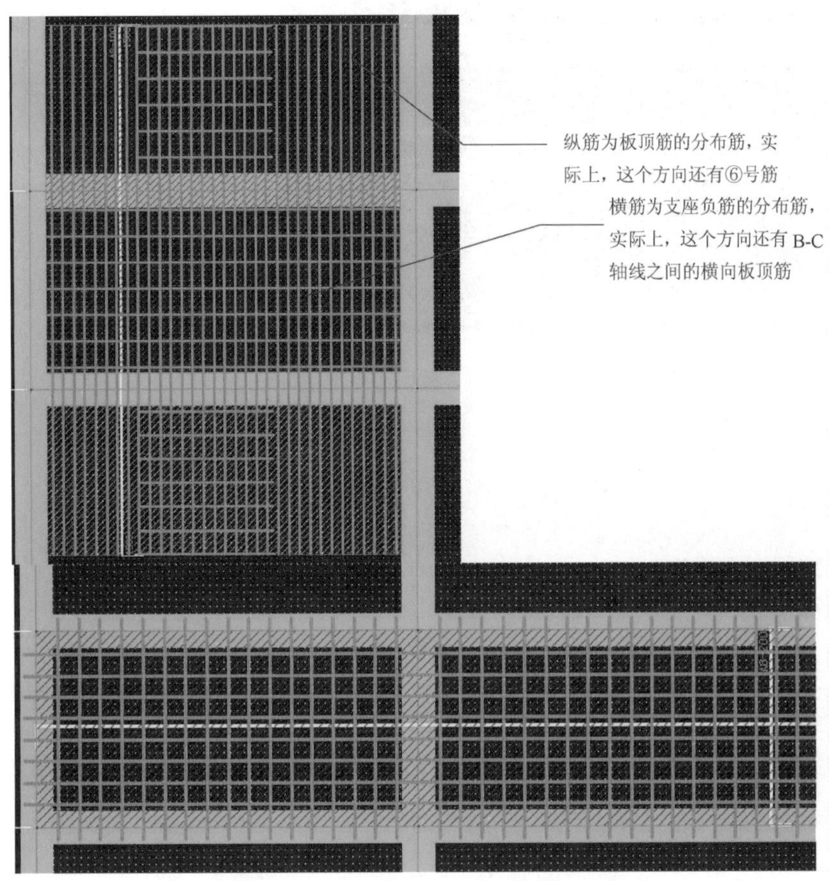
纵筋为板顶筋的分布筋，实
际上，这个方向还有⑥号筋
横筋为支座负筋的分布筋，
实际上，这个方向还有B-C
轴线之间的横向板顶筋

图 3-1-12　板顶筋与支座负筋效果图

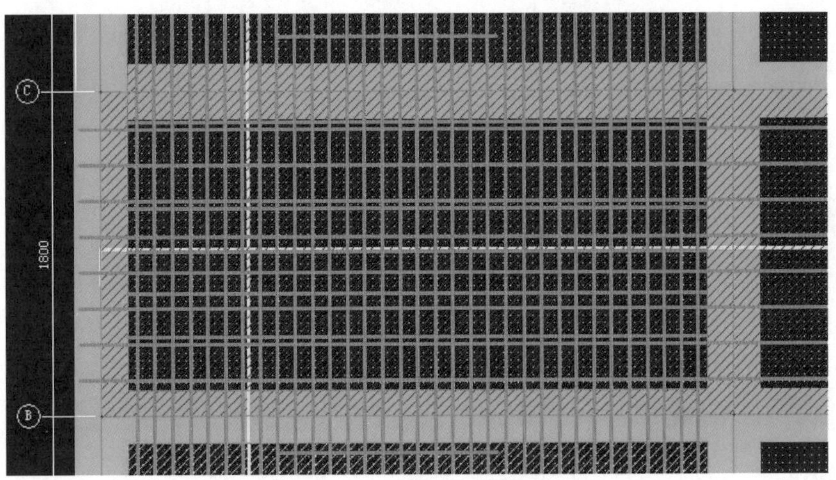
C
1800
B

图 3-1-13　板顶筋与支座负筋

对于这种情况，常规的做法就是“支座负筋和板顶钢筋的分布筋相互替代”，见图3-1-14。

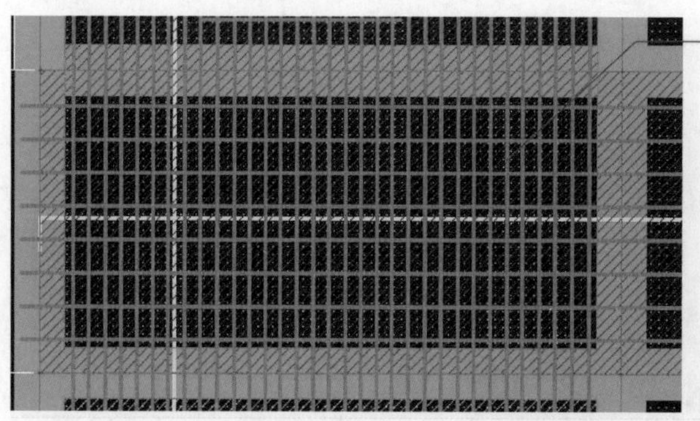

支座负筋和板顶筋分布相互替代，也就是它们分别作为对方的分布筋，对方原有的分布筋不需要计算

图 3-1-14　板顶筋与支座负筋

第二节　板底筋钢筋计算精讲

一、单跨板（梁支座）

（1）计算条件，见表 3-2-1。

表 3-2-1　　**LB1 计算条件**

混凝土强度	梁混凝土保护层	板混凝土保护层	抗震等级	定尺长度	连接方式	l_{aE}/l_a
C30	20	15	一级抗震	9000	绑扎搭接	$35d/30d$

（2）平法施工图，见图 3-2-1。

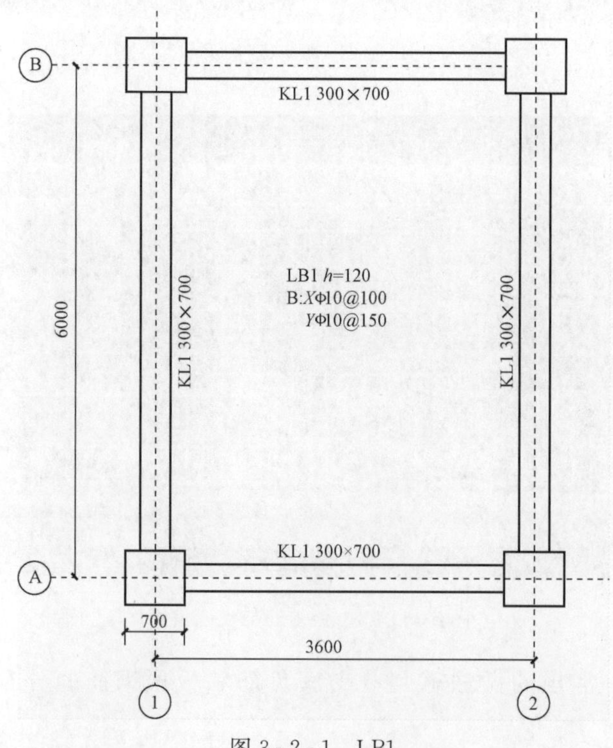

图 3-2-1　LB1

(3) 计算过程及施工效果图，见表 3-2-2。

表 3-2-2　　　　LB1 钢筋计算过程

钢筋	项目	计算过程	施工效果图
X Φ10@100	长度	计算公式＝净长＋端支座锚固＋弯钩长度	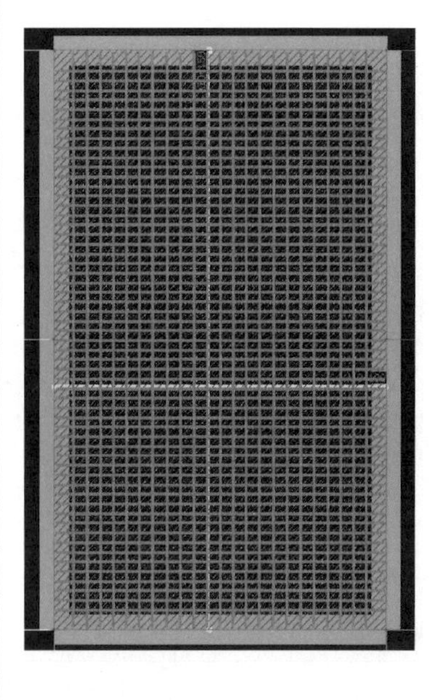
		端支座锚固长度＝max(h_b/2,5d) ＝max(150,5×10) ＝150	
		180°弯钩长度＝6.25d	
		总长＝3600－300＋2×150＋2×6.25×10＝3725	
	根数	计算公式＝(钢筋布置范围长度－起步距离)/间距＋1	
		(6000－300－100)/100＋1＝57	
Y Φ10@150	长度	计算公式＝净长＋端支座锚固＋弯钩长度	
		端支座锚固长度＝max(h_b/2,5d) ＝max(150,5×10) ＝150	
		180°弯钩长度＝6.25d	
		总长＝6000－300＋2×150＋2×6.25×10＝6125	
	根数	计算公式＝(钢筋布置范围长度－起步距离)/间距＋1	
		(3600－300－2×75)/150＋1＝22	

(4) 计算结果分析。

1) 端支座锚固长度：max(h_b/2，5d)，见图 3-2-2。

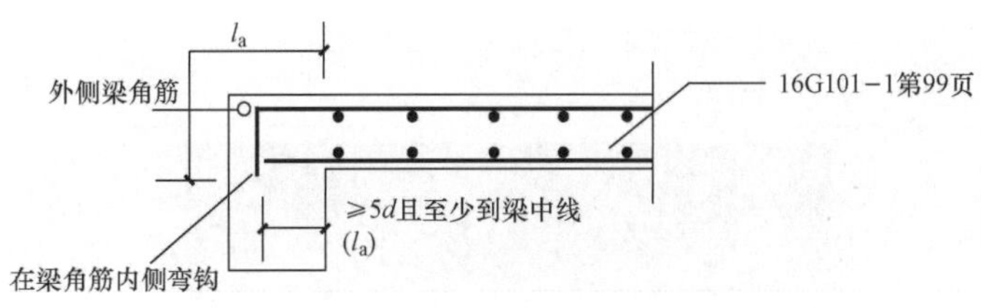

图 3-2-2　板筋端支座锚固

2) 板底筋的起步距离：1/2 板底筋间距。见图 3-2-3、图 3-2-4。

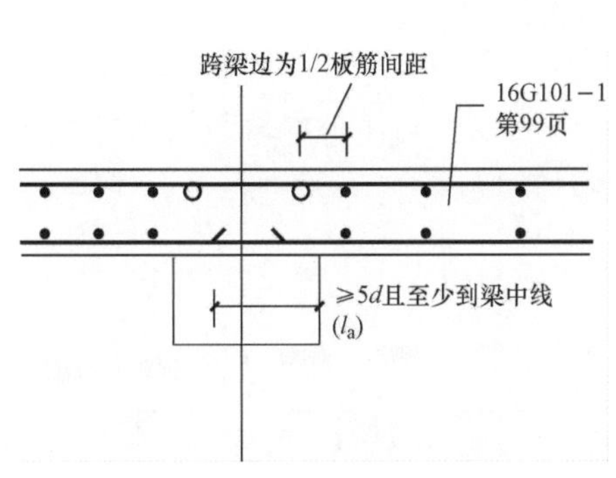

图 3-2-3　板筋起步距离

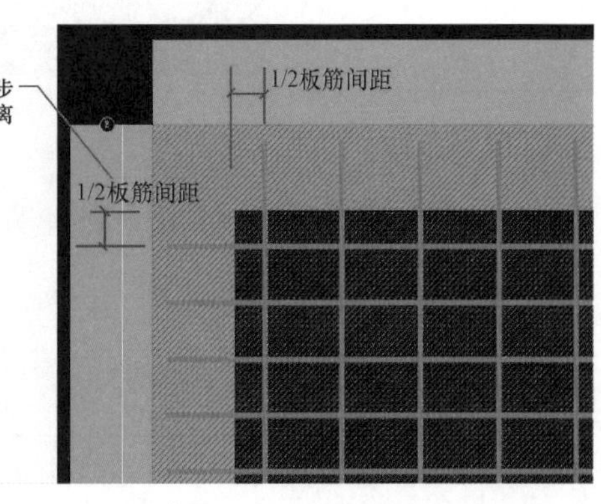

图 3-2-4　板筋起步距离

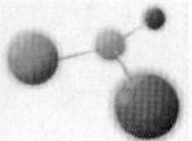

（5）钢筋起步距离总结，见表 3-2-3。

表 3-2-3　　钢筋起步距离总结

箍筋	50mm	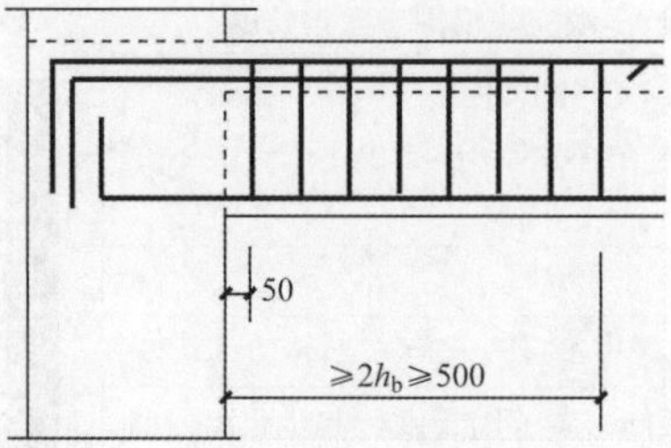	16G101-1 第 88 页
板筋	1/2 板筋间距	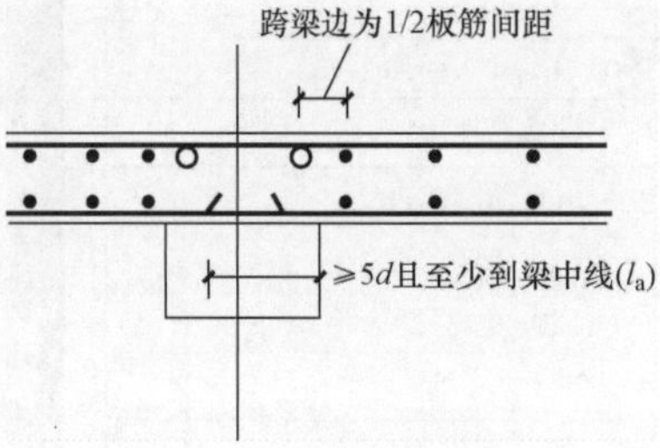	16G101-1 第 99 页
墙水平筋	50mm	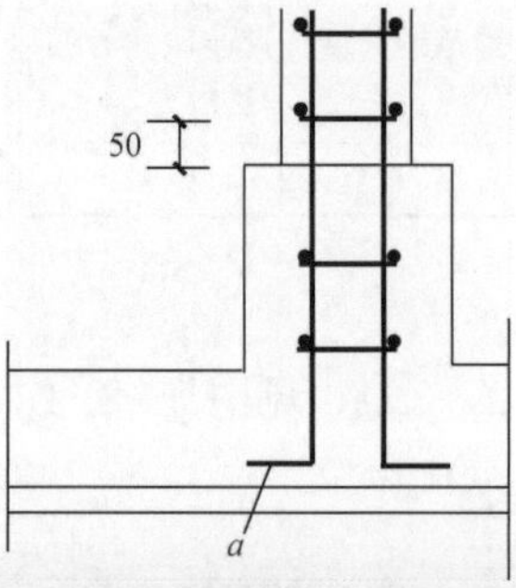	16G101-3 第 64 页
墙竖向筋	墙竖向筋间距	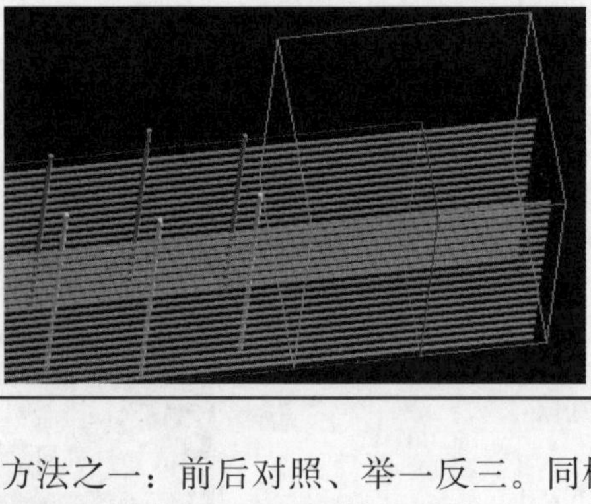	12G901-1 第 3-2 页

G101 平法图集的学习方法之一：前后对照、举一反三。同样是本教程的精髓，您在阅读此书过程，若能体会到这种方法，将有助于您学习任何东西。

二、单跨板（剪力墙支座）

（1）计算条件，见表 3-2-4。

表 3-2-4　　LB2 计算条件

混凝土强度	梁混凝土保护层	板混凝土保护层	抗震等级	定尺长度	连接方式	l_{aE}/l_a
C30	20	15	一级抗震	9000	绑扎搭接	$35d/30d$

(2) 平法施工图，见图 3-2-5。

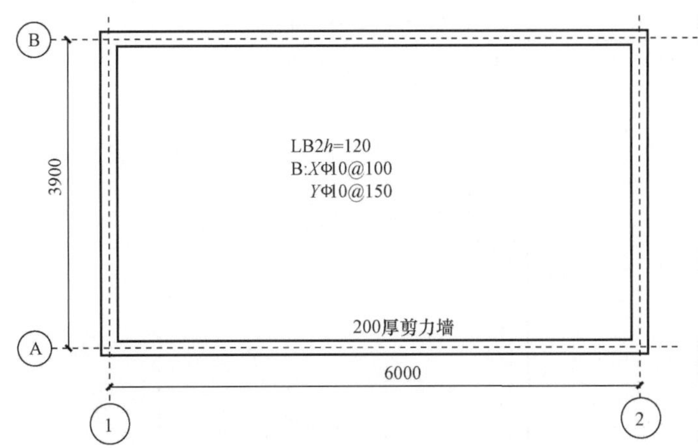

图 3-2-5　LB2

(3) 计算过程，见表 3-2-5。

表 3-2-5　**LB2 计算过程**

X Φ10@100	长度	计算公式＝净长＋端支座锚固＋弯钩长度
		端支座锚固长度＝max(h_b/2,5d) ＝max(100,5×10)＝100
		180°弯钩长度＝6.25d
		总长＝6000－200＋2×100＋2×6.25×10 ＝6125
	根数	计算公式＝(钢筋布置范围长度－起步距离)/间距＋1
		(3900－200－2×50)/100＋1＝37
Y Φ10@150	长度	计算公式＝净长＋端支座锚固＋弯钩长度
		端支座锚固长度＝max(h_b/2,5d) ＝max(100,5×10)＝100
		180°弯钩长度＝6.25d
		总长＝3900－200＋2×100＋2×6.25×10 ＝4025
	根数	计算公式＝(钢筋布置范围长度－起步距离)/间距＋1
		(6000－200－2×75)/150＋1＝41

(4) 计算结果分析。16G101-1 第 100 页，端支座为剪力墙时锚固长度：max(h_b/2，5d)。

三、单跨板（支座偏心）

(1) 计算条件，见表 3-2-6。

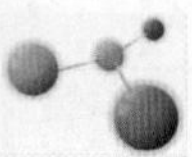

表 3-2-6　　LB3 计算条件

混凝土强度	梁混凝土保护层	板混凝土保护层	抗震等级	定尺长度	连接方式	l_{aE}/l_a
C30	20	15	一级抗震	9000	绑扎搭接	$35d/30d$

（2）平法施工图，见图 3-2-6。

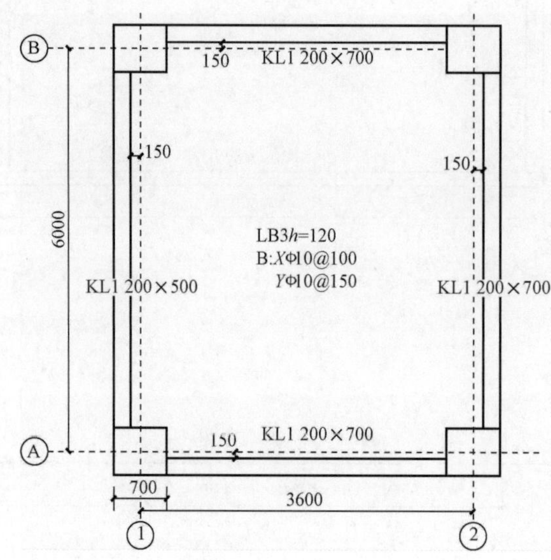

图 3-2-6　LB3

（3）计算过程，见表 3-2-7。

表 3-2-7　　LB3 计算过程

X Φ10@100	长度	计算公式＝净长＋端支座锚固＋弯钩长度
		端支座锚固长度＝max(h_b/2,5d) ＝max(100,5×10) ＝100
		180°弯钩长度＝6.25d
		总长＝3600＋300＋2×100＋2×6.25×10 ＝4225
	根数	计算公式＝(钢筋布置范围长度－起步距离)/间距＋1
		(6000＋300－2×50)/100＋1＝63
Y Φ10@150	长度	计算公式＝净长＋端支座锚固＋弯钩长度
		端支座锚固长度＝max(h_b/2,5d) ＝max(100,5×10) ＝100
		180°弯钩长度＝6.25d
		总长＝6000＋300＋2×100＋2×6.25×10 ＝6625
	根数	计算公式＝(钢筋布置范围长度－起步距离)/间距＋1
		(3600＋300－2×75)/150＋1＝26

四、多跨板

（1）计算条件，见表 3-2-8。

表 3-2-8　　LB4 计算条件

混凝土强度	梁混凝土保护层	板混凝土保护层	抗震等级	定尺长度	连接方式	l_{aE}/l_a
C30	20	15	一级抗震	9000	绑扎搭接	$35d/30d$

（2）平法施工图，见图 3-2-7。

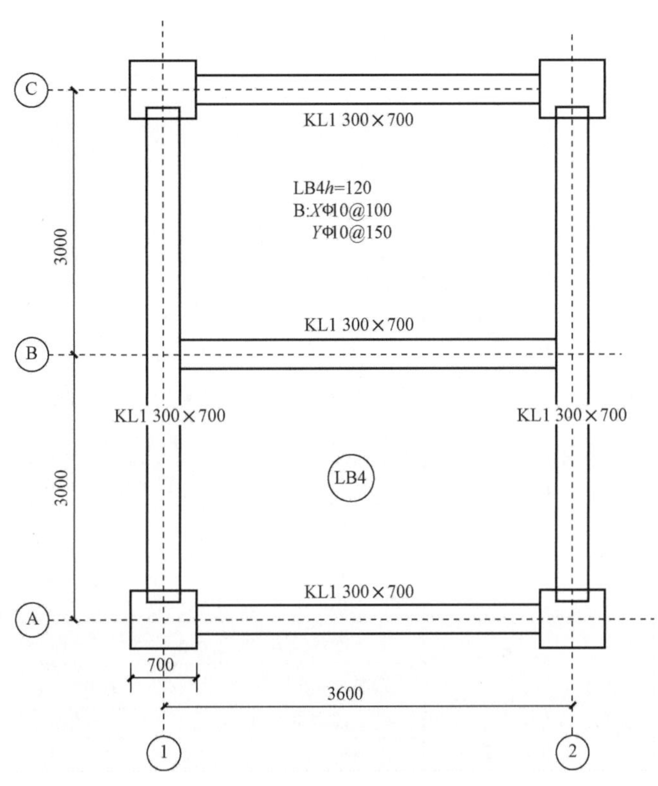

图 3-2-7　LB4

（3）计算过程，见表 3-2-9。

表 3-2-9　　LB4 计算过程

B—C 轴	X Φ10@100	长度	计算公式＝净长＋端支座锚固＋弯钩长度
			端支座锚固长度＝max(h_b/2，5d) ＝max(150，5×10) ＝150
			180°弯钩长度＝6.25d
			总长＝3600－300＋2×150＋2×6.25×10 ＝3725
		根数	计算公式＝(钢筋布置范围长度－起步距离)/间距＋1
			(3000－300－2×50)/100＋1＝27

续表

B—C 轴	$Y\ \phi10@150$	长度	计算公式＝净长＋端支座锚固＋弯钩长度
			端支座锚固长度＝$\max(h_b/2,5d)$ ＝max(150,5×10) ＝150
			180°弯钩长度＝6.25d
			总长＝3000－300＋2×150＋2×6.25×10 ＝3125
		根数	计算公式＝(钢筋布置范围长度－起步距离)/间距＋1
			(3600－300－2×75)/150＋1＝22
A—B 轴	$X\ \phi10@100$	长度	计算公式＝净长＋端支座锚固＋弯钩长度
			端支座锚固长度＝$\max(h_b/2,5d)$ ＝max(150,5×10) ＝150
			180°弯钩长度＝6.25d
			总长＝3600－300＋2×150＋2×6.25×10 ＝3725
		根数	计算公式＝(钢筋布置范围长度－起步距离)/间距＋1
			(3000－300－2×50)/100＋1＝27
	$Y\ \phi10@150$	长度	计算公式＝净长＋端支座锚固＋弯钩长度
			端支座锚固长度＝$\max(h_b/2,5d)$ ＝max(150,5×10) ＝150
			180°弯钩长度＝6.25d
			总长＝3000－300＋2×150＋2×6.25×10 ＝3125
		根数	计算公式＝(钢筋布置范围长度－起步距离)/间距＋1
			(3600－300－2×75)/150＋1＝22

（4）计算结果分析，见图 3-2-8。16G101-1 第 99 页，板底筋既可分跨锚固，也可以通长计算，本例按分跨锚固。

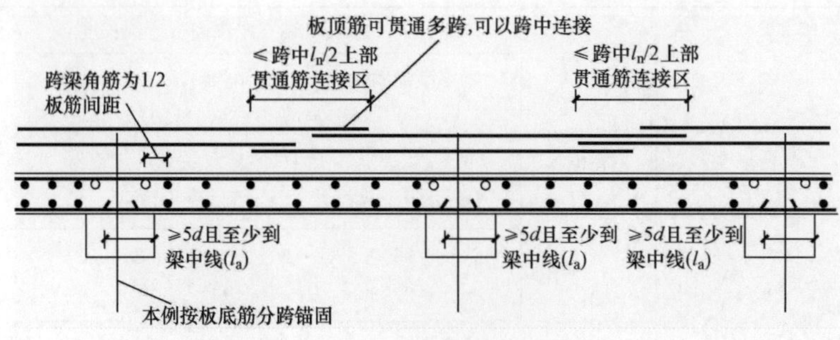

图 3-2-8 LB4 计算结果分析

如图 3-2-9 所示，本例计算多跨板的板底筋，要按照 16G101-1 第 99 页图示，板底筋分跨锚固，板底筋也可通长计算，读者可举一反三理解。

五、板洞口

(1) 计算条件，见表 3-2-10。

表 3-2-10　　LB5 计算条件

混凝土强度	梁混凝土保护层	板混凝土保护层	抗震等级	定尺长度	连接方式	l_{aE}/l_a
C30	20	15	一级抗震	9000	绑扎搭接	$35d/30d$

(2) 平法施工图，见图 3-2-9。

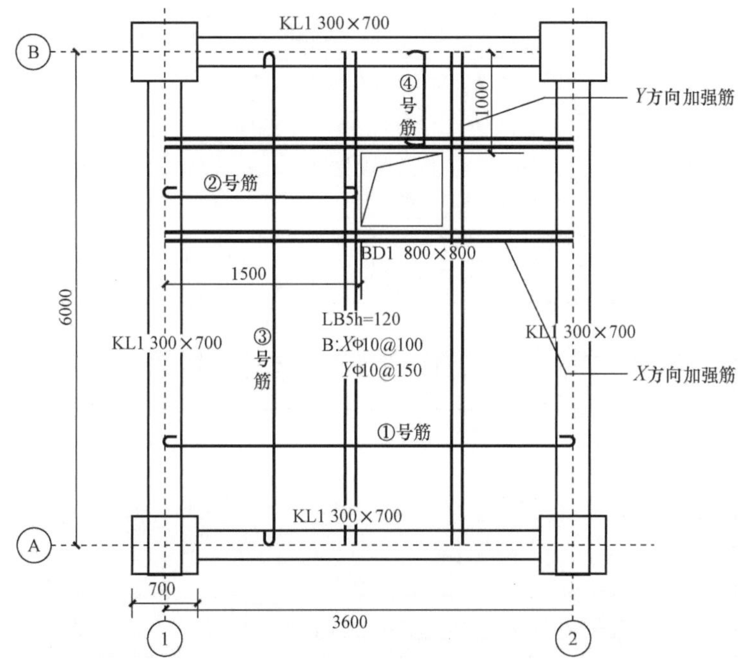

图 3-2-9　LB5

(3) 计算过程，见表 3-2-11。

表 3-2-11　　LB5 计算过程

①号筋	长度	计算公式=净长+端支座锚固+弯钩长度
		端支座锚固长度=max(h_b/2,5d) =max(150,5×10) =150
		180°弯钩长度=6.25d
		总长=3600−300+2×150+2×6.25×10 =3725
②号筋(右端在洞边上弯回折)	长度	计算公式=净长+左端支座锚固+弯钩长度+右端上弯回折长度+弯钩长度
		端支座锚固长度=max(h_b/2,5d) =max(150,5×10) =150

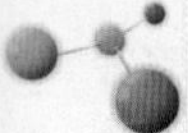

续表

②号筋(右端在洞边下弯)	长度	180°弯钩长度=6.25d
		右端上弯回折长度=120−2×15+5×10=140
		总长=(1500−150−15)+(150+6.25×10)+(140+6.25×10)=1750
③号筋	长度	计算公式=净长+端支座锚固+弯钩长度
		端支座锚固长度=max(h_b/2,5d) =max(150,5×10) =150
		180°弯钩长度=6.25d
		总长=6000−300+2×150+2×6.25×10=6125
④号筋(下端在洞边下弯)	长度	计算公式=净长+上端支座锚固+弯钩长度+下端上弯回折长度+弯钩长度
		端支座锚固长度=max(h_b/2,5d) =max(150,5×10) =150
		180°弯钩长度=6.25d
		下端下弯长度=120−2×15+5×10=140
		总长=(1000−150−15)+(150+6.25×10)+(140+6.25×10)=1250
X方向洞口加强筋	同①号筋	
Y方向洞口加强筋	同③号筋	

（4）计算结果分析。

1）板底筋在洞口边下弯，见图 3-2-10（16G101-1 第 110 页）。

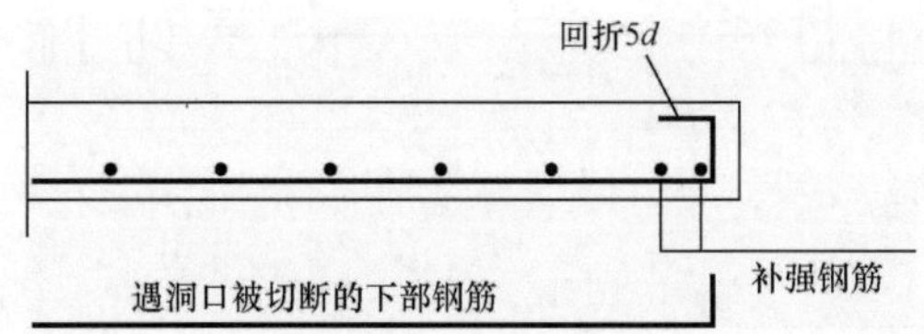

图 3-2-10　板筋洞边构造

2）洞口加强筋，见图 3-2-11。

六、悬挑板

（1）计算条件，见表 3-2-12。

表 3-2-12　　**XB1 计算条件**

混凝土强度	梁混凝土保护层	板混凝土保护层	抗震等级	定尺长度	连接方式	l_{aE}/l_a
C30	20	15	一级抗震	9000	绑扎搭接	35d/30d

（2）平法施工图，见图 3-2-12。

（3）计算过程，见表 3-2-13。

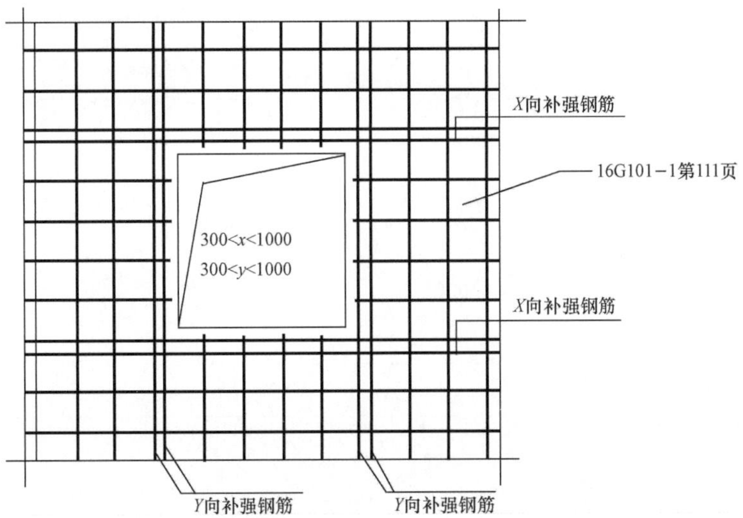

图 3-2-11　洞口加强筋

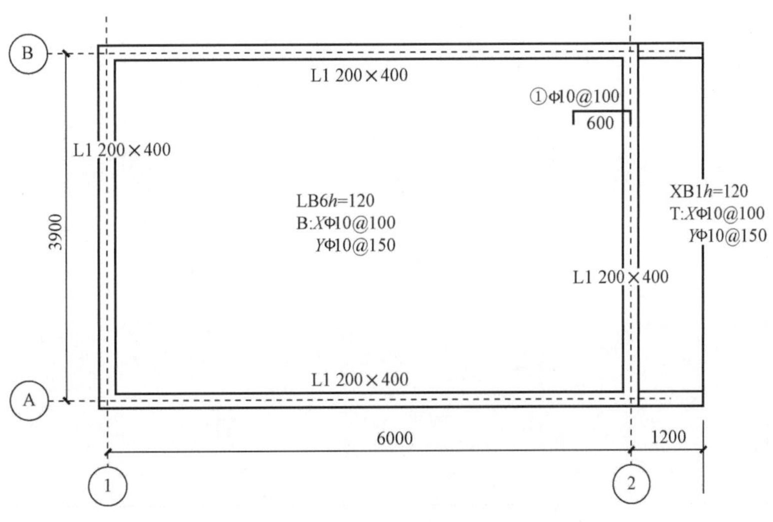

图 3-2-12　LB6

表 3-2-13　　**LB6 及 XB1 计算过程**

LB6	X Φ10@100	长度	计算公式＝净长＋端支座锚固＋弯钩长度
			端支座锚固长度＝max(h_b/2,5d) ＝max(100,5×10) ＝100
			180°弯钩长度＝6.25d
			总长＝6000－200＋2×100＋2×6.25×10 ＝6125
		根数	计算公式＝(钢筋布置范围长度－起步距离)/间距＋1
			(3900－200－2×50)/100＋1 ＝37

续表

LB6	Y ϕ10@150	长度	计算公式＝净长＋端支座锚固＋弯钩长度
			端支座锚固长度＝max(h_b/2,5d) ＝max(100,5×10) ＝100
			180°弯钩长度＝6.25d
			总长＝3900－200＋2×100＋2×6.25×10 ＝4025
		根数	计算公式＝(钢筋布置范围长度－起步距离)/间距＋1
			(6000－200－2×75)/150＋1 ＝39
XB1	X ϕ10@100与①号支座负筋连通布置	长度	左端支座负筋端弯折长度＝120－2×15＝90
			右端弯折＝120－2×15＝90
			总长＝600＋90＋1200－15＋90 ＝1965
		根数	计算公式＝(钢筋布置范围长度－起步距离)/间距＋1
			(3900－200－2×50)/100＋1＝37
	Y ϕ10@150	长度	计算公式＝净长＋端支座锚固
			端支座锚固长度＝梁宽－c＋15d ＝200－20＋15×10 ＝330
			总长＝3900－200＋2×330 ＝4365
		根数	计算公式＝(钢筋布置范围长度－起步距离)/间距＋1
			(1200－100－75－150)/150＋1＝7

（4）计算结果分析，见图3-2-13（16G101-1第103页）。

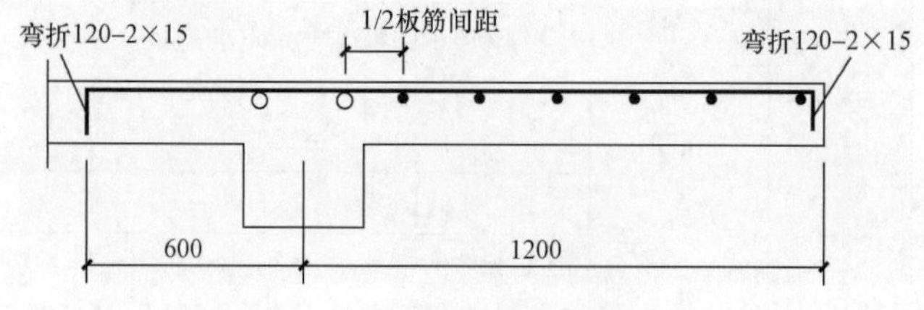

图3-2-13　悬挑板钢筋构造

七、板底筋总结

板底筋总结，见表3-2-14。

表 3-2-14　　板底筋计算总结

板底筋计算总结				出处
长度	端支座	梁	≥5*d*，且到支座中心线	16G101-1 第 99 页
		剪力墙		
		圈梁		
	中间支座	梁	≥5*d*，且到支座中心线	
		剪力墙		
		圈梁		
	洞口边	伸到洞口边上弯回折 5*d*	$h-2\times15+5d$	16G101-1 第 110 页
	悬挑板上部筋	悬挑端	伸至端部弯折	16G101-1 第 103 页
		里端	与支座负筋连通或在支座内锚固	
根数	起步距离	1/2 板筋间距		

第三节　板顶筋钢筋计算精讲

一、单跨板

1. 计算条件

计算条件，见表 3-3-1。

表 3-3-1　　LB7 计算条件

混凝土强度	梁混凝土保护层	板混凝土保护层	抗震等级	定尺长度	连接方式	l_{aE}/l_a
C30	20	15	一级抗震	9000	绑扎搭接	35*d*/30*d*

2. 平法施工图

平法施工图，见图 3-3-1。

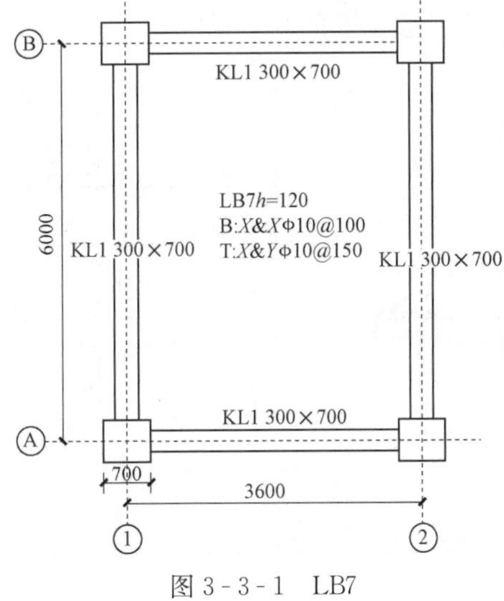

图 3-3-1　LB7

3. 计算过程

计算过程，见表 3-3-2。

表 3-3-2　　LB7 计算过程

板顶筋计算过程（板底筋本节略）		
X Φ10@150	长度	计算公式＝净长＋端支座锚固
		（支座宽－c＝300－20）＜（l_a＝30×10） 故采用弯锚
		总长＝3600－300＋2×（300－20＋15×10） ＝4160
	根数	计算公式＝（钢筋布置范围长度－起步距离）/间距＋1
		（6000－300－2×75）/150＋1 ＝38
Y Φ10@150	长度	计算公式＝净长＋端支座锚固
		（支座宽－c＝300－20）＜（l_a＝30×10） 故采用弯锚
		总长＝6000－300＋2×（300－20＋15×10） ＝6560
	根数	计算公式＝（钢筋布置范围长度－起步距离）/间距＋1
		（3600－300－2×75）/150＋1 ＝22

4. 计算结果分析

（1）端支座锚固长度：见图 3-3-2，直锚 l_a/弯锚（支座宽－c＋15d）。

（2）板顶筋的起步距离：1/2 板顶筋间距，见图 3-3-3。

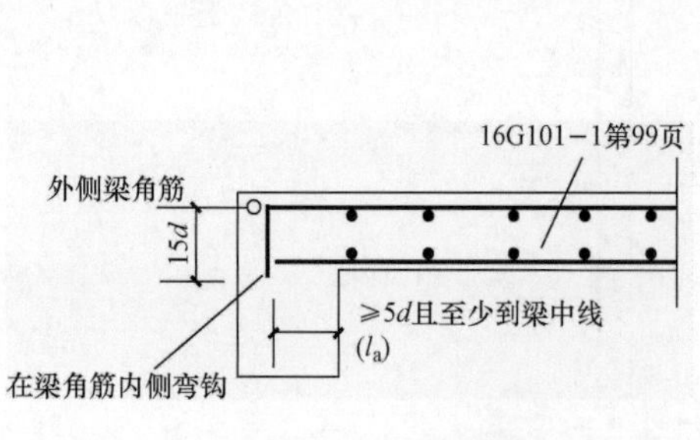

图 3-3-2　端支座锚固

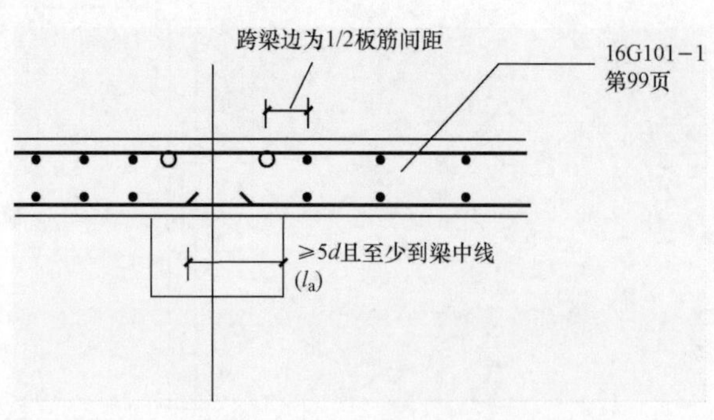

图 3-3-3　板顶筋起步距离

二、多跨板

（1）计算条件，见表 3-3-3。

表 3-3-3　　**LB8 计 算 条 件**

混凝土强度	梁混凝土保护层	板混凝土保护层	抗震等级	定尺长度	连接方式	l_{aE}/l_a
C30	20	15	一级抗震	9000	绑扎搭接	$35d/30d$

（2）平法施工图，见图 3-3-4。

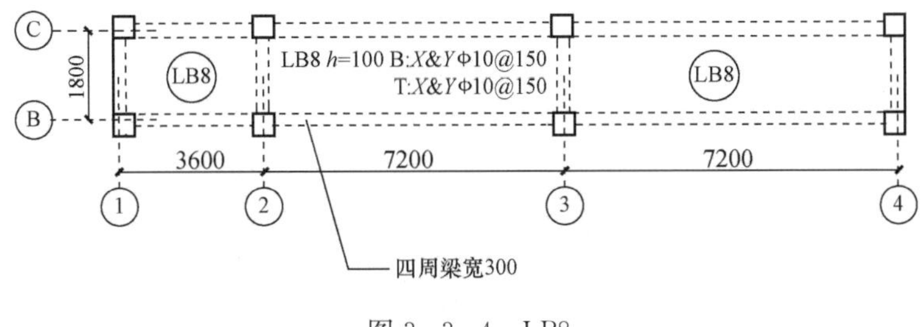

图 3-3-4　LB8

（3）计算过程，见表 3-3-4。

表 3-3-4　　**LB8 计 算 过 程**

板顶筋计算过程(板底筋本节略)		
X Φ10@150 (3 跨贯通计算)	长度	计算公式＝净长＋端支座锚固
		(支座宽－c＝300－20)＜(l_a＝30×10) 故采用弯锚
		总长＝3600＋2×7200－300＋2×(300－20＋15×10)＋2×42×10 ＝19 400(搭接长度 l_l＝42d，于 16G101-1 第 60 页查表)
		搭接个数＝19 400/900－1＝2
	根数	计算公式＝(钢筋布置范围长度－两端起步距离)/间距＋1
		(1800－300－2×75)/150＋1 ＝10
Y Φ10@150	长度	计算公式＝净长＋端支座锚固
		(支座宽－c＝300－20)＜(l_a＝30×10) 故采用弯锚
		总长＝1800－300＋2×(300－20＋15×10) ＝2360
	根数	计算公式＝(钢筋布置范围长度－起步距离)/间距＋1
		1－2 轴＝(3600－300－2×75)/150＋1＝22
		2－3 轴＝(7200－300－2×75)/150＋1＝46
		3－4 轴＝(7200－300－2×75)/150＋1＝46

（4）计算结果分析。16G101-1 第 99 页规定了板顶可以跨中 $l_n/2$ 范围内进行连接，因此本例中板顶筋采用三跨贯通方式，见图 3-3-5。

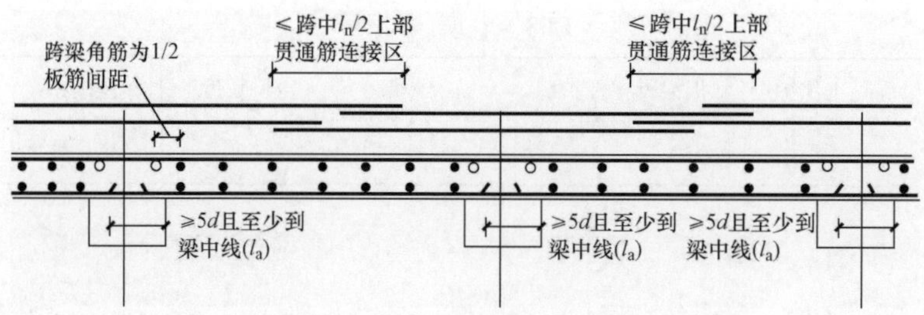

图 3-3-5　LB8 计算结果分析

三、多跨板

相邻跨配筋不同。

（1）计算条件，见表 3-3-5。

表 3-3-5　　**LB9 计 算 条 件**

混凝土强度	梁混凝土保护层	板混凝土保护层	抗震等级	定尺长度	连接方式	l_a/l_l
C30	20	15	一级抗震	9000	绑扎搭接	30d/42d

（2）平法施工图，见图 3-3-6。

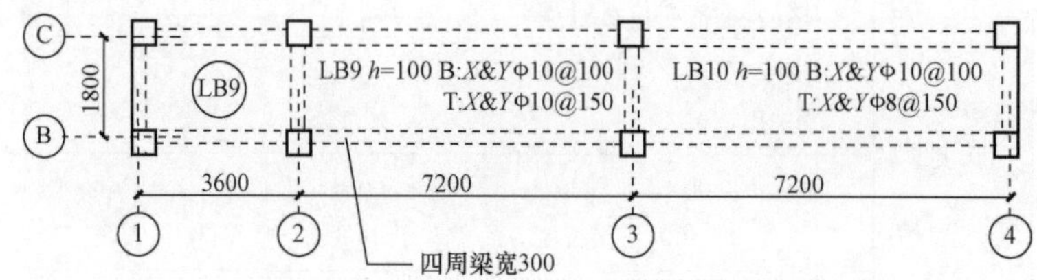

图 3-3-6　LB9

（3）计算过程，见表 3-3-6。

表 3-3-6　　**LB9 计 算 过 程**

板顶筋计算过程(板底筋本节略)			
LB9	XΦ10@150 (1－2 跨贯通计算)	长度	计算公式＝净长＋左端支座锚固＋右端伸入 3－4 轴跨中连接
			(支座宽－c＝300－20)＜(l_a＝30×10) 故采用弯锚
			总长＝3600＋7200－150＋(300－20＋15×10)＋[7200/2＋(42/2)d]＋42×10 ＝3600＋7200－150＋(300－20＋15×10)＋(7200/2＋21×10)＋42×10 ＝15 310(搭接长度 l_l＝42d，于 16G101－1 第 60 页查表)
			搭接个数＝14 885/900－1＝1
		根数	计算公式＝(钢筋布置范围长度－起步距离)/间距＋1
			(1800－300－2×75)/150＋1 ＝10

续表

板顶筋计算过程(板底筋本节略)			
LB9	Y Φ10@150	长度	计算公式=净长+端支座锚固
			(支座宽$-c$=300−20)<(l_a=30×10) 故采用弯锚
			总长=1800−300+2×(300−20+15×10) =2360
		根数	计算公式=(钢筋布置范围长度−起步距离)/间距+1
			1−2 轴=(3600−300−2×75)/150+1=22
			2−3 轴=(7200−300−2×75)/150+1=46
LB10	X Φ8@150	长度	计算公式=1/2 跨长+左端与相邻跨伸过来的钢筋搭接+右端支座锚固
			端支座直锚长度=300−20 =280
			总长=7200/2+(42/2)d−150+280 =7200/2+21×8−150+280 =3898
		根数	计算公式=(钢筋布置范围长度−起步距离)/间距+1
			(1800−300−2×75)/150+1 =10
	Y Φ8@150	长度	计算公式=净长+端支座锚固
			端支座直锚长度=29d =29×8 =232
			总长=1800−300+2×280 =2012
		根数	计算公式=(钢筋布置范围长度−起步距离)/间距+1
			2−3 轴=(7200−300−2×75)/150+1=46

(4) 计算结果分析，见图 3-3-7。

16G101-1 第 99 页规定了相邻两板顶配置不同时的构造：当相邻等跨或不等跨的上部贯通纵筋配置不同时，应将配置较大者越过其标注的跨数终点或起点延伸至相邻跨的跨中连接区域连接。

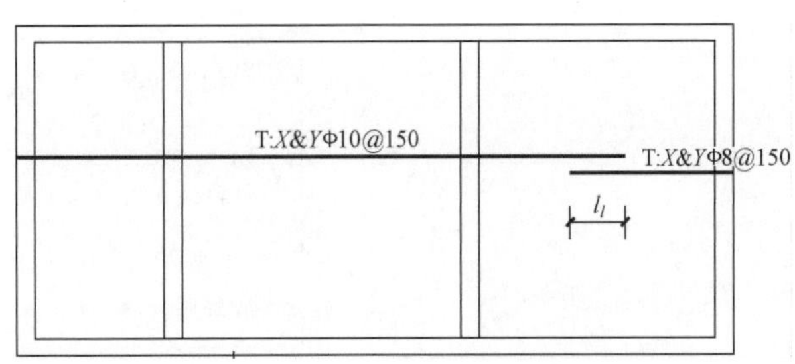

图 3-3-7　LB9 计算结果分析

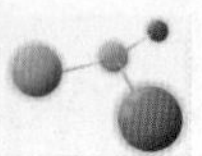

四、板洞口

（1）计算条件，见表 3-3-7。

表 3-3-7　　LB11 计算条件

混凝土强度	梁混凝土保护层	板混凝土保护层	抗震等级	定尺长度	连接方式	l_a/l_{al}
C30	20	15	一级抗震	9000	绑扎搭接	$30d/42d$

（2）平法施工图，见图 3-3-8。

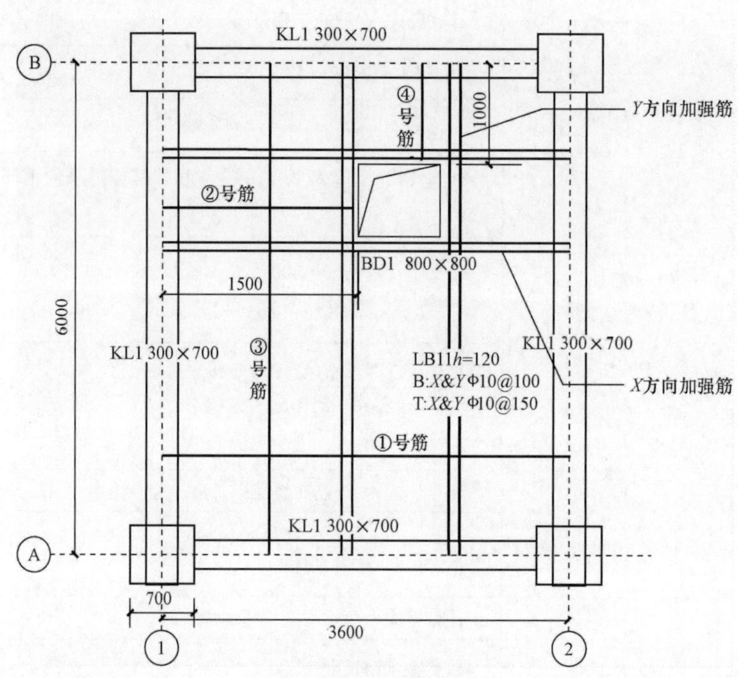

图 3-3-8　LB11

（3）计算过程（只计算板顶筋，板底筋略）。见表 3-3-8。

表 3-3-8　　LB11 计算过程

①号板顶筋	长度	计算公式＝净长＋端支座锚固
		（支座宽－c＝300－20）＜（l_a＝30×10） 故采用弯锚
		总长＝3600－300＋2×（300－20＋15×10） ＝4160
②号板顶筋（右端在洞边下弯）	长度	计算公式＝净长＋左端支座锚固＋右端下弯长度
		（支座宽－c＝300－20）＜（l_a＝30×10） 故采用弯锚
		右端下弯长度＝120－2×15＝90
		总长＝（1500－150－15）＋300－20＋15×10＋90＝1855

续表

③号板顶筋	长度	计算公式＝净长＋端支座锚固＋弯钩长度
		端支座弯锚长度＝300－20＋15×10＝430
		总长＝6000－300＋2×430＝6580
④号板顶筋(下端在洞边下弯)	长度	计算公式＝净长＋上端支座锚固＋下端下弯长度
		端支座弯锚长度＝300－20＋15×10＝430
		下端下弯长度＝120－2×15＝90
		总长＝(1000－150－20)＋430＋90＝1350
X 方向洞口加强筋	同①号筋	
Y 方向洞口加强筋	同③号筋	

(4) 计算结果分析。板底筋在洞口边下弯如图 3-3-9 所示。

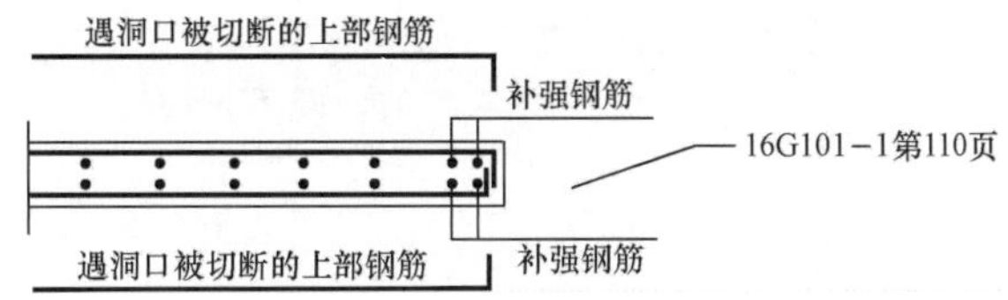

图 3-3-9 LB11 计算结果分析

五、悬挑板

(1) 计算条件，见表 3-3-9。

表 3-3-9　　XB2 计算条件

混凝土强度	梁混凝土保护层	板混凝土保护层	抗震等级	定尺长度	连接方式	l_{aE}/l_a
C30	20	15	一级抗震	9000	绑扎搭接	$35d/30d$

(2) 平法施工图，见图 3-3-10。

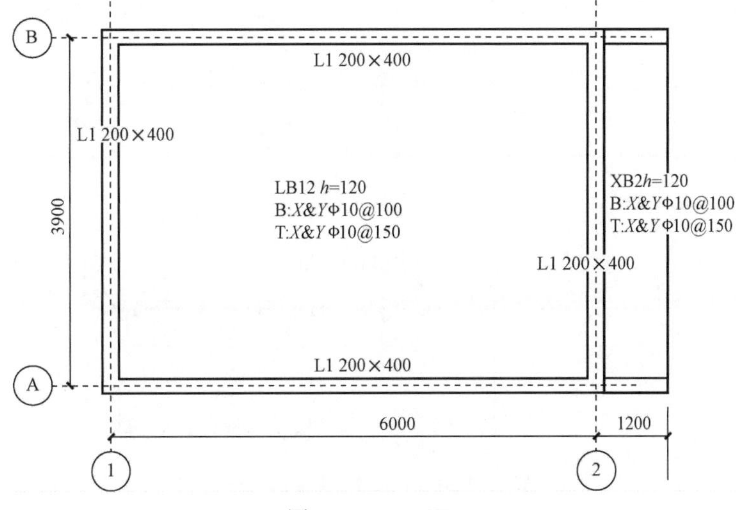

图 3-3-10 XB2

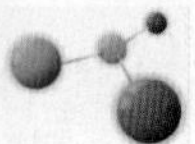

（3）计算过程，见表 3-3-10。

表 3-3-10　　LB12 及 XB2 计算过程（本例只计算板顶筋）

LB1－XB1 板顶筋	X Φ10@100	长度	计算公式＝净长＋左端支座锚固＋悬挑远端下弯
			（支座宽－c＝200－20）＜（l_a＝30×10） 故采用弯锚
			悬挑远端下弯＝120－2×15 ＝90
			总长＝（6000－100）＋200－20＋15×10＋（1200－20＋90） ＝7500
		根数	计算公式＝（钢筋布置范围长度－起步距离）/间距＋1
			（3900－200－150）/150＋1＝25
LB1 板顶筋	Y Φ10@150	长度	计算公式＝净长＋端支座锚固
			（支座宽－c＝200－20）＜（l_a＝30×10） 故采用弯锚
			总长＝3900－200＋2×（200－20＋15×10） ＝4360
		根数	计算公式＝（钢筋布置范围长度－起步距离）/间距＋1
			（6000－200－2×75）/150＋1 ＝39
XB1 板顶筋	Y Φ10@150	长度	计算公式＝净长＋端支座锚固
			（支座宽－c＝200－20）＜（l_a＝30×10） 故采用弯锚
			总长＝3900－200＋2×（200－20＋15×10）＝4360
		根数	计算公式＝（钢筋布置范围长度－起步距离）/间距＋1
			（1200－100－75－15）/150＋1＝8

（4）计算结果分析，见图 3-3-11（16G101-1 第 103 页）。

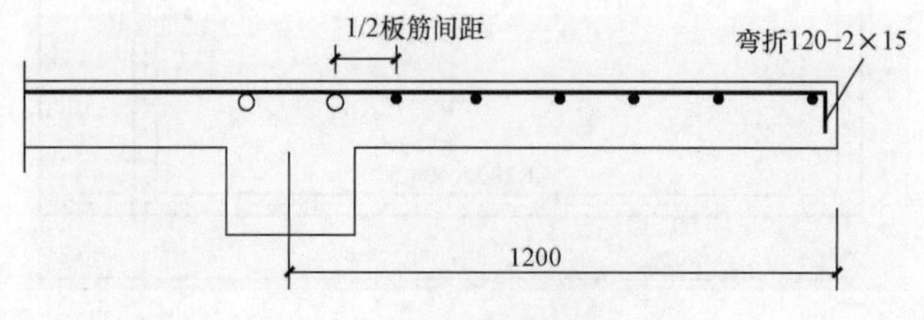

图 3-3-11　XB2 计算结果分析

六、支座负筋替代板顶筋分布筋

（1）计算条件，见表 3-3-11。

表 3-3-11 **LB13 计 算 条 件**

混凝土强度	梁混凝土保护层	板混凝土保护层	抗震等级	定尺长度	连接方式	l_{aE}/l_a
C30	20	15	一级抗震	9000	绑扎搭接	$35d/30d$

（2）平法施工图，见图 3-3-12。

（3）计算过程见表 3-3-12，钢筋效果图见图 3-3-13。

表 3-3-12 **LB13 计 算 过 程**

<table>
<tr><td rowspan="5">LB13</td><td rowspan="5">T：Y Φ10@120（板顶筋 X 方向的分布筋不计算）</td><td rowspan="3">长度</td><td>计算公式＝净长＋端支座锚固</td></tr>
<tr><td>端支座弯锚长度＝300－20＋15×10＝430</td></tr>
<tr><td>总长＝(3000－300)＋2×430＝3560</td></tr>
<tr><td rowspan="2">根数</td><td>计算公式＝(钢筋布置范围长度－起步距离)/间距＋1</td></tr>
<tr><td>(3000－300－120)/120＋1＝23</td></tr>
</table>

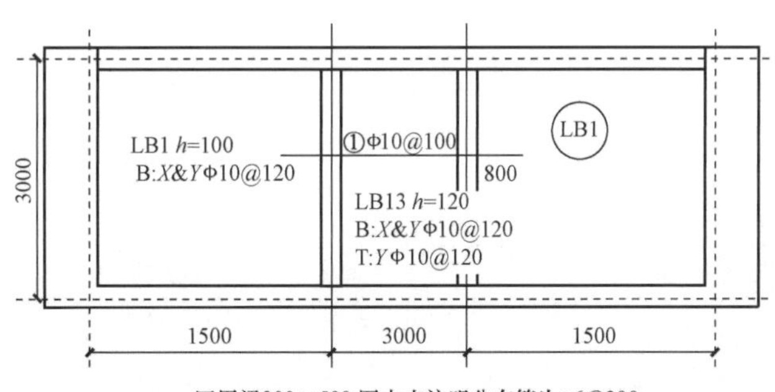

图 3-3-12 LB13

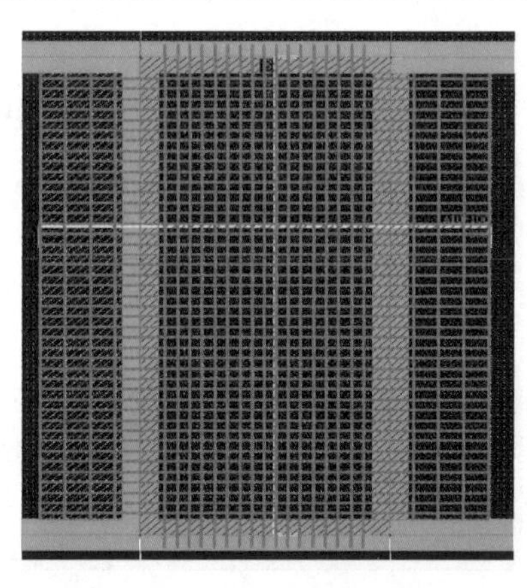

图 3-3-13 LB13 钢筋效果图

七、板顶筋计算总结

板顶筋计算总结，见表 3-3-13。

表 3-3-13 **板顶筋钢筋计算总结**

<table>
<tr><th colspan="4">板 顶 筋 计 算 总 结</th><th>出 处</th></tr>
<tr><td rowspan="6">长度</td><td rowspan="3">两端支座锚固</td><td>梁</td><td rowspan="3">直锚：支座宽－c
弯锚：支座宽－c＋$15d$</td><td rowspan="4">16G101－1 第 99 页</td></tr>
<tr><td>剪力墙</td></tr>
<tr><td>圈梁</td></tr>
<tr><td>连接</td><td colspan="2">跨中 $l_n/2$</td></tr>
<tr><td>两邻跨板顶筋配置不同</td><td colspan="2">配置较大的钢筋穿越其标注的起点或终点，伸至邻跨跨中连接</td><td>16G101－1 第 99 页</td></tr>
<tr><td>洞口边</td><td>伸到洞口边弯折</td><td>h－2×15(保护层)</td><td>16G101－1 第 110 页</td></tr>
</table>

续表

板顶筋计算总结			出处
长度	悬挑板	板顶筋伸至悬挑远端，下弯	16G101－1第103页
	支座负筋替代板顶筋分布筋	双层配筋的板上又配置支座负筋时，支座负筋可替代同行的板顶筋分布筋	
根数	起步距离	1/2板筋间距	16G101－1第99页

八、板底筋和板顶筋的区别

板底筋和板顶筋的区别，见表3－3－14。

表3－3－14　　板顶筋与板底筋的区别

	锚固长度	连接方式
板底筋	≥5d且到支座中心线	按板块分跨计算或贯通布置
板顶筋	弯锚/直锚	可贯通计算

第四节　支座负筋计算精讲

一、支座负筋分类

支座负筋分类，见表3－4－1、图3－4－1。

表3－4－1　　支座负筋分类

支座负筋分类	端支座负筋	如图3－4－1④号负筋
	中间支负筋	如图3－4－1③号负筋
	跨板支座负筋	如图3－4－1⑥号负筋

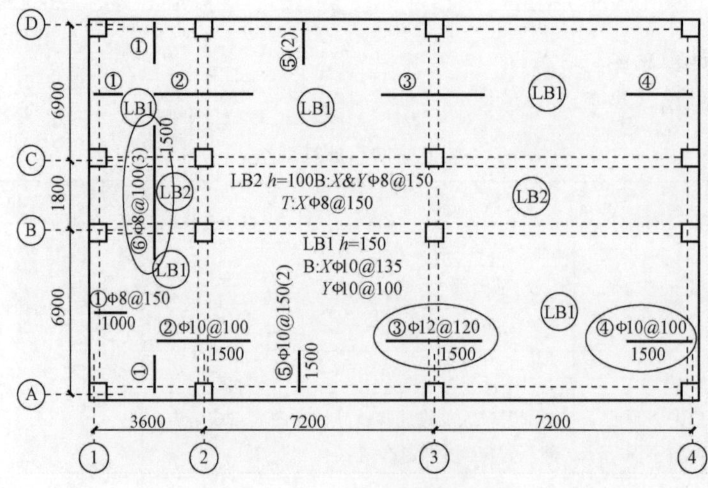

图3－4－1　支座负筋分类

二、中间支座负筋一

(1) 计算条件，见表 3-4-2。

表 3-4-2 支座负筋计算条件

混凝土强度	梁混凝土保护层	板混凝土保护层	抗震等级	定尺长度	连接方式	l_{aE}/l_a
C30	20	15	一级抗震	9000	绑扎搭接	$35d/30d$

(2) 平法施工图，见图 3-4-2。

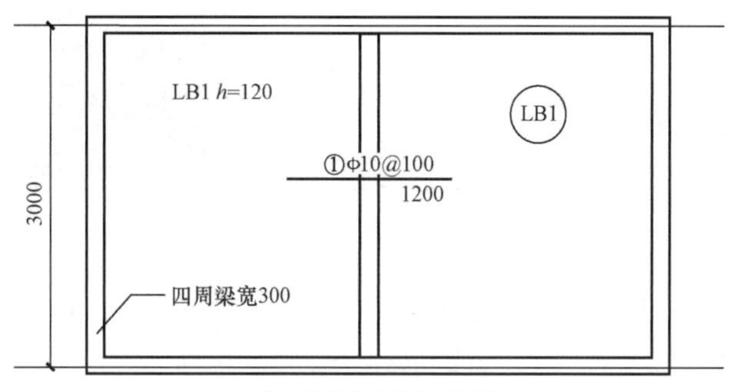

图 3-4-2 中间支座负筋

(3) 计算过程，见表 3-4-3。

表 3-4-3 中间支座负筋计算过程

①号支座负筋	长度	计算公式＝平直段长度＋两端弯折
		弯折长度＝h－15×2 ＝120－15×2 ＝90
		总长度＝2×1200＋2×90 ＝2580
	根数	计算公式＝(布置范围净长－两端起步距离)/间距＋1
		起步距离＝1/2 钢筋间距
		根数＝(3000－300－2×50)/100＋1 ＝27
①号支座负筋的分布筋	长度	负筋布置范围长
		3000－300 ＝2700
	根数	单侧根数＝(1200－150)/200＋1 ＝6 根
		两侧共 12 根

(4) 计算结果分析。见图 3-4-3、图 3-4-4（16G101-1 第 99 页）。

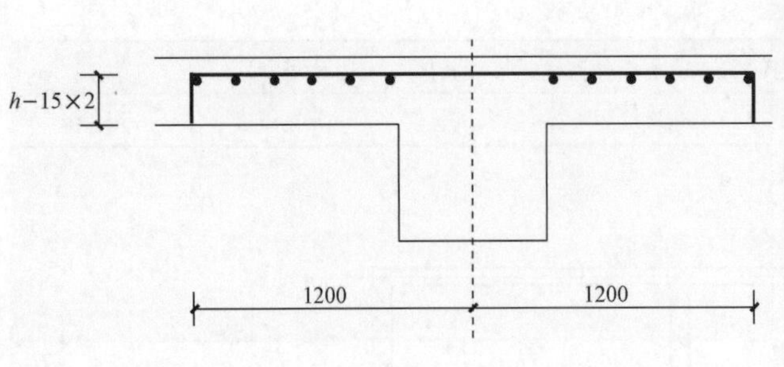

图 3-4-3　中间支座负筋计算结果分析

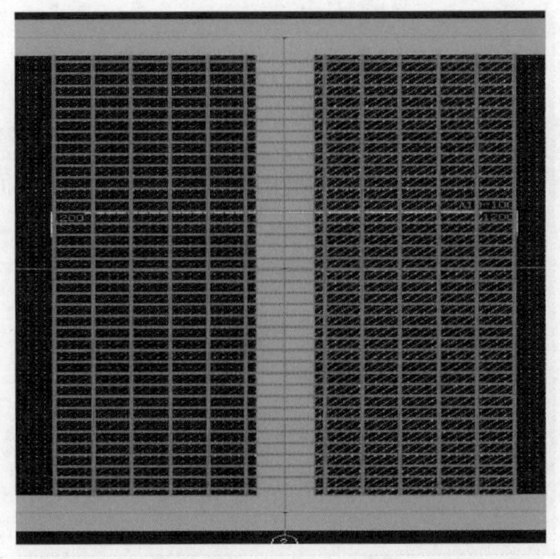

图 3-4-4　中间支座负筋计算结果分析

中间支座负筋的计算注意以下两个方面，见表 3-4-4。

表 3-4-4　　中间支座负筋计算注意点

计算中间支座负筋的注意点		出　处
延伸长度	标准平法设计，中间支座负筋的延伸长度是指自支座中心线向跨内的长度	16G101-1 第 41 页
弯折长度	$h-15\times2$	16G101-1 第 99 页

三、中间支座负筋二

转角处分布筋扣减。

（1）计算条件，见表 3-4-5。

表 3-4-5　　中间支座负筋计算条件

混凝土强度	梁混凝土保护层	板混凝土保护层	抗震等级	定尺长度	连接方式	l_{aE}/l_a
C30	20	15	一级抗震	9000	绑扎搭接	$35d/30d$

（2）平法施工图，见图 3-4-5。

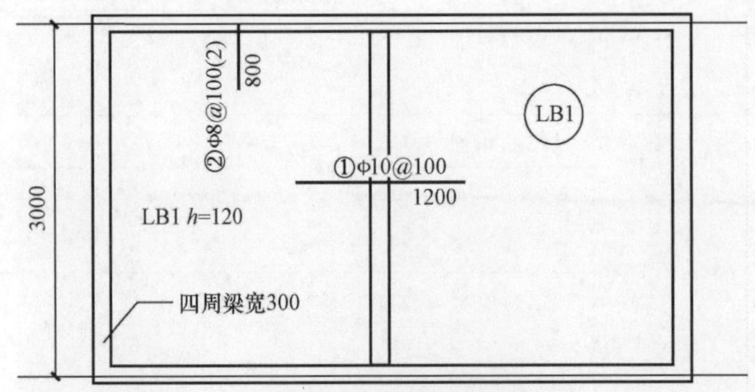

图 3-4-5　中间支座负筋

（3）计算过程，见表 3-4-6。

表 3-4-6　　中间支座负筋计算过程

①号支座负筋	长度	计算公式＝平直段长度＋两端弯折
		弯折长度＝h－15×2 ＝120－15×2 ＝90
		总长度＝2×1200＋2×90 ＝2580
①号支座负筋	根数	计算公式＝(布置范围净长－两端起步距离)/间距＋1
		起步距离＝1/2 钢筋间距
		根数＝(3000－300－2×50)/100＋1 ＝27
①号支座负筋的左侧分布筋	长度	负筋布置范围长－与其相交的另向支座负筋长＋150 搭接
		3000－150－800＋150＝2200 (注:"800"是指②号筋自支座中心线向跨内的延伸长度)
	根数	单侧根数＝(1200－150)/200＋1 ＝6 根
①号支座负筋的右侧分布筋	长度	负筋布置范围长
		3000－300＝2700
	根数	单侧根数＝(1200－150)/200＋1 ＝6 根

（4）施工效果图及计算分析，见图 3-4-6（16G101-1 第 102 页）。

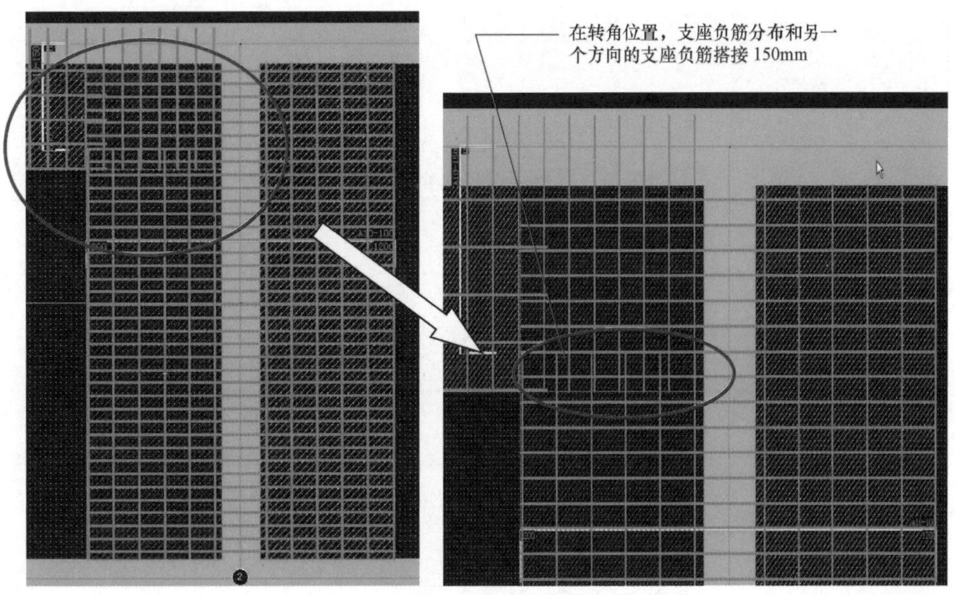

图 3-4-6　中间及座负筋计算结果分析

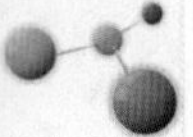

四、中间支座负筋三

与不同长度支座负筋相交，转角处分布筋扣减。

（1）计算条件，见表 3-4-7。

表 3-4-7　　中间支座负筋计算条件

混凝土强度	梁混凝土保护层	板混凝土保护层	抗震等级	定尺长度	连接方式	l_{aE}/l_a
C30	20	15	一级抗震	9000	绑扎搭接	$35d/30d$

（2）平法施工图，见图 3-4-7。

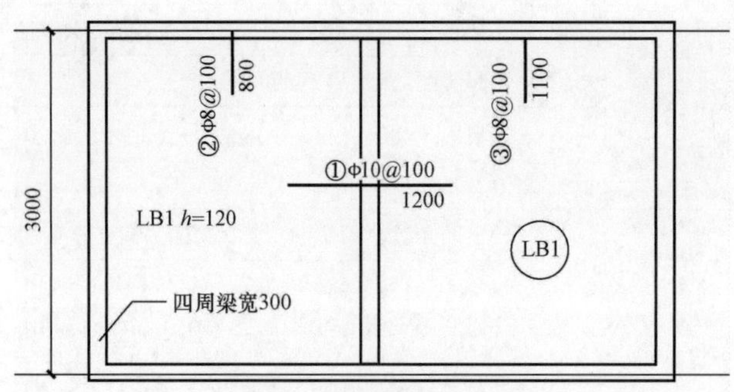

图 3-4-7　中间支座负筋

（3）计算过程，见表 3-4-8。

表 3-4-8　　中间支座负筋计算过程

①号支座负筋	长度	计算公式＝平直段长度＋两端弯折
		弯折长度＝h－15×2 ＝120－15×2 ＝90
		总长度＝2×1200＋2×90 ＝2580
	根数	计算公式＝(布置范围净长－两端起步距离)/间距＋1
		起步距离＝1/2 钢筋间距
		根数＝(3000－300－2×50)/100＋1 ＝27
①号支座负筋的左侧分布筋	长度	负筋布置范围长－与其相交的另向支座负筋长＋150 搭接
		3000－150－800＋150＝2200 （注："800"是指②号筋自支座中心线向跨内的延伸长度）
	根数	单侧根数＝(1200－150)/200＋1 ＝6 根
①号支座负筋的右侧分布筋	长度	负筋布置范围长－与其相交的另向支座负筋长＋150 搭接
		3000－150－1100＋150＝1900
	根数	单侧根数＝(1200－150)/200＋1 ＝6 根

(4) 施工效果图及计算分析，见图 3-4-8（16G101-1 第 102 页）。

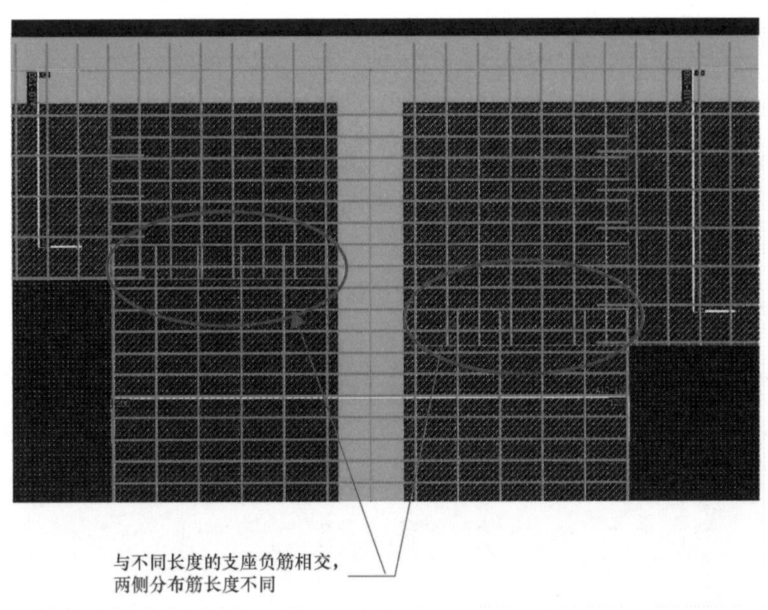

图 3-4-8　计算结果分析

五、中间支座负筋四

丁字相交处的支座负筋计算。

(1) 计算条件，见表 3-4-9。

表 3-4-9　　**计　算　条　件**

混凝土强度	梁混凝土保护层	板混凝土保护层	抗震等级	定尺长度	连接方式	l_{aE}/l_a
C30	20	15	一级抗震	9000	绑扎搭接	$35d/30d$

(2) 平法施工图，见图 3-4-9。

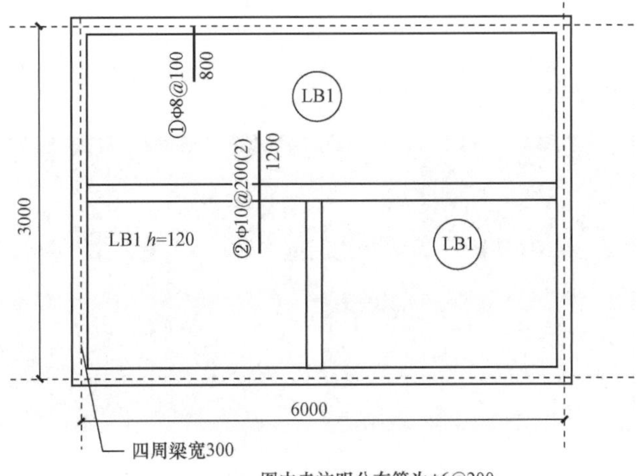

图 3-4-9　中间支座负筋图

（3）计算过程，见表 3-4-10。

表 3-4-10　计算过程

②号支座负筋(长)	长度	计算公式＝平直段长度＋两端弯折
		弯折长度＝h－15×2 ＝120－15×2 ＝90
		总长度＝2×1200＋2×90 ＝2580
	根数	计算公式＝(布置范围净长－两端起步距离)/间距＋1
		起步距离＝1/2 钢筋间距
		根数＝(6000－300－2×100－300)/200＋1 ＝27(后面那个 300 是丁字相交处的梁宽)
②号支座负筋（丁字相交处的短负筋）	长度	计算公式＝平直段长度＋两端弯折
		弯折长度＝h－15×2 ＝120－15×2 ＝90
		总长度＝1200＋2×90 ＝1380
	根数	300/100＋1＝3(在丁字相交处梁宽范围内布置 2 根短负筋)
②号支座负筋的分布筋	长度	负筋布置范围长
		6000－300 ＝5700
	根数	单侧根数＝(1200－150)/200＋1 ＝6 根
		两侧总根数＝12 根

（4）施工效果图及计算分析，见图 3-4-10。

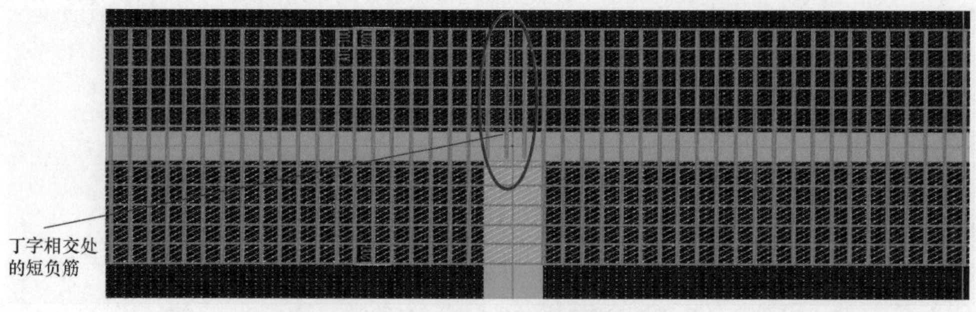

图 3-4-10　计算结果分析

在实际工程中，这种丁字相交的情况特别多，如图 3-4-11 所示。

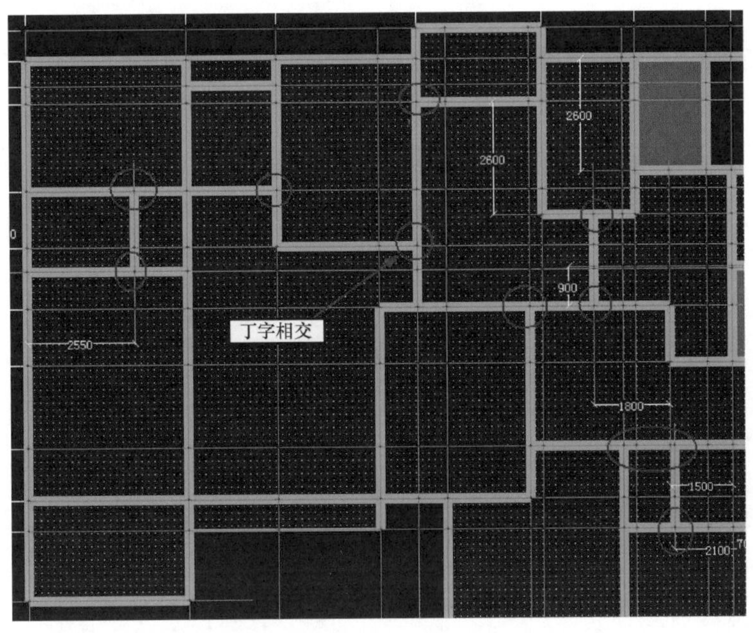

图 3-4-11　丁字相交示意图

六、中间支座负筋五

板顶筋替代负筋分布筋。

(1) 计算条件，见表 3-4-11。

表 3-4-11　　　　计　算　条　件

混凝土强度	梁混凝土保护层	板混凝土保护层	抗震等级	定尺长度	连接方式	l_{aE}/l_a
C30	20	15	一级抗震	9000	绑扎搭接	$35d/30d$

(2) 平法施工图，见图 3-4-12。

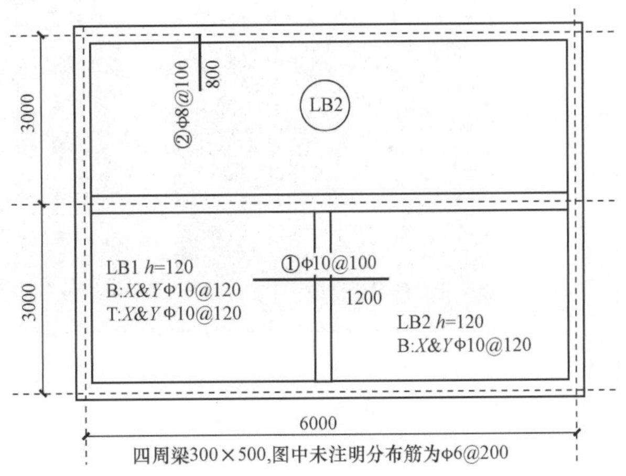

图 3-4-12　平法施工图

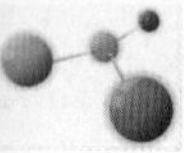

（3）计算过程，见表 3-4-12。

表 3-4-12　　计 算 过 程

<table>
<tr><td rowspan="7">①号支座负筋</td><td rowspan="3">长度</td><td>计算公式＝平直段长度＋两端弯折</td></tr>
<tr><td>弯折长度＝h－15×2
＝120－15×2
＝90</td></tr>
<tr><td>总长度＝2×1200＋2×90
＝2580</td></tr>
<tr><td rowspan="3">根数</td><td>计算公式＝(布置范围净长－两端起步距离)/间距＋1</td></tr>
<tr><td>起步距离＝1/2 钢筋间距</td></tr>
<tr><td>根数＝(3000－300－2×50)/100＋1
＝27</td></tr>
<tr><td colspan="2" style="display:none"></td></tr>
<tr><td>①号支座负筋的左侧分布筋</td><td colspan="2">左侧不需要分布筋，由 LB1 板顶 Y 方向替代负筋分布筋</td></tr>
<tr><td rowspan="3">①号支座负筋的右侧分布筋</td><td rowspan="2">长度</td><td>负筋布置范围长</td></tr>
<tr><td>3000－300
＝2700</td></tr>
<tr><td>根数</td><td>单侧根数＝(1200－150)/200＋1
＝6 根</td></tr>
</table>

（4）施工效果图及计算分析。支座负筋的分布筋不受力，其作用是将支座负连接起来。如果板上配置了板顶钢筋，则板顶钢筋可以替代同向的负筋分布筋，如图 3-4-13 所示。

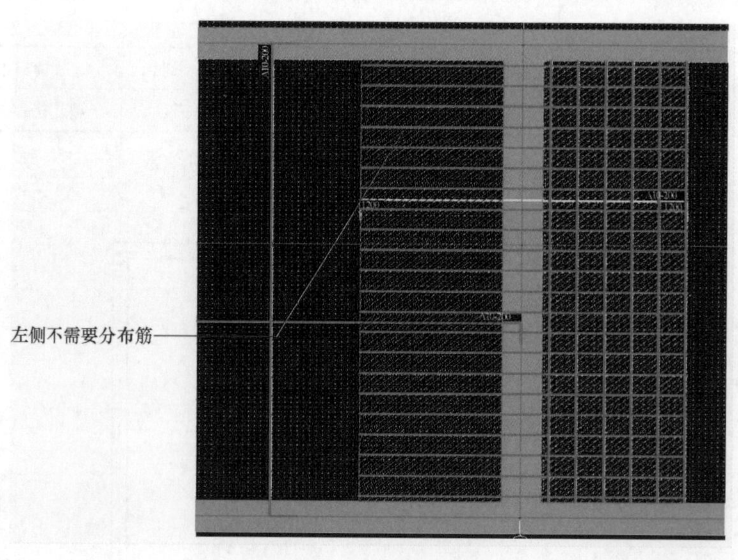

图 3-4-13　钢筋效果图

七、端支座负筋

（1）计算条件，见表 3-4-13。

表 3-4-13 计 算 条 件

混凝土强度	梁混凝土保护层	板混凝土保护层	抗震等级	定尺长度	连接方式	l_{aE}/l_a
C30	20	15	一级抗震	9000	绑扎搭接	35d/30d

(2) 平法施工图，见图 3-4-14。

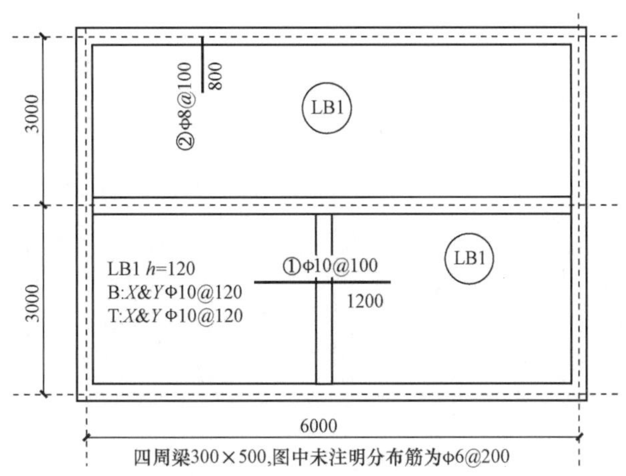

图 3-4-14 平法施工图

(3) 计算过程，见表 3-4-14。

表 3-4-14 计 算 过 程

②号支座负筋	长度	计算公式=平直段长度+两端弯折
		弯折长度=h−15×2=120−15×2=90
		总长度=800+150−20+15×8+90=1140
	根数	计算公式=(布置范围净长−两端起步距离)/间距+1
		起步距离=1/2 钢筋间距
		根数=(6000−300−2×50)/100+1=57
②号支座负筋的分布筋	长度	负筋布置范围长
		6000−300=5700
	根数	单侧根数=(800−150)/200+1=4 根

(4) 计算结果分析。根据 16G101-1 第 41、99 页规定，支座负筋延伸长度是指自支座中心线向跨内的延伸长度，端支座伸至对边弯折 15d 见图 3-4-15。

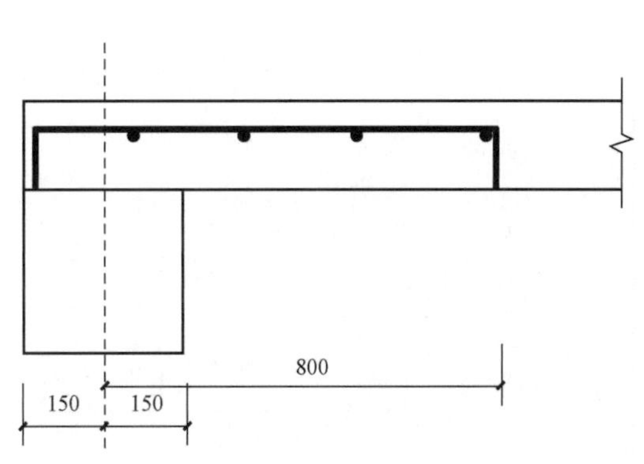

图 3-4-15 计算结果分析

八、跨板支座负筋

(1) 计算条件，见表 3-4-15。

(2) 平法施工图，见图 3-4-16。

(3) 计算过程，见表 3-4-16。

(4) 施工效果图，见图 3-4-17。

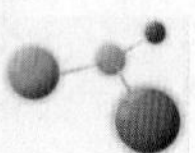

表 3-4-15　　　　计 算 条 件

混凝土强度	梁混凝土保护层	板混凝土保护层	抗震等级	定尺长度	连接方式	l_{aE}/l_a
C30	20	15	一级抗震	9000	绑扎搭接	$35d/30d$

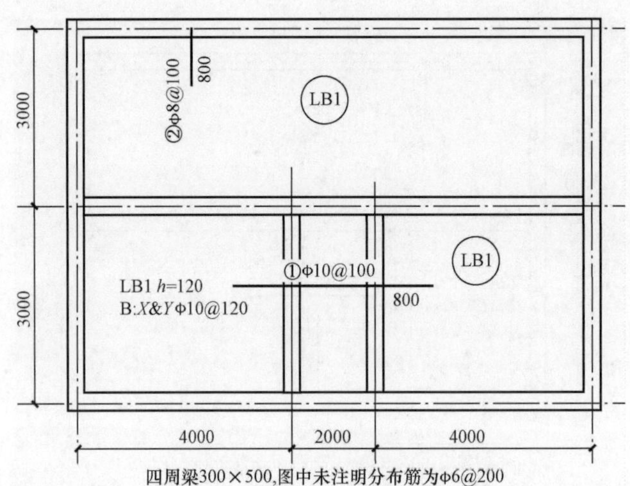

图 3-4-16　平法施工图

表 3-4-16　　　　计 算 过 程

①号支座负筋	长度	计算公式＝平直段长度＋两端弯折
		弯折长度＝h－15×2 ＝120－15×2 ＝90
		总长度＝2000＋2×800＋2×90 ＝3780
	根数	计算公式＝(布置范围净长－两端起步距离)/间距＋1 起步距离＝1/2 钢筋间距
		根数＝(3000－300－2×50)/100＋1 ＝27
①号支座负筋的分布筋	长度	负筋布置范围长
		3000－300＝2700
	根数	单侧根数＝(800－150)/200＋1 ＝4 根 中间根数＝(2000－300－100)/200＋1＝9
		总根数＝8＋9＝17 根

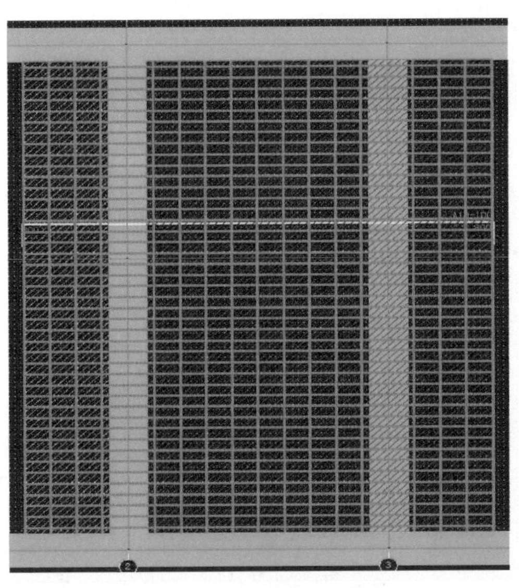

图 3-4-17　施工效果图

九、支座负筋总结

支座负筋总结，见表 3-4-17。

表 3-4-17　　**支座负筋计算总结**

支座负筋总结			
中间支座	基本公式＝延伸长度＋弯折	延伸长度	自支座中心线向跨内的延伸长度
		弯折长度	$h-15\times2$
	转角处分布筋扣减	分布筋和与之相交的支座负筋搭接 150mm	
	两侧与不同长度的支座负筋相交	其两侧分布筋分别按各自的相交情况计算	
	丁字相交	支座负筋遇丁字相交不空缺	
	板顶筋替代负筋分布筋	双层配筋，又配置支座负筋时，板顶可替代同向的负筋分布筋	
端支座负筋	基本公式＝延伸长度＋弯折	延伸长度	自支座中心线向跨内的延伸长度
		弯折长度	$h-15\times2$
跨板支座负筋	跨长＋延伸长度＋弯折		

第四章

剪力墙构件

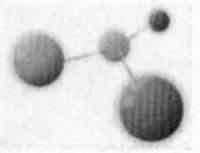

第一节　剪力墙构件钢筋计算概述

一、墙构件钢筋计算知识体系图

墙构件钢筋计算的知识体系可以这样来分析，首先，分析墙的构成体系；其次，分析墙构件当中都有哪些钢筋；还有，这些钢筋在实际工程中会遇到哪些情况，见图 4-1-1。

二、剪力墙构件组成

剪力墙构件组成见图 4-1-1～图 4-1-5。

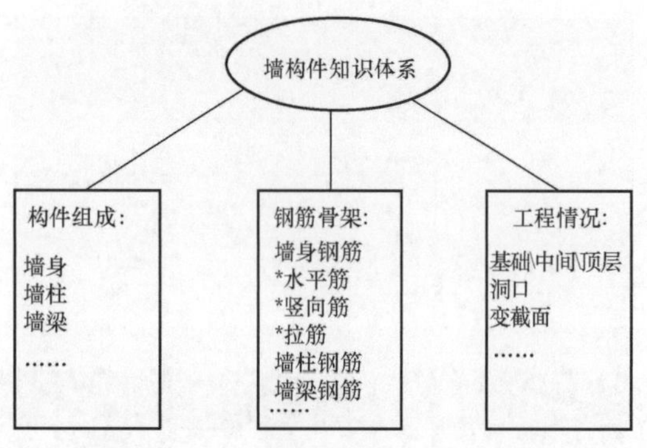

图 4-1-1　墙构件钢筋计算知识体系

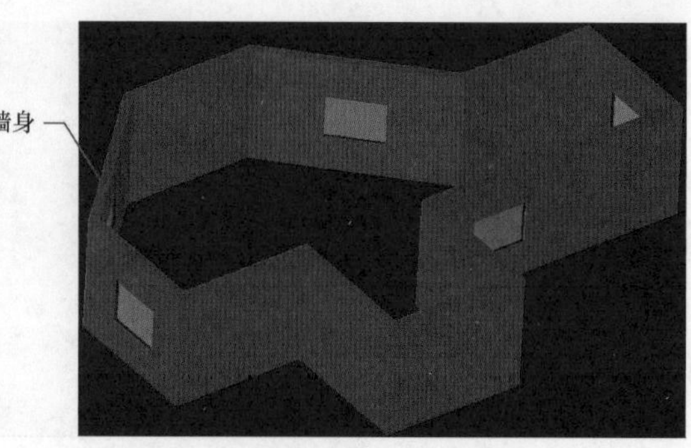

图 4-1-2　墙身

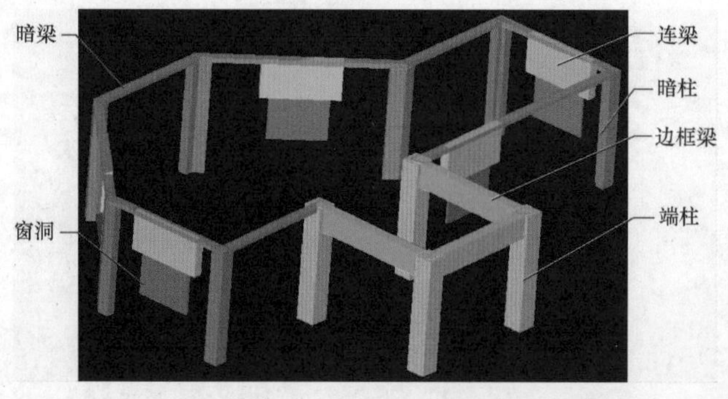

图 4-1-3　墙柱、墙梁、墙洞

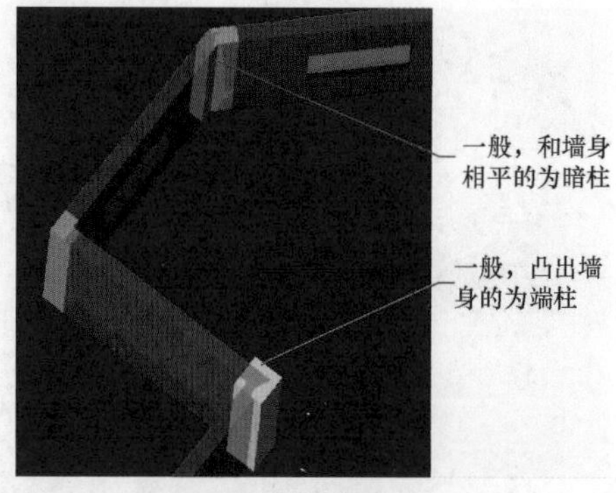

图 4-1-4　墙柱类型

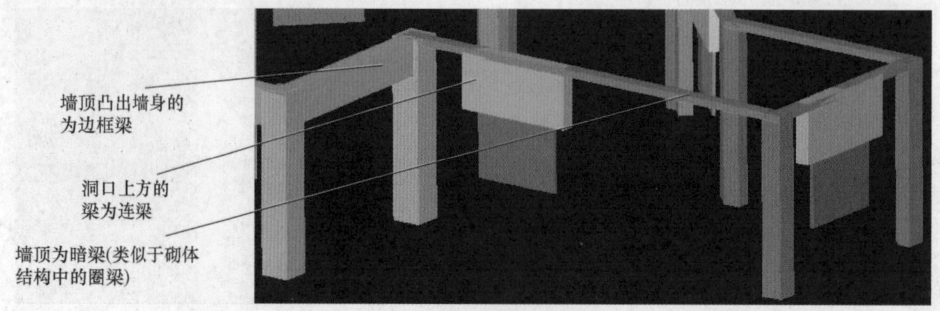

图 4-1-5　墙梁

剪力墙结构不是一个独立的构件，而是由墙身、墙柱、墙梁共同组成。见表 4-1-1。

表 4-1-1　　剪力墙结构

剪力墙结构	墙身		剪力墙结构	墙身	
	墙柱	暗柱		墙梁	连梁
		端柱			暗梁
					边框梁

三、剪力墙钢筋骨架

剪力墙构的钢筋骨架如图 4-1-6 所示，对于每一种构件，都应做到心中有这种构件的钢筋骨架体系的蓝图，并且通过系统梳理和前后对照，很容易理解和记忆这些东西。比如墙身外侧钢筋和内侧钢筋的对照，内侧钢筋遇到端柱和暗柱的对照，见图 4-1-6、图 4-1-7。

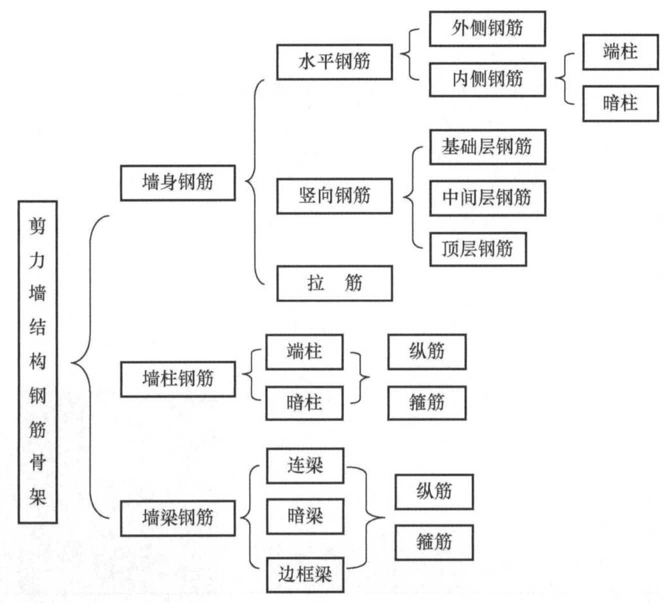

图 4-1-6　剪力墙钢筋构件

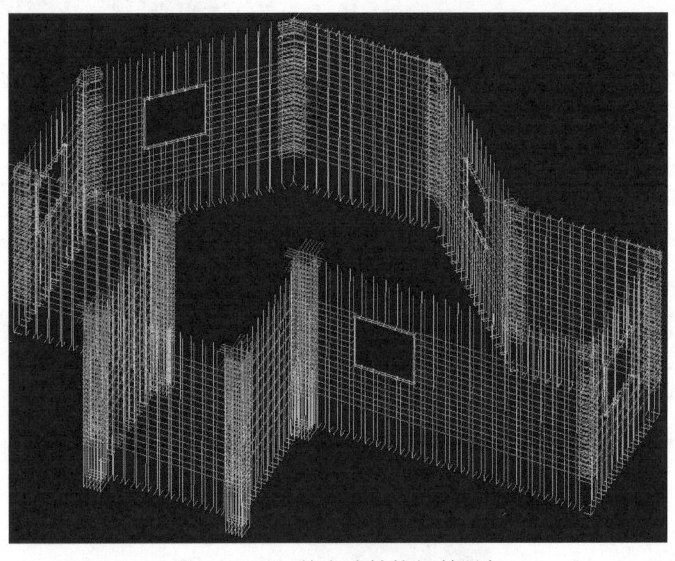

图 4-1-7　剪力墙结构钢筋骨架

四、剪力墙钢筋平法图集构成

见表 4-1-2。

表 4-1-2 剪力墙平法图集构成

16G101-1 制图规则	第 13～24 页		16G101-1 制图规则	第 13～24 页	
16G101-1 构造详图	墙身水平筋	第 71、72 页	16G101-1 构造详图	连梁、暗梁、边框梁	第 78、79 页
	墙身竖向筋	第 73、74 页		斜撑	第 81 页
	约束墙柱	第 75、76 页		洞口加强筋	第 83 页
	构造墙柱	第 77 页			

第二节 剪力墙墙身水平钢筋计算精讲

一、剪力墙墙身钢筋骨架

剪力墙墙身钢筋骨架，见图 4-2-1。

二、墙身水平钢筋

（一）理解内侧钢筋与外侧钢筋

见图 4-2-2、图 4-2-3。

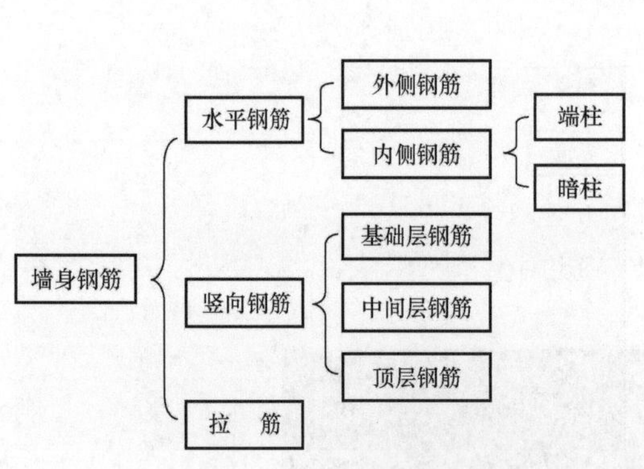

图 4-2-1 墙身钢筋骨架

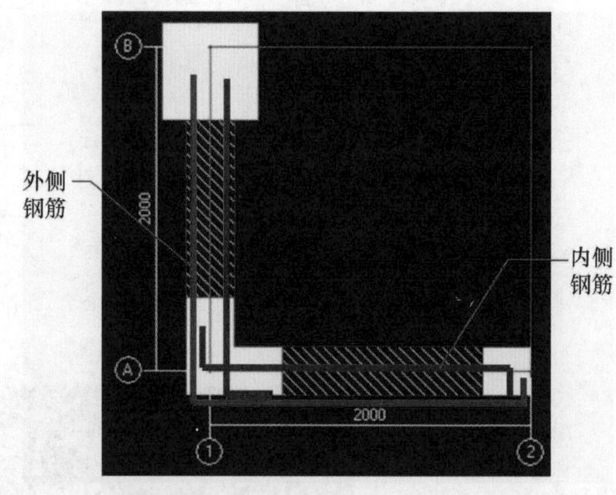

图 4-2-2 内侧钢筋与外侧钢筋

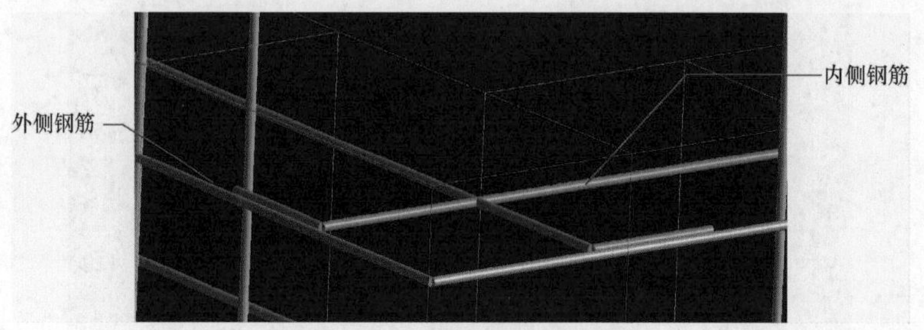

图 4-2-3 内侧钢筋与外侧钢筋

墙身水平筋计算项目，见表 4-2-1。

表 4-2-1 墙身水平筋计算项目

计算项目	长度
	根数

（二）墙身内侧钢筋长度

1. 锚入暗柱

（1）计算条件，见表 4-2-2。

表 4-2-2 Q1 计算条件

混凝土强度	墙混凝土保护层	抗震等级	定尺长度	连接方式	l_{aE}/l_{lE}
C30	15	一级抗震	9000	绑扎搭接	$33d/46d$

（2）墙身内侧钢筋图示，见图 4-2-4。

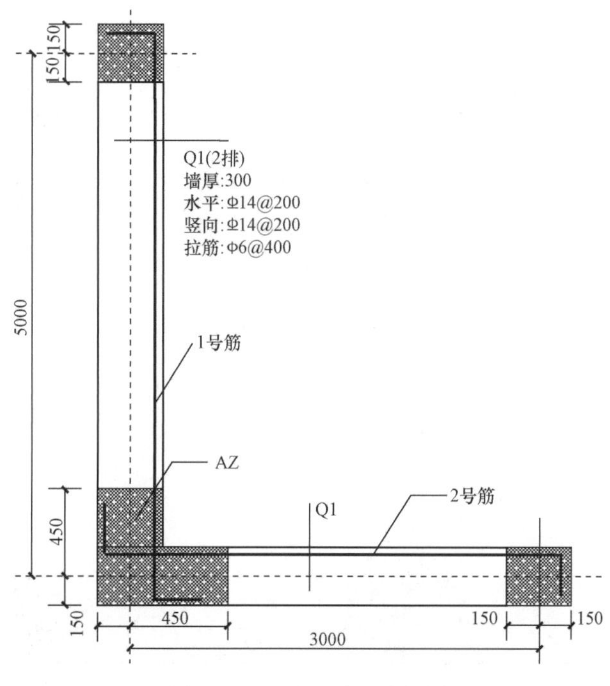

图 4-2-4 Q1 平法施工图

（3）计算过程见表 4-2-3 及施工效果图见图 4-2-5。

表 4-2-3 Q1 计算过程

1号筋	计算公式＝墙长－保护层＋弯折 10d	2号筋	计算公式＝墙长－保护层＋弯折 10d
	5000＋2×150－2×15＋2×10×14＝5550		3000＋2×150－2×15＋2×10×14＝3550

图 4-2-5 Q1 钢筋效果图

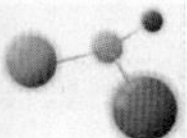

2. 锚入端柱（直锚）

（1）计算条件，见表 4-2-4。

表 4-2-4　　Q2 计算条件

混凝土强度	墙混凝土保护层	抗震等级	定尺长度	连接方式	l_{aE}/l_{lE}
C30	15	一级抗震	9000	绑扎搭接	$33d/46d$

（2）墙身内侧钢筋图示，见图 4-2-6。

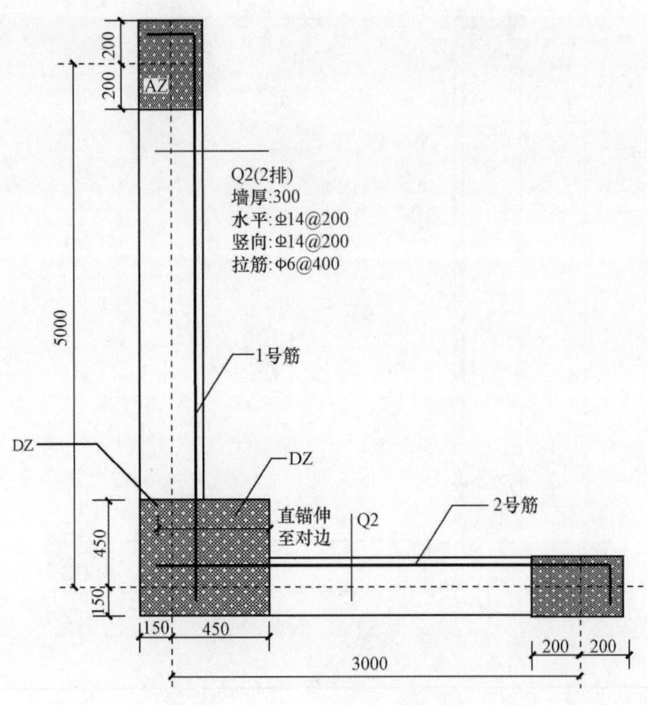

图 4-2-6　Q2 平法配筋图

（3）计算过程见表 4-2-5 及施工效果图见图 4-2-7。

表 4-2-5　　Q2 计算过程

判断内侧钢筋端柱锚固方式	$(h_c=600)>(l_{aE}=33d=462)$，故采用直锚	出　处
1 号筋	计算公式＝墙长－保护层＋暗柱端弯锚＋端柱直锚	16G101-1 第 72 页（端柱外侧保护层本例按 20 计算）
	5000－450＋200－15＋10×14＋(33×14)＝5337	
2 号筋	计算公式＝墙长－保护层＋暗柱端弯锚＋端柱直锚	
	3000－450＋200－15＋10×14＋(33×14)＝3337	

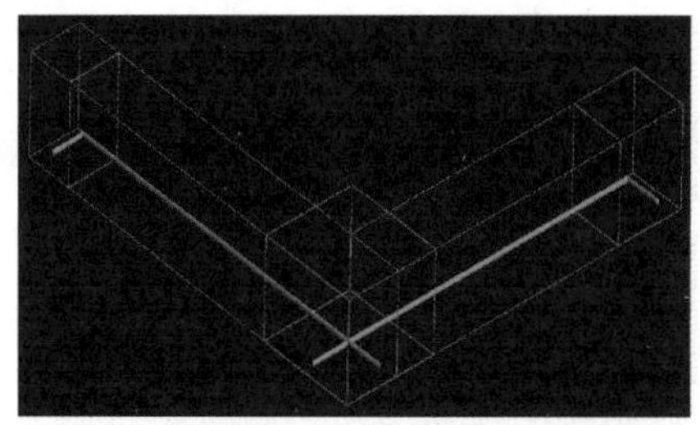

图 4-2-7　Q2 钢筋效果图

3. 锚入端柱（弯锚）

（1）计算条件，见表 4-2-6。

表 4-2-6　　Q3 计算条件

混凝土强度	墙混凝土保护层	抗震等级	定尺长度	连接方式	l_{aE}/l_{lE}
C30	15	一级抗震	9000	绑扎搭接	$33d/46d$

（2）墙身内侧钢筋图示，见图 4-2-8。

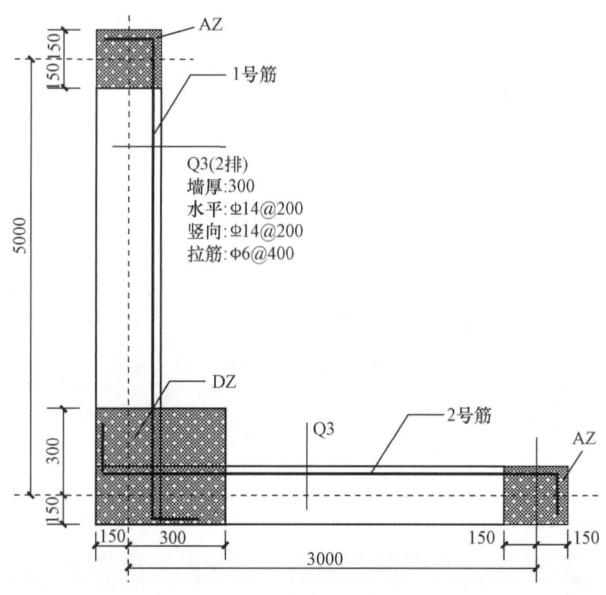

图 4-2-8　Q3 平法配筋图

（3）计算过程见表 4-2-7 及施工效果图见图 4-2-9。

表 4-2-7　　Q3 计算过程

判断内侧钢筋端柱锚固方式	$(h_c=450)<(l_{aE}=33d=462)$，故采用弯锚	判断内侧钢筋端柱锚固方式	$(h_c=450)<(l_{aE}=33d=462)$，故采用弯锚
1 号筋	计算公式＝墙长－保护层＋15d＋10d	2 号筋	计算公式＝墙长－保护层＋15d＋10d
	5000＋2×150－15－20＋10×14＋15×14＝5615（端柱外侧混凝土保护层 20mm）		3000＋2×150－15－20＋10×14＋15×14＝3615

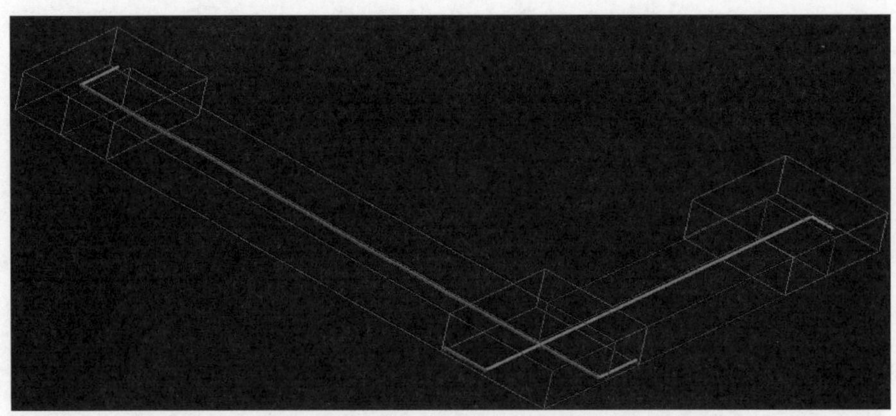

图 4-2-9　Q3 钢筋效果图

4. 斜交墙

（1）计算条件，见表 4-2-8。

表 4-2-8　　Q4 计算条件

混凝土强度	墙保护层	抗震等级	定尺长度	连接方式	l_{aE}/l_{lE}
C30	15	一级抗震	9000	绑扎搭接	33d/46d

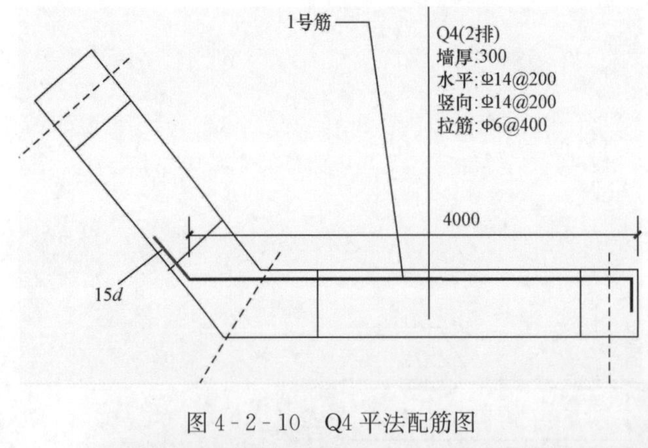

图 4-2-10　Q4 平法配筋图

（2）墙身内侧钢筋图示，见图4-2-10。

（3）计算过程见表 4-2-9 及施工效果图见图 4-2-11。

表 4-2-9　　Q4 计算过程

1 号筋	计算公式＝墙长－保护层＋端部弯折 10d＋斜交处弯折 15d
	4000－15×2＋15×14＋10×14 ＝4000－15×2＋15×14＋10×14 ＝4320

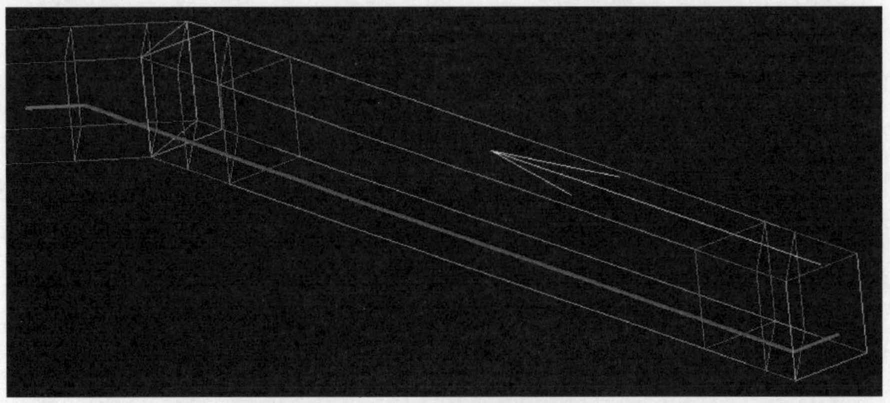

图 4-2-11　Q4 钢筋效果

5. 端部无暗柱

（1）计算条件，见表 4-2-10。

表 4-2-10　　Q5 计算条件

混凝土强度	墙混凝土保护层	抗震等级	定尺长度	连接方式	l_{aE}/l_{lE}
C30	15	一级抗震	9000	绑扎搭接	$33d/46d$

（2）墙身内侧钢筋图示，见图 4-2-12。

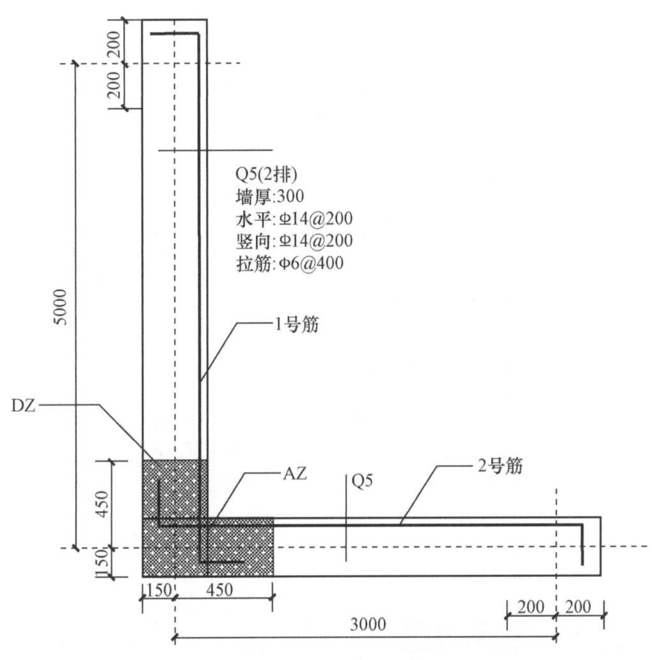

图 4-2-12　Q5 平法配筋图

（3）计算过程见表 4-2-11 及施工效果图见图 4-2-13。

表 4-2-11　　Q5 计算过程

1号筋	计算公式＝墙长－保护层＋弯折 $10d$ 5000＋150＋200－2×15＋15×14＋10×14＝5670	2号筋	计算公式＝墙长－保护层＋弯折 $10d$ 3000＋150＋200－2×15＋15×14＋10×14＝3670

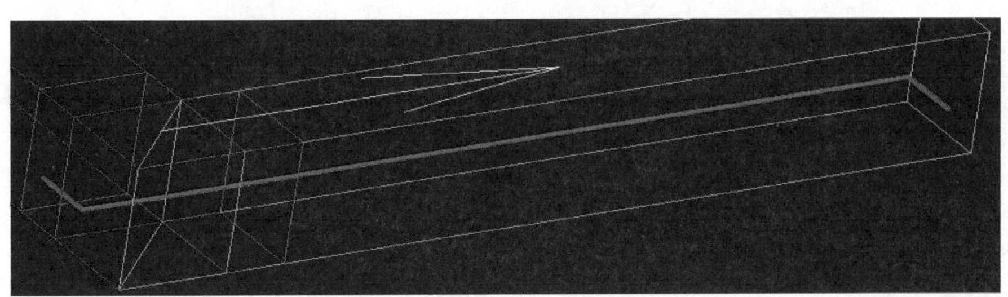

图 4-2-13　Q5 钢筋效果

图 4-2-14　Q5 计算结果分析

（4）计算结果分析，见图 4-2-14。

6. 遇洞口切断

（1）计算条件，见表 4-2-12。

表 4-2-12　　Q6 计算条件

混凝土强度	墙混凝土保护层	抗震等级	定尺长度	连接方式	l_{aE}/l_{lE}
C30	15	一级抗震	9000	绑扎搭接	$33d/46d$

（2）墙身内侧钢筋图示，见图 4-2-15。

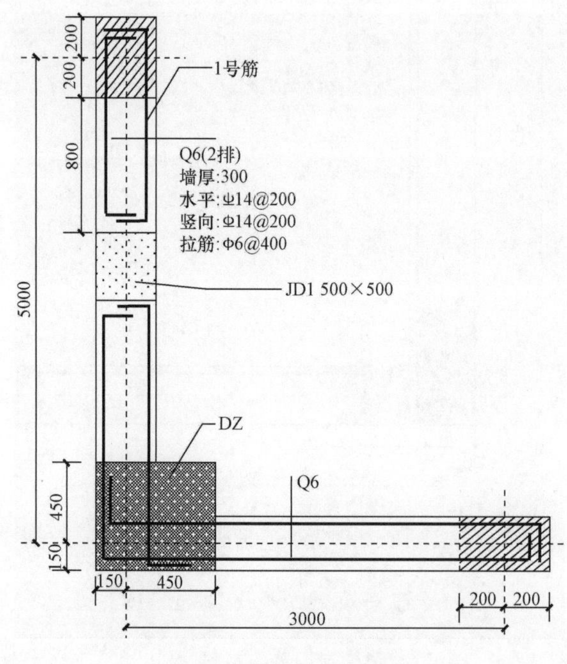

图 4-2-15　Q6 配筋图

（3）计算过程，见表 4-2-13。

表 4-2-13　　计 算 过 程

1号筋	计算公式＝墙长－保护层＋一端弯的 10d＋另一端在洞口处弯折至墙对边
	800＋200＋200－2×15＋10×14＋(300－2×15) ＝1580

（4）计算结果分析。剪力墙水平筋和竖向筋在洞口边的构造：在洞口处弯折至墙对边，见图 4-2-16，参见 16G101-1 第 83 页。

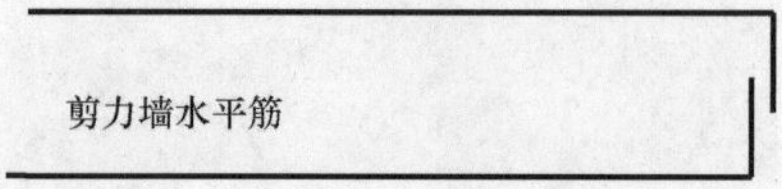

剪力墙水平筋

图 4-2-16　计算结果分析

（三）墙身外侧钢筋长度

1. 转角连续通过

（1）计算条件，见表 4-2-14。

表 4-2-14　　Q7 计算条件

混凝土强度	墙混凝土保护层	抗震等级	定尺长度	连接方式	l_{aE}/l_{lE}
C30	15	一级抗震	9000	绑扎搭接	$33d/46d$

（2）墙身外侧钢筋图示，见图 4-2-17。

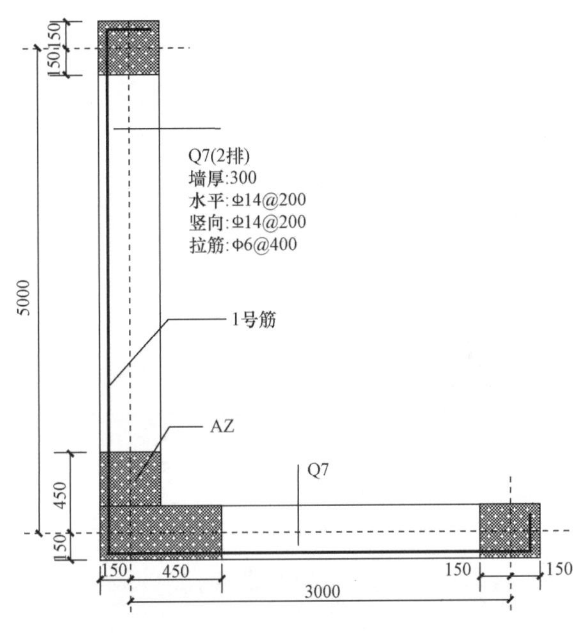

图 4-2-17　Q7 配筋图

（3）计算过程见表 4-2-15 及施工效果图见图 4-2-18。

表 4-2-15　　计算过程

1号筋	计算公式＝墙长－保护层＋弯折 $10d$
	(5000＋2×150－2×15)＋(3000＋2×150－2×15)＋(2×10×14)＝8820

图 4-2-18　钢筋效果图

2. 转角断开

（1）计算条件，见表 4-2-16。

表 4-2-16　　计 算 条 件

混凝土强度	墙混凝土保护层	抗震等级	定尺长度	连接方式	l_{aE}/l_{lE}
C30	15	一级抗震	9000	绑扎搭接	$33d/46d$

（2）墙身外侧钢筋图示，见图 4-2-19。

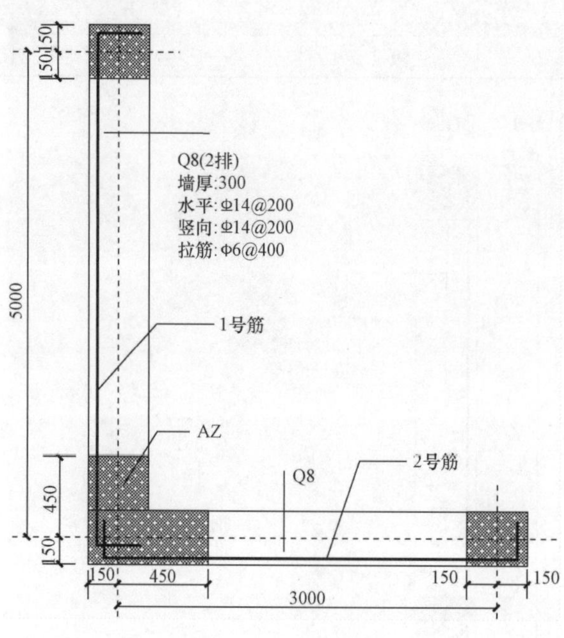

图 4-2-19　配筋图

（3）计算过程见表 4-2-17 及施工效果图见图 4-2-20。

表 4-2-17　　计 算 过 程

1号筋	计算公式＝墙长－保护层＋弯折 $10d$	2号筋	计算公式＝墙长－保护层＋弯折 $10d$
	(5000＋2×150－2×15)＋10×14＋0.8×33×14＝5780		(3000＋2×150－2×15)＋10×14＋0.8×33×14＝3780

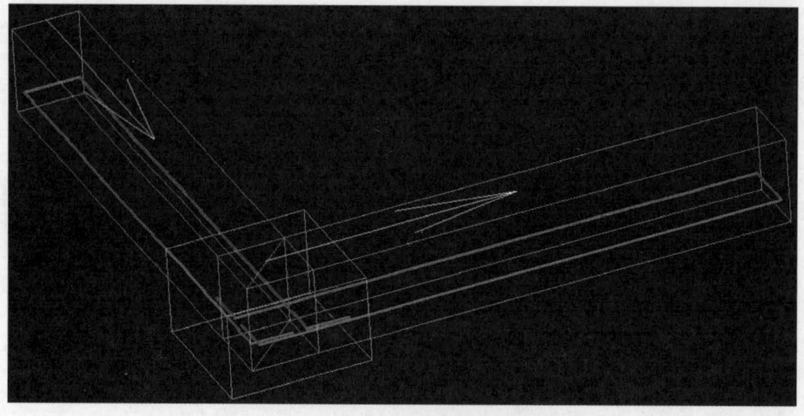

图 4-2-20　钢筋效果图

（4）计算结果分析。16G101－1 第 71 页外侧钢筋转角处断开，弯折 $0.8l_{aE}$，见图 4－2－21。

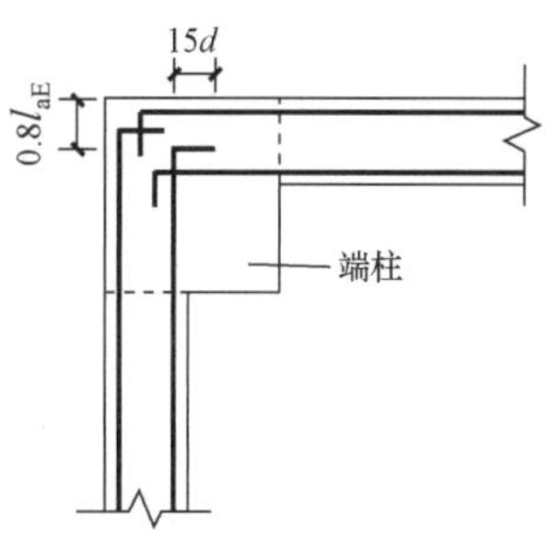

图 4－2－21　计算结果分析

（四）墙身水平钢筋根数

计算剪力墙墙身水平筋的根数，重点在于理解水平筋从基础到屋面的布置情况，剪力墙水平筋就像框架柱的箍筋，是从基础一直到屋顶连续布置的，如表 4－2－18 所示。

表 4－2－18　　墙身水平筋根数

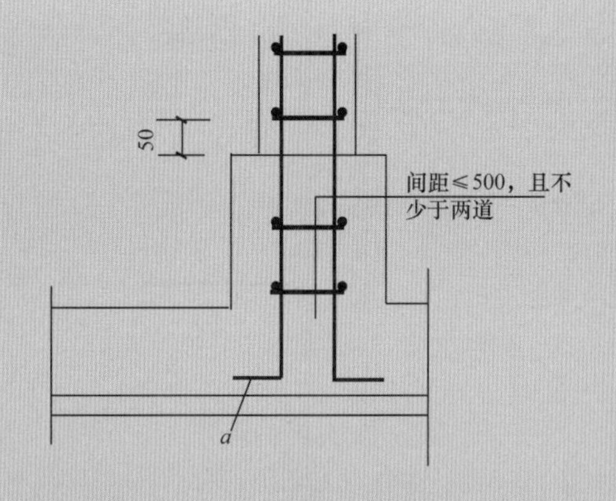	16G101－3 第 64 页，基础内的墙身水平筋
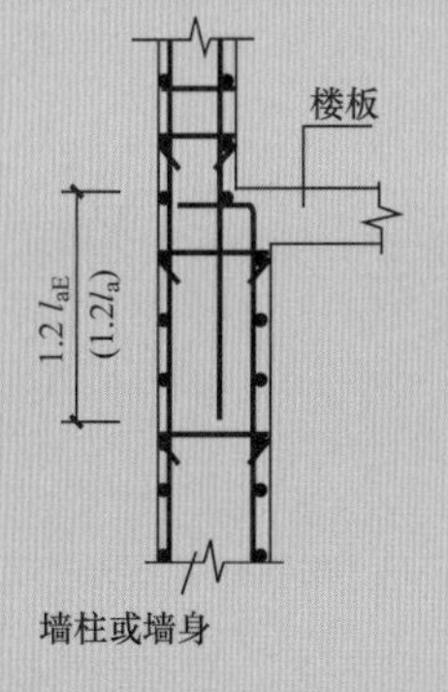 剪力墙变截面处竖向分布钢筋构造	16G101－1 第 74 页，墙身中间层的构造情况：可以看到水平筋是连续布置的 还可参照 12G901－1 第 3-16 页
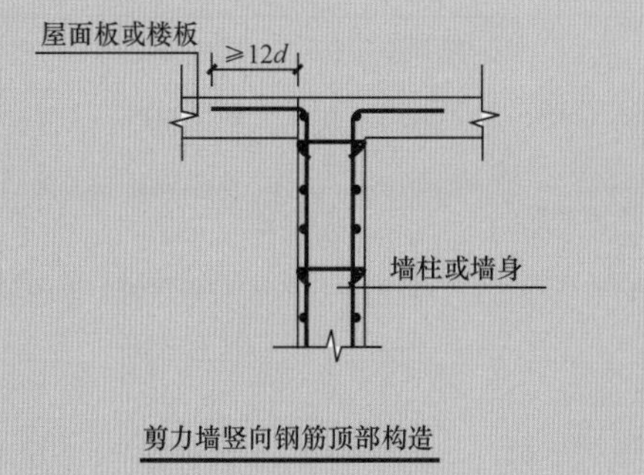 剪力墙竖向钢筋顶部构造	16G101－1 第 74 页，水平钢筋连续布置到板顶， 还可参照 12G901－1 第 3-9 页

例：见图 4-2-22、表 4-2-19。

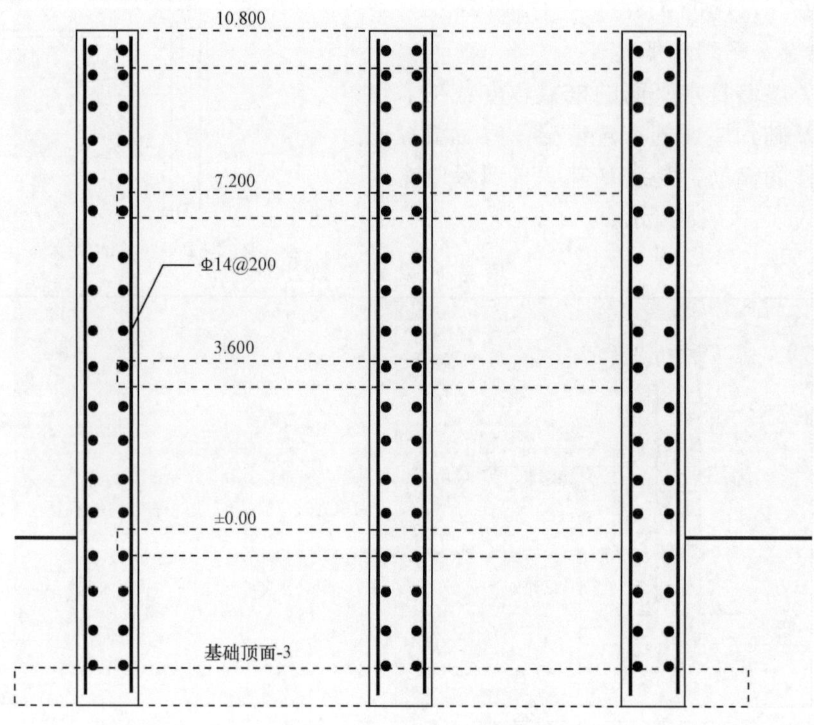

图 4-2-22　墙身水平筋根数

表 4-2-19　　墙身水平筋根数

墙身水平筋根数计算		墙身水平筋根数计算	
基础内水平筋根数	2	-1・3 层水平筋根数	13 800/200+1 =70 根（分层计算时，每层上下起步距离 50mm）

（五）墙身水平钢筋总结

墙身水平钢筋总结见表 4-2-20。

表 4-2-20　　墙身水平筋总结

<table>
<tr><td rowspan="6">内侧钢筋</td><td>锚入端部暗柱</td><td>伸至暗柱对边弯折 10d</td><td rowspan="5">外侧钢筋</td><td>端部遇暗柱</td><td>同内侧钢筋遇暗柱</td></tr>
<tr><td rowspan="2">锚入端柱</td><td>直锚：l_{aE}</td><td>端部遇端柱</td><td>同内侧钢筋遇端柱</td></tr>
<tr><td>弯锚：伸至端柱对边弯折 15d</td><td rowspan="3">转角处</td><td>连续布置</td></tr>
<tr><td>斜交墙</td><td>伸至斜交墙对边弯折 15d</td><td rowspan="2">断开布置，断开后，分别弯折 0.8l_{aE}</td></tr>
<tr><td>端部无暗柱</td><td>伸至尽端弯折 10d</td></tr>
<tr><td>洞口处</td><td>在洞边切断，弯折至墙对边</td><td>水平筋根数</td><td colspan="2">从基础到屋顶连续布置，起步距离 50mm</td></tr>
</table>

第三节　剪力墙墙身竖向钢筋及拉筋计算精讲

一、剪力墙墙身钢筋骨架

剪力墙墙身钢筋骨架，见图 4-3-1。

二、墙身竖向钢筋

（一）墙伸入基础的插筋（16G101-3 第 64 页）

1. 基础高度>l_{aE}

（1）计算条件，见表 4-3-1。

表 4-3-1　　计　算　条　件

混凝土强度	基础底部保护层	抗震等级	定尺长度	连接方式	l_{aE}/l_{lE}
C30	40	一级抗震	9000	焊接	33*d*/46*d*

（2）墙插筋图，见图 4-3-2。

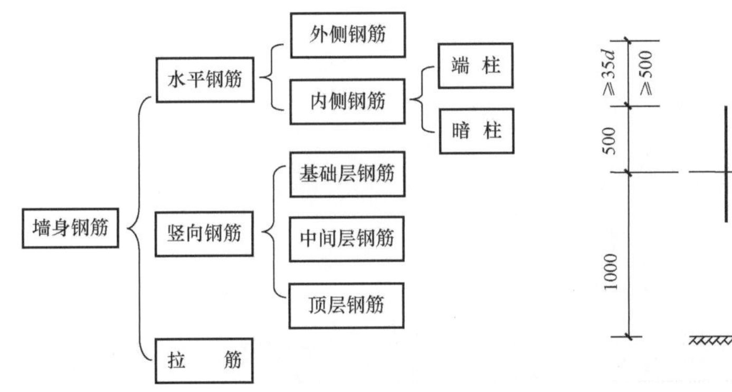

图 4-3-1　墙身钢筋骨架

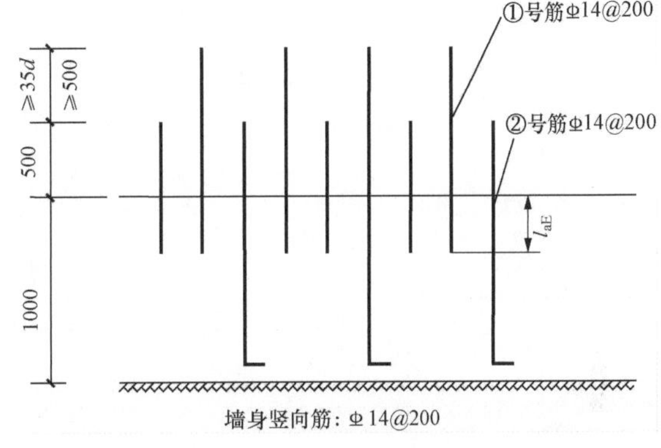

图 4-3-2　钢筋计算图

（3）计算过程，见表 4-3-2。

表 4-3-2　　计　算　过　程

基础内锚固方式判断	（容许竖向直锚深度=1000−40）>（l_{aE}=33×14=462），因此，伸至基础采用间隔直锚
①号筋	计算公式=基础内长度+伸出基础顶面非连接区高度
	基础内长度=33×14 =462
	伸出基础高度=500+max（35*d*，500） =500+max（35×14，500） =1000
	总长=462+1000=1462
②号筋	计算公式=基础内长度+伸出基础顶面非连接区高度
	基础内长度=1000−40+max（6×14，150） =1110
	伸出基础高度=500
	总长度=1110+500=1610

2. 基础高度≤l_{aE}

（1）计算条件，见表 4-3-3。

表 4-3-3　　计　算　条　件

混凝土强度	基础底部保护层	抗震等级	定尺长度	连接方式	l_{aE}/l_{lE}
C30	40	一级抗震	9000	焊接	$33d/46d$

（2）墙插筋图，见图 4-3-3。

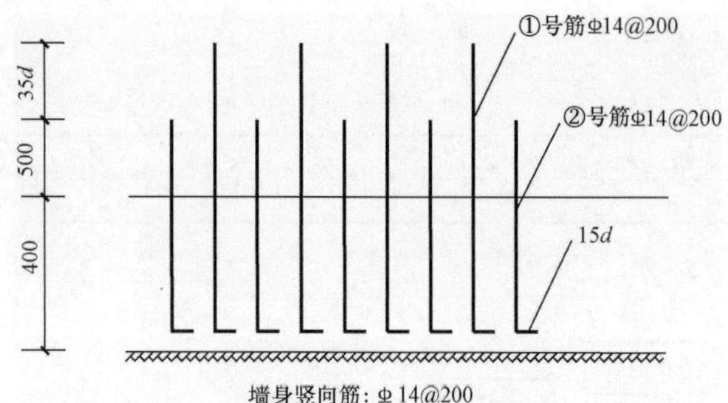

图 4-3-3　钢筋计算图

（3）计算过程，见表 4-3-4。

表 4-3-4　　计　算　过　程

基础内锚固方式判断	（容许竖向直锚深度＝400－40）＜（l_{aE}＝33×14＝462），因此，墙插筋伸至基础底部弯折 15d
D%9.①②号筋0，1]	计算公式＝基础内长度＋伸出基础顶面非连接区高度
	基础内长度＝（基础深度－保护层）＋底部弯折长度 ＝400－40＋15×14＝570
①号筋	伸出基础高度＝500＋max（35d，500） ＝500＋max（35×14，500） ＝1000
	总长＝570＋1000＝1570
②号筋	计算公式＝基础内长度＋伸出基础顶面非连接区高度
	基础内长度＝（基础深度－保护层）＋底部弯折长度 ＝400－40＋15×14＝570
	伸出基础高度＝500
	总长＝570＋500＝1070

（二）墙身中间层竖向钢筋

1. 无变截面

（1）计算条件，见表 4-3-5。

表 4-3-5　　　　　　　　　　**计　算　条　件**

混凝土强度	基础底部保护层	抗震等级	定尺长度	连接方式	l_{aE}/l_{lE}
C30	40	一级抗震	9000	焊接	$33d/46d$
竖向钢筋：Φ 16@200，墙厚 300					

（2）竖向钢筋图示，见图 4-3-4。

层号	顶标高	层高	顶梁高
4	15.87	3.6	700
3	12.27	3.6	700
2	8.67	4.2	700
1	4.47	4.5	700
基础	−1.03	基础厚 800	—

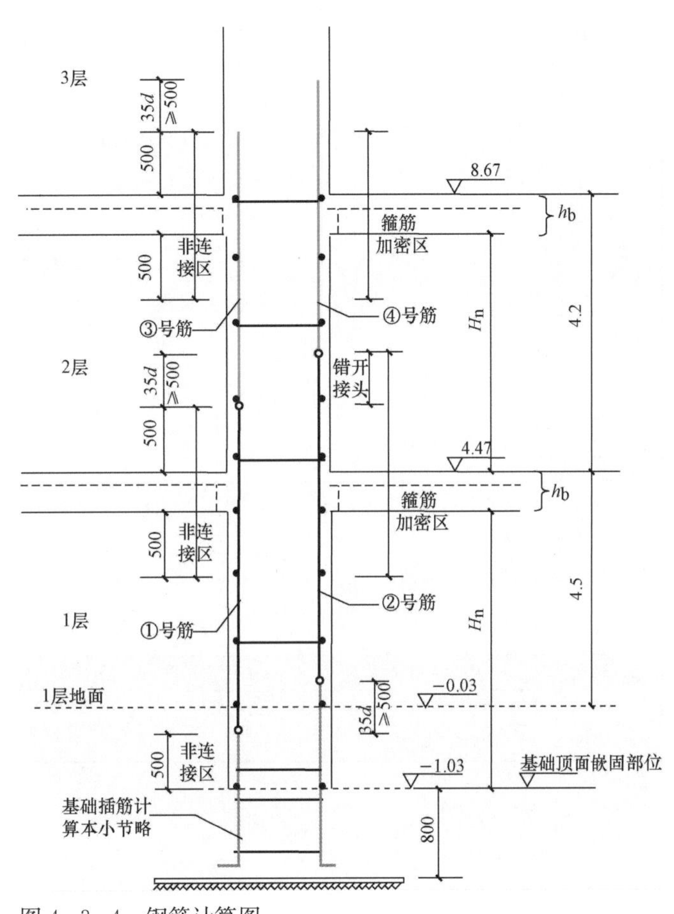

图 4-3-4　钢筋计算图

（3）计算过程，见表 4-3-6。

表 4-3-6　　　　　　　　　　**计　算　过　程**

1 层钢筋	①号筋	计算公式＝层高－基础顶面非连接区高度＋伸入上层非连接区高度（首层从基础顶面算起）
		基础顶面非连接区高度＝500
		伸入 2 层的非连接区高度＝500
		总长＝4500＋1000－500＋500 ＝5500

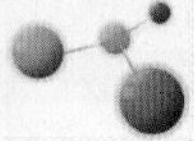

续表

1层钢筋	②号筋	计算公式＝层高－基础顶面非连接区高度＋ 伸入上层非连接区高度（首层从基础顶面算起）
		基础顶面非连接区高度＝500
		伸入2层的非连接区高度＝500
		错开接头＝max(35×16，500)＝35d
		总长＝4500＋1000－500－35d＋500＋35d ＝5500
2层钢筋	③号筋	计算公式＝层高－本层非连接区高度＋伸入上层非连接区高度
		本层非连接区高度＝500
		伸入2层的非连接区高度＝500
		总长＝4200－500＋500 ＝4200
	④号筋	计算公式＝层高－本层非连接区高度＋伸入上层非连接区高度
		本层非连接区高度＝500
		伸入2层的非连接区高度＝500
		错开接头＝max(35×16，500)＝35d
		总长＝4200－500－35d＋500＋35d ＝4200

2. 变截面

(1) 计算条件，见表4-3-7。

表4-3-7　　计　算　条　件

混凝土强度	基础底部保护层	抗震等级	定尺长度	连接方式	l_{aE}/l_{lE}
C30	40	一级抗震	9000	焊接	33d/46d
竖向钢筋：Φ16@200，墙厚300					

(2) 竖向钢筋图示，见图4-3-5。

(3) 计算过程，见表4-3-8。

表4-3-8　　计　算　过　程

1层钢筋	①号筋 （同无变截面）	计算公式＝层高－基础顶面非连接区高度＋ 伸入上层非连接区高度（首层从基础顶面算起）
		基础顶面非连接区高度 ＝500
		伸入2层的非连接区高度 ＝500
		总长＝4500＋1000－500＋500 ＝5500
	②号筋 （下部与①号筋错开）	计算公式＝层高－基础顶面非连接区高度－错开连接 ＋12d
		基础顶面非连接区高度 ＝500
		下层墙身钢筋伸至弯截面处向内弯折12d

续表

<table>
<tr><td rowspan="2">1 层钢筋</td><td rowspan="2">②号筋
（下部与①号筋错开）</td><td>错开接头＝max(35×16,500)＝35×16</td></tr>
<tr><td>总长＝4500＋1000－500－35×16－15＋12×16
＝4617</td></tr>
<tr><td rowspan="9">2 层钢筋</td><td rowspan="4">③号筋
（同无变截面）</td><td>计算公式＝层高－本层非连接区高度＋伸入上层非连接区高度</td></tr>
<tr><td>基础顶面非连接区高度
＝500</td></tr>
<tr><td>伸入 2 层的非连接区高度
＝500</td></tr>
<tr><td>总长＝4200－500＋500
＝4200</td></tr>
<tr><td rowspan="5">④号筋
（伸入 3 层与
③号筋错开）</td><td>计算公式＝层高－插入下层高度＋伸入上层非连接区高度＋错开连接</td></tr>
<tr><td>插入下层的高度＝$1.2l_{aE}$
＝1.2×33×16
＝634</td></tr>
<tr><td>伸入 2 层的非连接区高度
＝500</td></tr>
<tr><td>错开接头＝max(35×16,500)＝35×16</td></tr>
<tr><td>总长＝4200＋634＋500＋35×16
＝5894</td></tr>
</table>

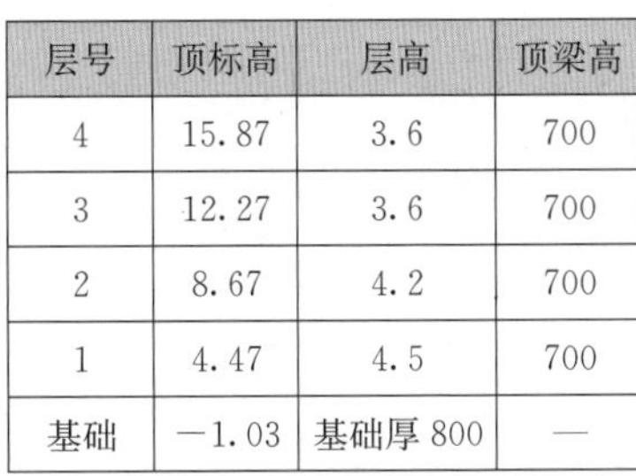

层号	顶标高	层高	顶梁高
4	15.87	3.6	700
3	12.27	3.6	700
2	8.67	4.2	700
1	4.47	4.5	700
基础	－1.03	基础厚 800	—

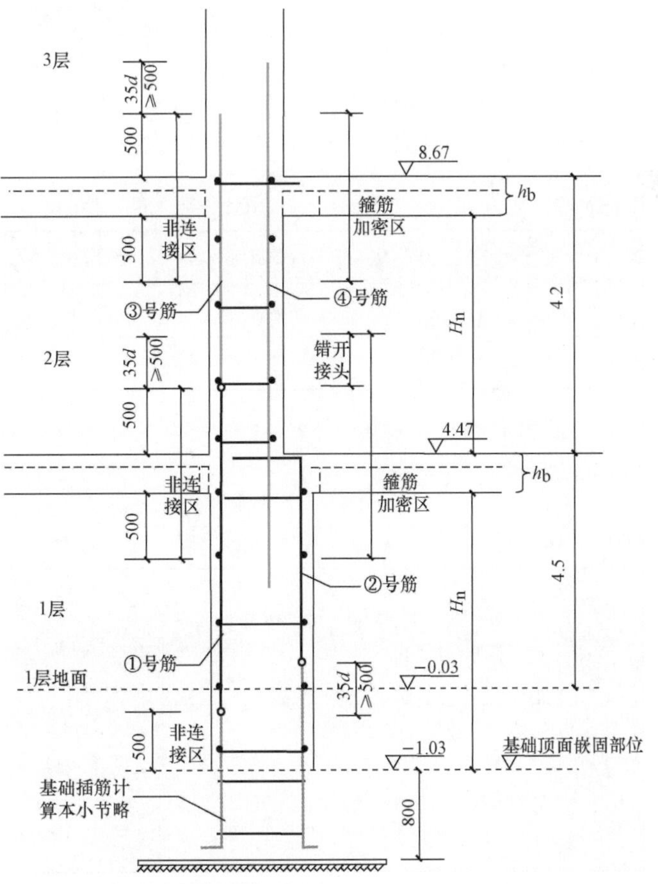

图 4-3-5　钢筋计算图

（4）计算结果分析，见图 4-3-6（16G101-1 第 74 页）。

（5）施工效果图，见图 4-3-7。

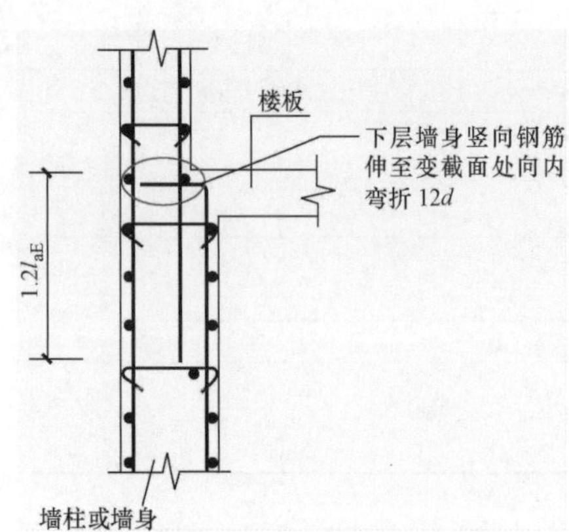

图 4-3-6　计算结果分析

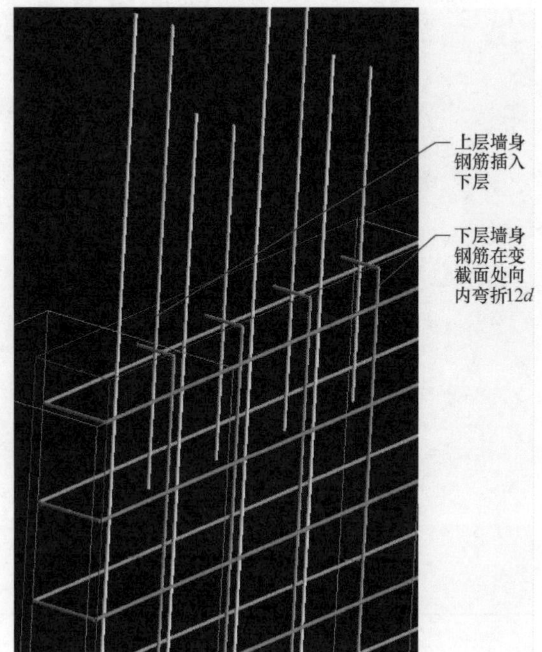

图 4-3-7　钢筋效果图

（三）墙身顶层竖向钢筋

（1）计算条件，见表 4-3-9。

表 4-3-9　　计　算　条　件

混凝土强度	墙混凝土保护层	抗震等级	定尺长度	连接方式	l_{aE}/l_{lE}
C30	15	一级抗震	9000	焊接	33d/46d
竖向钢筋：⌀ 16@200，墙厚 300					

（2）竖向钢筋图示，见图 4-3-8。

（3）计算过程，见表 4-3-10。

表 4-3-10　　计　算　过　程

①号筋低位		②号筋高位	
	计算公式＝本层层高－本层非连接区高度－板厚＋锚固		计算公式＝本层层高－本层非连接区高度－错开连接－板厚＋锚固
	本层非连接区高度＝500		错开接头＝max(35×16,500) ＝35×16 ＝560
	总长＝3600－500－15＋12×16 ＝3277		总长＝3600－500－560－15＋12×16 ＝2717

层号	顶标高	层高	顶梁高
4	15.87	3.6	700
3	12.27	3.6	700
2	8.67	4.2	700
1	4.47	4.5	700
基础	−0.97	基础厚 800	—

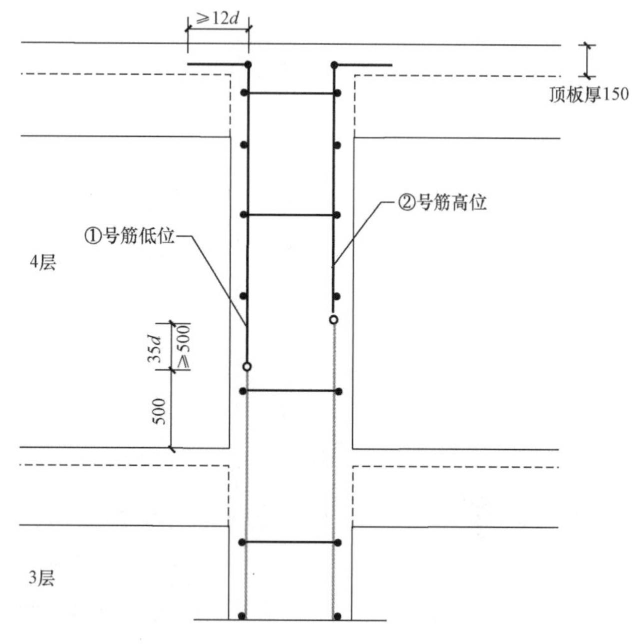

图 4-3-8　钢筋计算图

（4）计算结果分析。框架柱顶层纵筋伸入梁板内，净高是层高−梁高，而在剪力墙中，顶层竖向筋则是伸入板内，即使有暗梁或连梁存在，也是从板底起算。见表 4-3-11。

表 4-3-11　　**计 算 结 果 分 析**

16G101-1 第 74 页，墙身竖向筋在顶层伸入板顶弯折≥12d

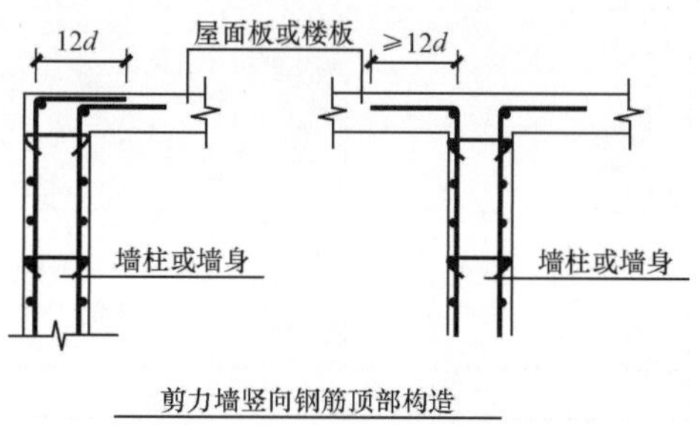

（四）墙身竖向钢筋根数

墙端为构造型柱。

（1）计算条件，见表 4-3-12。

表 4-3-12　　**计 算 条 件**

混凝土强度	墙混凝土保护层	抗震等级	定尺长度	连接方式	l_{aE}/l_{lE}
C30	15	一级抗震	9000	焊接	33d/46d

（2）钢筋图示，见图 4-3-9。

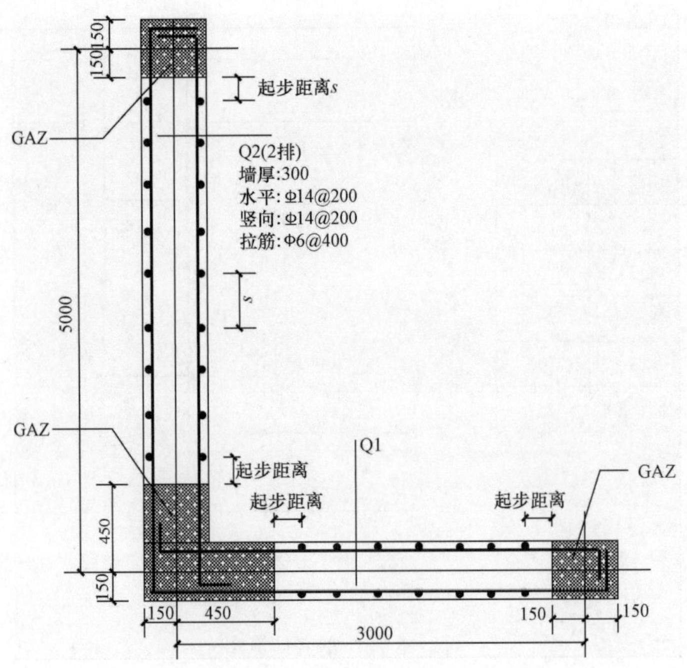

图 4-3-9　钢筋计算图

（3）计算过程，见表 4-3-13。

表 4-3-13　　计　算　过　程

Q1		Q2	
	根数计算公式=(墙净长－起步距离)/间距＋1		根数计算公式=(墙净长－起步距离)/间距＋1
Q1	起步距离=s =200(12G901-1 第 3-2 页)	Q2	起步距离=1/2 间距 =200(12G901-1 第 3-2 页)
	根数=[(3000－450－150)－2×200]/200＋1 =11		根数=[(5000－450－150)－2×200]/200＋1 =21

（五）墙身竖向钢筋根数

墙端为约束型柱。

（1）计算条件，见表 4-3-14。

表 4-3-14　　计　算　条　件

混凝土强度	墙混凝土保护层	抗震等级	定尺长度	连接方式	l_{aE}/l_{lE}
C30	15	一级抗震	9000	焊接	$33d/46d$

（2）钢筋图示，见图 4-3-10。

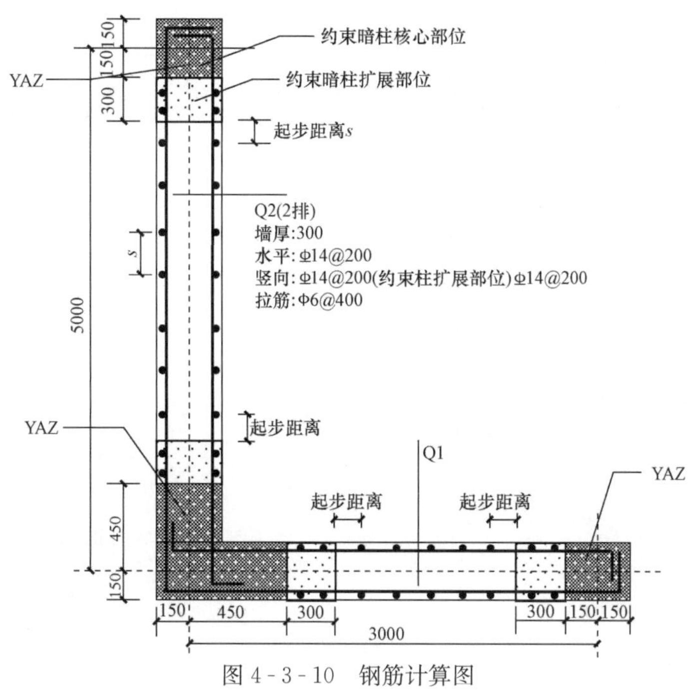

图 4-3-10 钢筋计算图

（3）计算过程，见表 4-3-15。

表 4-3-15 计 算 过 程

说明	约束柱扩展部位墙身竖向筋间距不同，单独计算	说明	约束柱扩展部位墙身竖向筋间距不同，单独计算
Q1	约束柱扩展部位墙身竖向筋根数=2（此处假设为两根）	Q2	约束柱扩展部位墙身竖向筋根数=2（此处假设为两根）
	根数计算公式=(墙净长－起步距离)/间距+1		根数计算公式=(墙净长－起步距离)/间距+1
	起步距离=s =200（12G901-1 第 3-2 页）		起步距离=s =200（12G901-1 第 3-2 页）
	根数=[(3000－450－150－2×300)－2×200]/200+1 =8		根数=[(5000－450－150－2×300)－2×200]/200+1 =18
	竖向钢筋总根数=8+2=10 根		竖向钢筋总根数=18+2=20 根

（4）计算结果分析，见表 4-3-16。

表 4-3-16 计 算 结 果 分 析

16G101-1 第 75 页

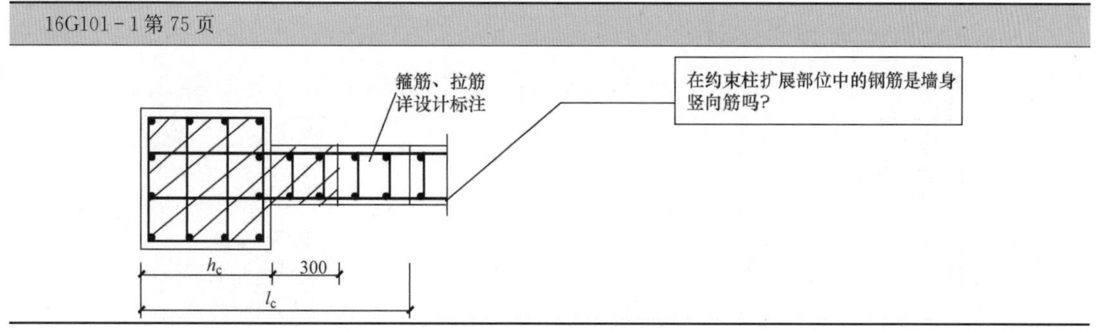

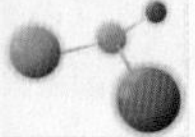

续表

06G901-1 第 3-2 页： 描述在约束柱扩展部位配置的是墙身竖向筋的一部分。

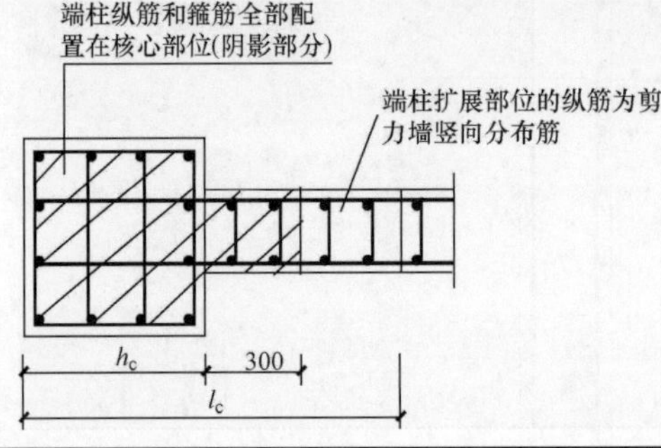

（六）墙身拉结钢筋

(1) 计算条件，见表 4-3-17。拉筋有平行布置和梅花形布置两种方式，本例按梅花形布置计算。

表 4-3-17 计 算 条 件

混凝土强度	墙混凝土保护层	抗震等级	定尺长度	连接方式	l_{aE}/l_{lE}
C30	15	一级抗震	9000	焊接	$33d/46d$
水平筋：Φ 14@200；竖向钢筋：Φ 14@200；拉筋Φ 6@400×400；墙厚 300					

(2) 拉筋图示，见图 4-3-11。

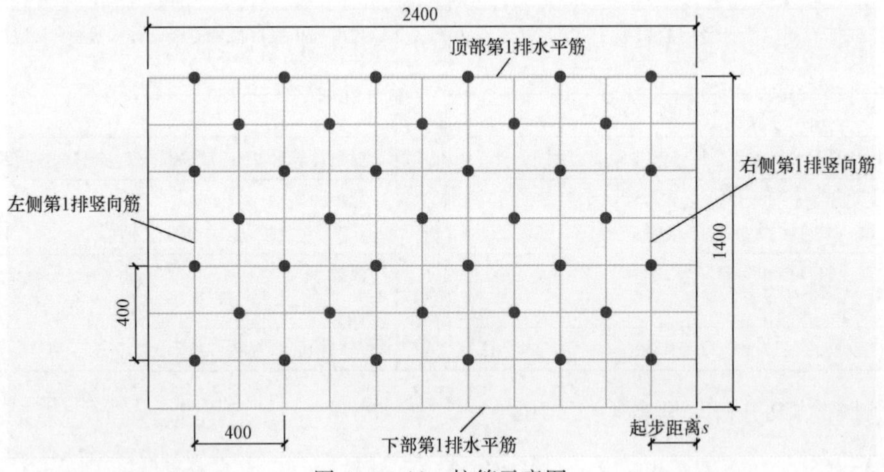

图 4-3-11 拉筋示意图

(3) 计算过程，见表 4-3-18。

表 4-3-18 计 算 过 程

$x=2400$，$y=1400$，$a=400$	说明：16G101-1 第 74 页，下部第 1 排拉筋从下部第 2 排水平筋开始布置，上部第 1 排拉筋从上部第 1 排水平筋开始布置
梅花形拉筋根数计算： $=(x/a+1)\times[(y-a)/a+1]+[(x-a)/a+1]\times[(y-1.5a)/a+1]$ $=[(2400-2\times200)/400+1]\times[(1400-200)/400+1]+[(2400-800)/400+1]$ $\times[(1400-600)/400+1]$ $=39$	

（七）墙身竖向钢筋总结

墙身竖向钢筋总结，见表 4-3-19。

表 4-3-19 墙身竖向钢筋总结

墙身竖向钢筋总结				出处
在基础内的插筋（16G101-3 第 64 页	基础高度	$>l_{aE}$	墙插筋隔二下一伸至基础底部弯折 max（6d，150）	16G101-3 第 64 页
		$\leq l_{aE}$	墙插筋伸至基础底部弯折 15d	
中间层长度	无变截面	层高－本层非连接区高度＋伸入上层非连接区高度（错开连接）		16G101-1 第 73 页
	变截面	下层竖向筋	下层墙身竖向钢筋伸至变截面处向内弯折 12d	16G101-1 第 74 页
		上层竖向筋	伸至下层 1.2l_{aE}	
顶层长度	伸入板顶弯折 ≥12d			16G101-1 第 74 页
竖向钢筋根数	端部为构造型柱	（墙净长－起步距离）/间距＋1	起步距离为竖筋间距 s	12G901-1 第 3-2 页
	端部为约束型柱	约束型柱扩展部位单独计算		
		剩下的：（墙净长－起步距离）/间距＋1（此时的净长＝墙长－约束柱核心部位宽－约束柱扩展部位宽）	起步距离为竖筋间距 s	

第四节 剪力墙墙柱钢筋计算精讲

一、剪力墙墙柱概述

16G101-1 第 13 页，将剪力墙的墙柱分为 4 种，那么这 4 种墙柱分别该如何计算呢？这需要理解这些墙柱的性质，因此，首先对这些墙柱进行分类。见表 4-4-1。

表 4-4-1 墙柱分类

墙柱编号		墙柱编号	
墙柱类型	代号	墙柱类型	代号
约束边缘构件	YBZ	非边缘构件	AZ
构造边缘构件	GBZ	护壁柱	FBZ

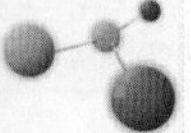

（一）第一个角度

第一个角度，见图 4-4-1、图 4-4-2。

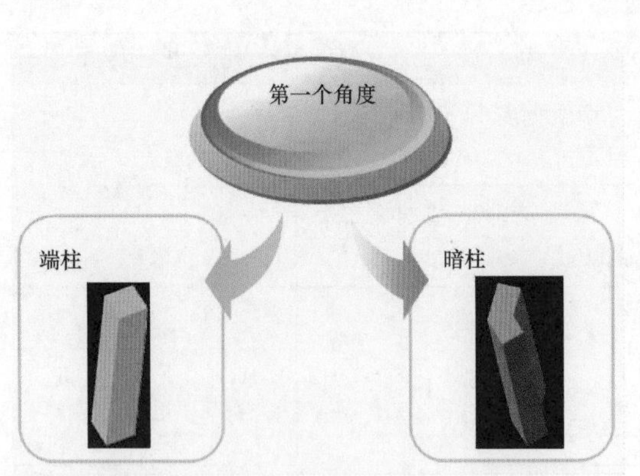

图 4-4-1 墙柱分类

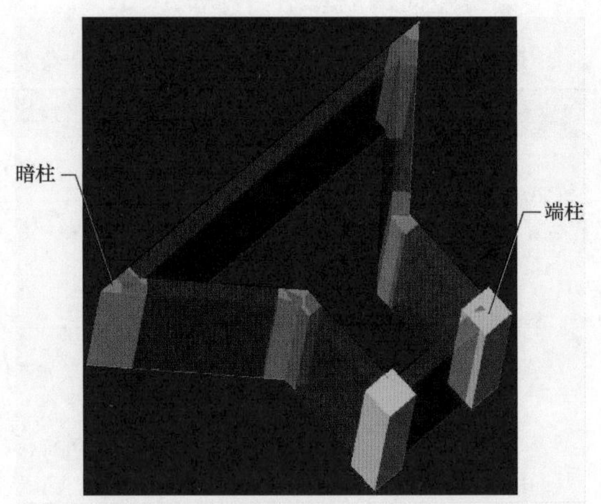

图 4-4-2 墙柱分类

（1）什么是端柱？见表 4-4-2。

表 4-4-2 端柱的含义

端柱的内涵	1. 端柱外观一般凸出墙身
	2. 剪力墙中的端柱的钢筋计算同框架柱

（2）端柱的钢筋计算，见表 4-4-3。

表 4-4-3 端柱钢筋计算

16G101-1 第 73 页

注 端柱、小墙肢的竖向钢筋与箍筋构造与框架柱相同。

（3）什么是暗柱？见表 4-4-4。

表 4-4-4 暗柱的含义

暗柱的内涵	1. 暗柱外观一般同墙身相平
	2. 剪力墙中的暗柱的钢筋计算基本同墙身竖向筋

（二）第二个角度

第二个角度，见图 4-4-3。

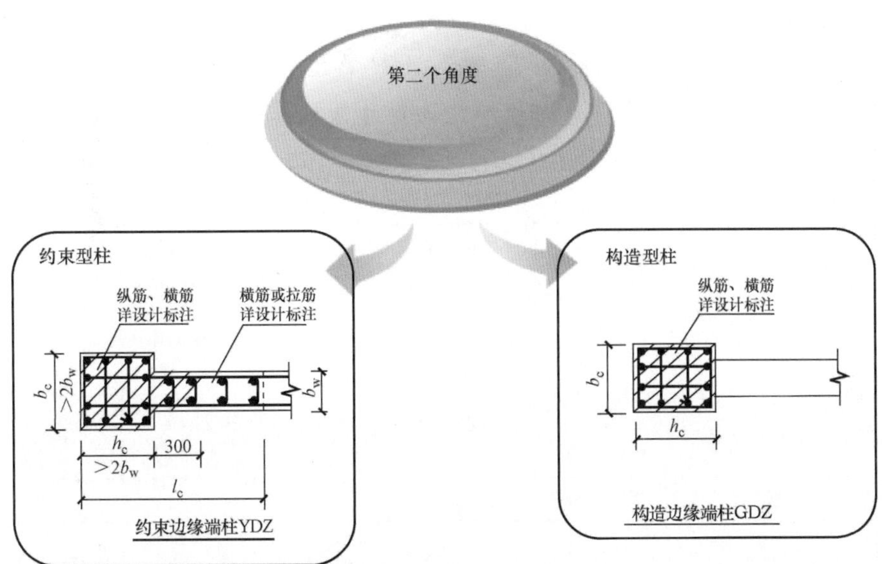

图 4-4-3　墙柱分类

约束型柱和构造型柱分别用在什么地方？

约束边缘构件一般用于工程的底部加强部位及其以上一层墙肢，见表 4-4-5。

表 4-4-5　底部加强部位

	层号	标高 (mm)	层高
	3	8.67	3.6
	2	4.47	4.2
底部加强部位	1	-0.03	4.5
底部加强部位	-1	-4.53	4.5
底部加强部位	-2	-9.03	4.5

在实际施工图中，楼层标高和层高表中，会明确描述底部加强部位在什么地方

以上两个角度的划分，有交叉关系，也就是约束型柱中有端柱也有暗柱，构造型柱中有端柱也有暗柱。见图 4-4-4。

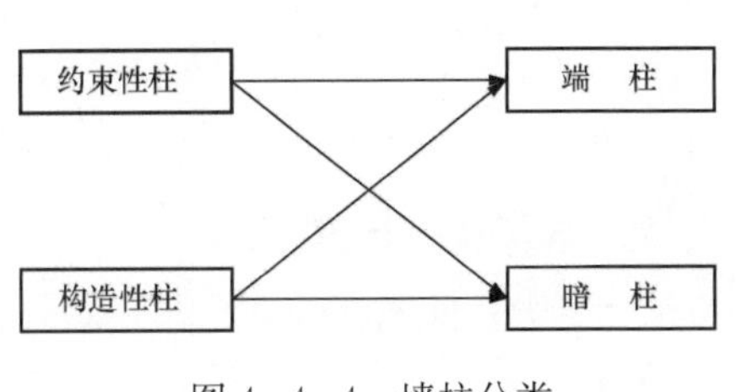

图 4-4-4　墙柱分类

二、暗柱钢筋计算

说明：暗柱箍筋计算本小节不讲解，有关复合箍筋计算在本书第二章柱构件中已详细讲解。

（一）在基础内的插筋

暗柱在基础内插筋，要参考墙身竖向钢筋在基础内插筋构造，见 16G101-3 第 65 页，此处不再讲解，请读者自行学习。

（二）暗柱中间层和顶层钢筋

暗柱中间层和顶层纵筋同墙身竖向钢筋。

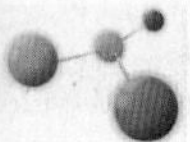

三、墙柱钢筋计算总结

墙柱钢筋计算总结，见表 4-4-6。

表 4-4-6　　墙柱钢筋计算总结

<table>
<tr><th colspan="5">墙柱钢筋总结</th><th>出处</th></tr>
<tr><td>端柱</td><td colspan="4">纵筋箍筋均同框架柱</td><td></td></tr>
<tr><td rowspan="4">暗柱</td><td rowspan="2">在基础内的插筋</td><td rowspan="2">基础高度</td><td>$\leqslant l_{aE}$</td><td>伸至基础底部弯折 15d</td><td rowspan="2">16G101-3 第 65 页</td></tr>
<tr><td>$\gt l_{aE}$</td><td>角柱、边柱：伸至基础底部弯折 max（6d，150）
中柱：角部纵筋直锚 l_{aE}，其余纵筋同边、角柱纵筋</td></tr>
<tr><td>中间层长度</td><td>同墙身竖向筋</td><td colspan="2">层高－本层非连接区高度＋伸入上层非连接区高度（错开连接）</td><td>16G101-1 第 74 页</td></tr>
<tr><td>顶层长度</td><td>同墙身竖向筋</td><td colspan="2">伸入板顶弯折≥12d</td><td>16G901-1 第 74 页</td></tr>
</table>

说明：墙柱箍筋计算本小节不讲解，有关复合箍筋计算在本书第二章柱构件中已详细讲解。

第五节　剪力墙墙梁钢筋计算精讲

一、剪力墙墙梁概述

剪力墙墙梁概述见图 4-5-1。

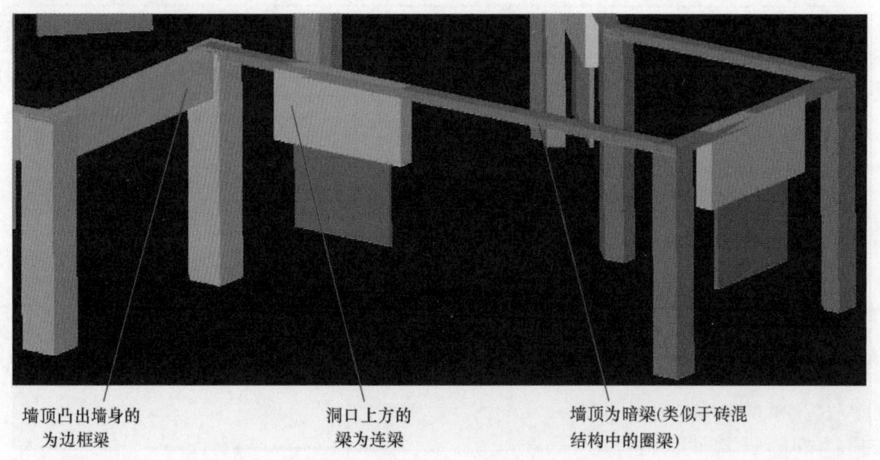
墙顶凸出墙身的为边框梁
洞口上方的梁为连梁
墙顶为暗梁(类似于砖混结构中的圈梁)

图 4-5-1　墙梁分类

二、连梁钢筋计算

（一）连梁概述

连梁概述，见表 4-5-1。

表 4-5-1　　连梁钢筋计算分类

连梁情况	洞口情况	单洞口	多洞口
	楼层情况	中间层连梁	顶层连梁
	两端部情况	端部为墙柱	端部为墙身

(二) 单洞口连梁(中间层)

(1) 计算条件,见表 4-5-2。

表 4-5-2 计 算 条 件

混凝土强度	墙混凝土保护层	抗震等级	定尺长度	连接方式	l_{aE}/l_{lE}
C30	15	一级抗震	9000	对焊	$33d/46d$

(2) LL 施工图,见图 4-5-2。

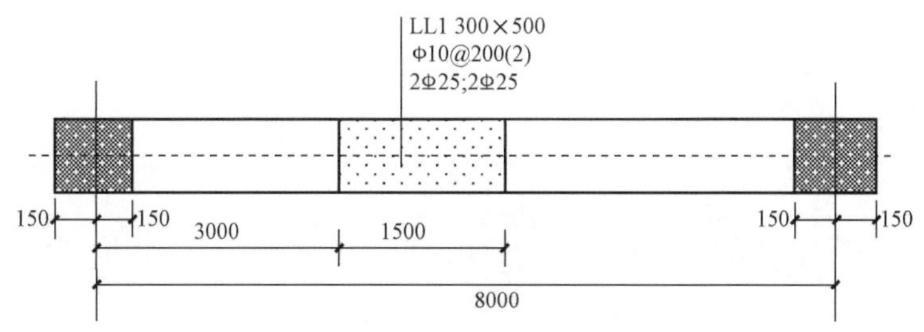

图 4-5-2 钢筋计算图

(3) 计算过程,见表 4-5-3。

表 4-5-3 计 算 过 程

上、下部纵筋	计算公式=净长+两端锚固	箍筋长度	2×[(300-2×15)+(500-2×15)]+2×11.9×10 =1718(外皮长度)
	锚固长度=max(l_{aE},600) =max(33×25,600) =825		
	总长度=1500+2×825=3150	箍筋根数	(1500-2×50)/200+1 =8

(三) 单洞口连梁(顶层)

(1) 计算条件,见表 4-5-4。

表 4-5-4 计 算 条 件

混凝土强度	墙混凝土保护层	抗震等级	定尺长度	连接方式	l_{aE}/l_{lE}
C30	15	一级抗震	9000	对焊	$33d/46d$

(2) LL 施工图,见图 4-5-3。

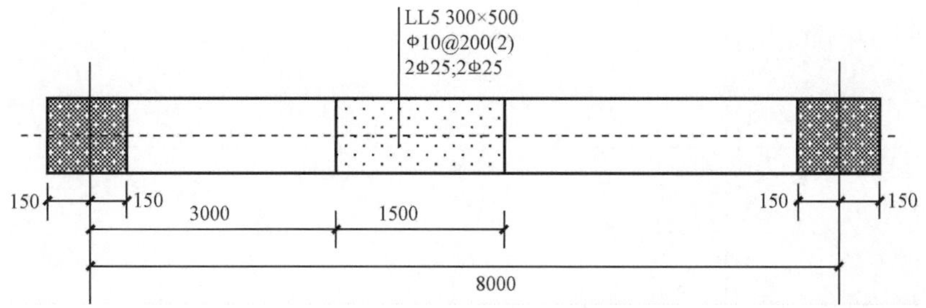

图 4-5-3 钢筋计算图

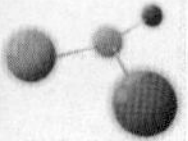

（3）计算过程，见表4-5-5。

表4-5-5 计 算 过 程

上、下部纵筋	计算公式＝净长＋两端锚固 锚固长度＝max(l_{aE}，600) ＝max(33×25，600) ＝825 总长度＝1500＋2×825＝3150	箍筋长度	2×[(300－2×15)＋(500－2×15)]＋2×11.9×10 ＝1718（外皮长度）
		箍筋根数	洞宽范围内＝(1500－2×50)/200＋1＝8 纵筋锚固长度内＝(825－100)/200＋1＝5

（四）端部洞口连梁（中间层）

（1）计算条件，见表4-5-6。

表4-5-6 计 算 条 件

混凝土强度	墙混凝土保护层	抗震等级	定尺长度	连接方式	l_{aE}/l_{lE}
C30	15	一级抗震	9000	对焊	$33d/46d$

（2）LL施工图，见图4-5-4。

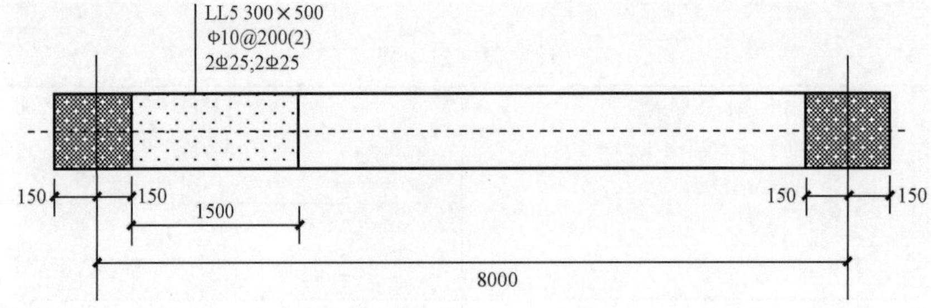

图4-5-4 钢筋计算图

（3）计算过程，见表4-5-7。

表4-5-7 计 算 过 程

上、下部纵筋	计算公式＝净长＋左端柱内锚固＋右端直锚 左端支座锚固＝$h_c-c+15d$ ＝300－15＋15×25 ＝660 右端直锚固长度＝max(l_{aE}，600) ＝max(33×25，600) ＝825 总长度＝1500＋660＋825＝2985
箍筋长度	2×[(300－2×15)＋(500－2×15)]＋2×11.9×10 ＝1718（外皮长度）
箍筋根数	洞宽范围内＝(1500－2×50)/200＋1＝8

三、暗梁钢筋计算

（一）中间层暗梁

（1）计算条件，见表 4-5-8。

表 4-5-8　　计算条件

混凝土强度	墙混凝土保护层	暗柱外侧混凝土保护层	抗震等级	定尺长度	连接方式	l_{aE}/l_{lE}
C30	15	15	一级抗震	9000	对焊	$33d/46d$

（2）AL 施工图，见图 4-5-5。

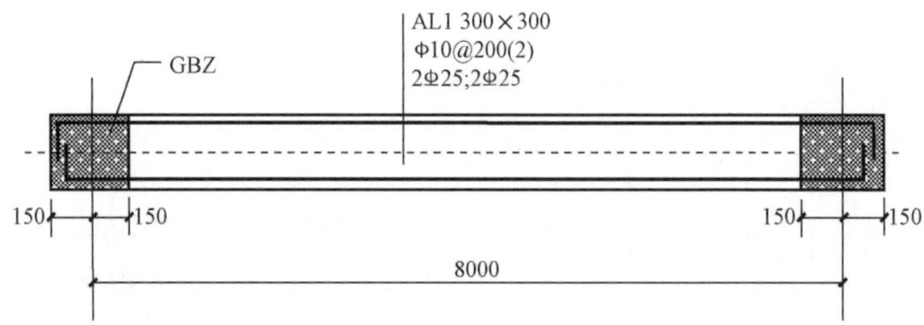

图 4-5-5　钢筋计算图

（3）计算过程，见表 4-5-9。

表 4-5-9　　计算过程

上、下部纵筋	计算公式=梁长+两端暗柱锚固（同框架端节点，见 16G901-1 第 84 页）	箍筋长度	2×[(300−2×15)+(300−2×15)] +2×11.9×10 =1318（外皮长度）
	8000+2×150−2×15+2×15×25 =9020	箍筋根数	(8000−2×150−2×100)/200+1 =39

（4）计算分析，见图 4-5-6。

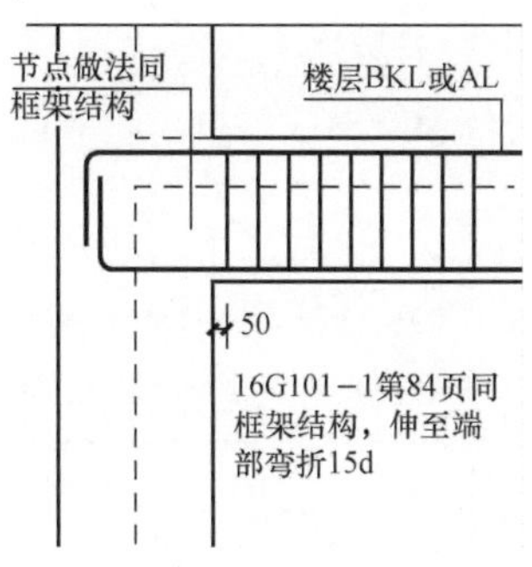

图 4-5-6　计算结果分析

（二）中间层暗梁（与连梁重叠）

（1）计算条件，见表 4-5-10。

表 4-5-10　　计算条件

混凝土强度	墙混凝土保护层	暗柱外侧混凝土保护层	抗震等级	定尺长度	连接方式	l_{aE}/l_{lE}
C30	15	15	一级抗震	9000	对焊	$33d/46d$

（2）AL施工图，见图4-5-7。

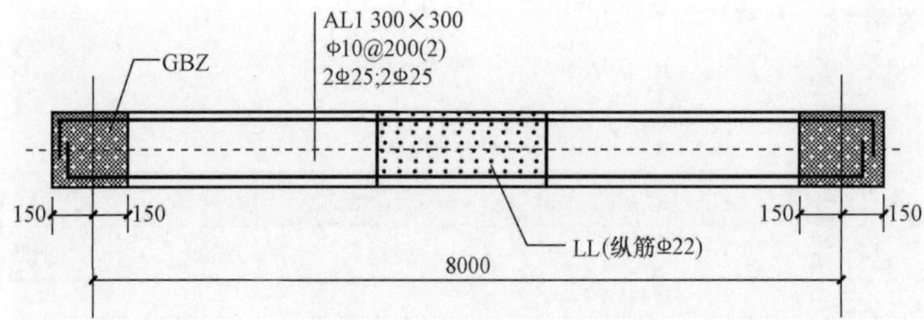

图4-5-7　钢筋计算图

（3）计算简图见图4-5-8，具体过程见表4-5-11。

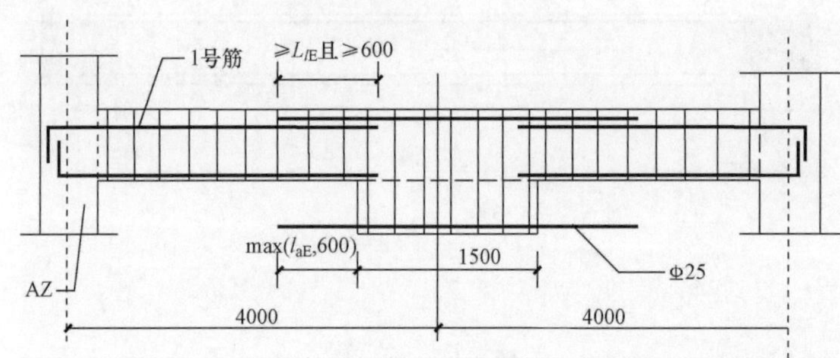

图4-5-8　钢筋计算简图

表4-5-11　　计　算　过　程

1号筋	钢筋锚固连接情况：左端暗柱锚固＋右端与连梁钢筋搭接
	$4000-750-\max(l_{aE}，600)+\max(L_{lE}，600)+(150-15+15\times25)$ $=4000-750-\max(33\times25，600)+\max(46\times22，600)+(150-15+15\times25)$ $=3947$
箍筋长度	$2\times[(300-2\times15)+(300-2\times15)]+2\times11.9\times10$ $=1318$
箍筋根数 （连梁长度范围内只布置连梁箍筋）	$2\times[(4000-150-750-2\times50)/200+1]$ $=2\times16=32$

（三）顶层暗梁

（1）计算条件，见表4-5-12。

表4-5-12　　计　算　条　件

混凝土强度	墙混凝土保护层	暗柱外侧混凝土保护层	抗震等级	定尺长度	连接方式	$l_{aE}/l_{lE}/l_{abE}$
C30	15	15	一级抗震	9000	焊接	$33d/46d/33d$

（2）AL施工图，见图4-5-9。

（3）计算过程，见表4-5-13。

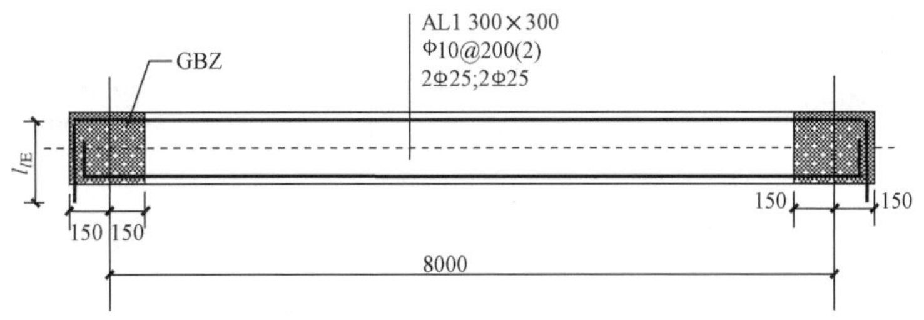

图 4-5-9　配筋图

表 4-5-13　　计算过程

上部纵筋	计算公式=梁总长+2×1.7l_{abE}（16G101-1 第 79 页，同顶层框架端节点，本例选择 16G101-1 第 67 页节点⑤）
	长度=8000+2×150−2×15+2×1.7×33×25 =11 075
	接头个数：1 个
下部纵筋	计算公式=梁净长+两端暗柱锚固(同框架端节点)
	8000+2×150−2×15+2×15×25 =9020
箍筋长度	2×[(300−2×15)+(300−2×15)]+2×11.9×10 =1318（外皮长度）
箍筋根数	(8000−2×150−2×50)/200+1 =39

四、边框梁钢筋计算（与连梁重叠）

说明：中间层和顶层边框梁，端部锚固均同暗梁，略有不同是边框梁的支座是端柱。

（1）计算条件，见表 4-5-14。

表 4-5-14　　计算条件

混凝土强度	墙混凝土保护层	端柱外侧保护层	抗震等级	定尺长度	连接方式	l_{aE}/l_{lE}
C30	15	30	一级抗震	9000	焊接	33d/46d

（2）BKL 施工图，见图 4-5-10。

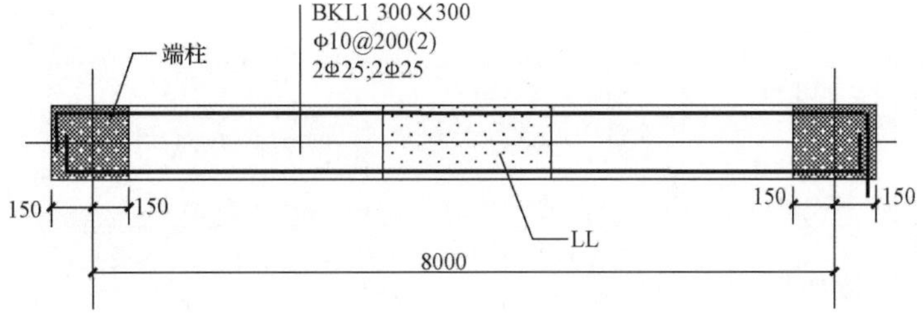

图 4-5-10　配筋图

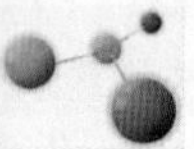

(3) 计算简图，见图 4-5-11 及过程见表 4-5-15。

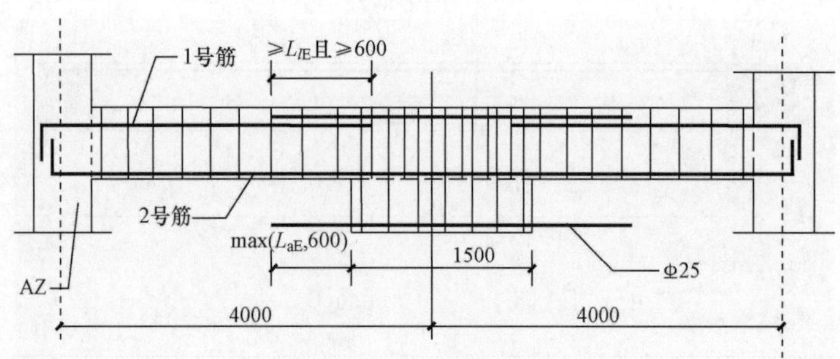

图 4-5-11 计算简图

表 4-5-15 计 算 过 程

1 号筋	钢筋锚固连接情况：左端暗柱锚固+右端与连梁钢筋搭接
	4000−750−max(l_{aE}，600)+max(l_{lE}，600)+(150−20+15×25) =4000−750−max(33×25，600)+max(46×22，600)+(150−20+15×25) =3942
2 号筋	计算公式=梁长+两端暗柱锚固(同框架端节点)
	8000+2×150−2×20+2×15×25 =9010
箍筋长度	2×[(300−2×15)+(300−2×15)]+2×11.9×10 =1318（外皮长度）
箍筋根数	(8000−2×150−2×50)/200+1 =39（箍筋全长布置）

五、墙梁钢筋总结

墙梁钢筋总结，见表 4-5-16。

表 4-5-16 墙梁钢筋计算总结

墙梁钢筋总结					出处
连梁	纵筋	直锚	锚入墙身内 max(l_{aE}，600)		16G101-1 第 78 页
		弯锚	锚入墙柱内 $h_c-c+15d$		
	箍筋	中间层	在洞口宽度内布置，起步距离 50mm		
		顶层	在纵筋长度范围内布置，洞口里侧起步距离 50mm，洞口外侧起步距离 100mm		
暗梁	纵筋	中间层	端部锚固同 KL		16G101-1 第 79 页
		顶层	上部钢筋	端部锚固同 WKL	
			下部钢筋	端部锚固同 KL	
		与连梁重叠	纵筋不重叠时上、下部钢筋与连梁纵筋搭接：max(l_{lE}，600)，纵筋重叠时，可贯通布置		
	箍筋	起步距离 50mm			
		与连梁重叠时，连梁范围内不布置暗梁箍筋			

续表

<table>
<tr><th colspan="5">墙梁钢筋总结</th><th>出处</th></tr>
<tr><td rowspan="7">边框梁</td><td rowspan="5">纵筋</td><td>中间层</td><td colspan="2">端部锚固同 KL</td><td rowspan="7">16G101－1 第 79 页</td></tr>
<tr><td rowspan="2">顶层</td><td>上部钢筋</td><td>端部锚固同 WKL</td></tr>
<tr><td>下部钢筋</td><td>端部锚固同 KL</td></tr>
<tr><td rowspan="2">与连梁重叠</td><td colspan="2">与连梁纵筋重叠的，搭接 max(l_{lE}，600)</td></tr>
<tr><td colspan="2">与连梁纵筋不重叠的，穿过连梁连通布置</td></tr>
<tr><td rowspan="2">箍筋</td><td colspan="3">起步距离 50mm</td></tr>
<tr><td colspan="3">与连梁重叠时，连梁范围内边框梁与连梁箍筋各自设置</td></tr>
</table>

第五章

独立基础构件

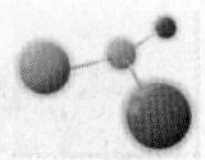

第一节　独立基础钢筋计算知识体系

一、独立基础钢筋计算知识体系

独立基础钢筋计算的知识体系可以这样来分析：①独立基础分多少种；②独立基础中都有哪些钢筋；③这些钢筋在实际工程中会遇到哪些情况。

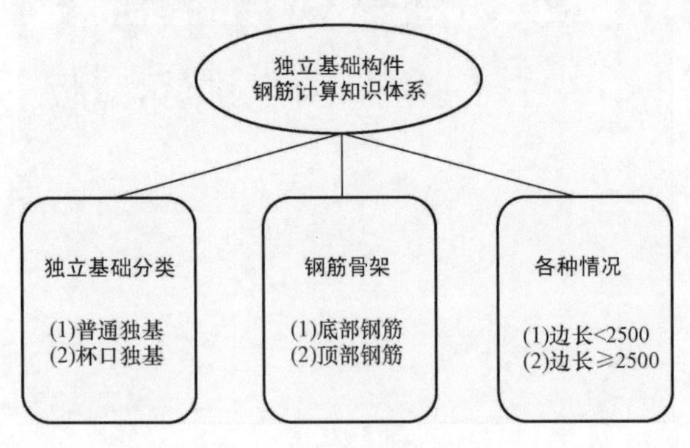

图 5-1-1　独立基础钢筋计算知识体系

图 5-1-1 所示为理解独立基础构件钢筋计算的思路，要形成这样的一幅蓝图，对独立基础构件的钢筋计算有个宏观的认识。同时，这也是学习平法钢筋计算的一种学习方法，即对知识点进行系统的梳理，形成条理，便于理解和掌握。

二、独立基础的分类

独立基础的分类，见表 5-1-1。

表 5-1-1　独立基础的分类

独立基础分类		图示	图集出处
普通独立基础	阶形		16G101-3 第 7 页
	坡形		
杯形基础	阶形		

三、独立基础的钢筋骨架

构件中的钢筋就像人体的骨骼一样，需要形成一个整体的钢筋骨架才能承受力的作用。独立基础的钢筋骨架可以理解为由横向和纵向钢筋所组成的钢筋网片，见表 5-1-2。

表 5-1-2　　独立基础钢筋骨架

独立基础骨架	三维钢筋图示	图集出处
底部钢筋网（阶形）	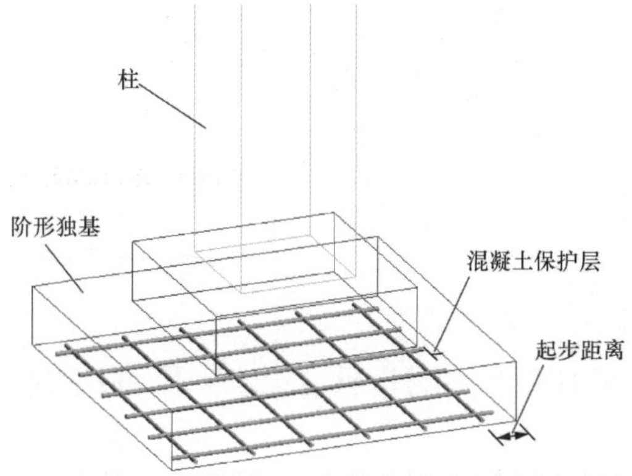	16G101-3 第 67 页
底部钢筋网（坡形）	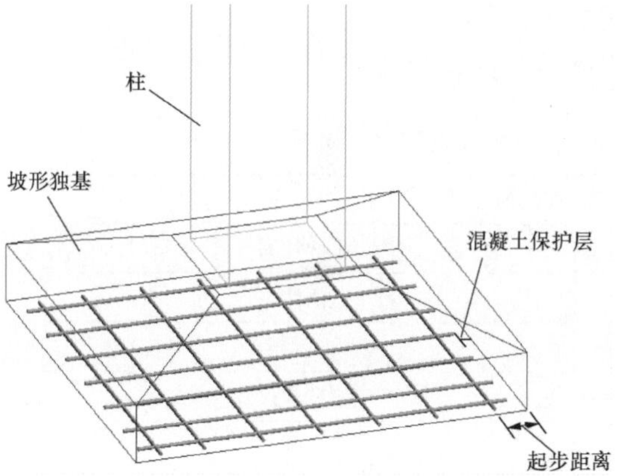	16G101-3 第 67 页
双柱及多柱独基顶部钢筋网	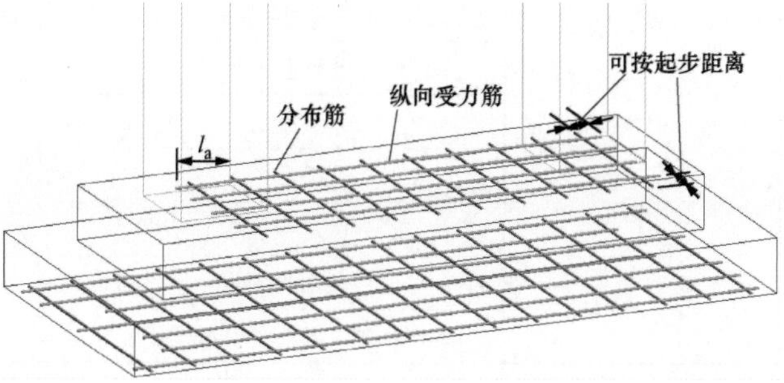	16G101-3 第 68 页

续表

独立基础骨架	三维钢筋图示	图集出处
边长≥2500时 钢筋缩减	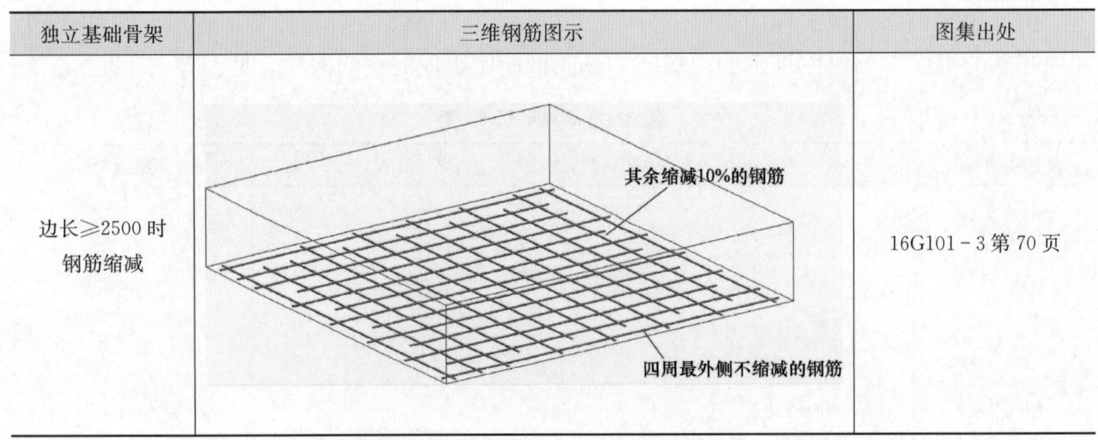	16G101-3第70页

第二节　G101平法图集独立基础构件的学习方法

G101平法图集由“制图规则”和“构造详图”两部分组成，通过学习制图规则来识图，通过学习构造详图来了解钢筋的构造及计算。

一、独立基础平法识图知识体系

独立基础平法识图知识体系，见表5-2-1。

表5-2-1　　独立基础平法识图知识体系

独立基础识图知识体系			16G101-3页码
平法表达方式	平面注写方式		第7～18页
	截面注写方式		第19～20页
数据项	编号		第7～20页
	截面尺寸		
	配筋		
	标高差（选注）		
	必要的文字注解（选注）		
数据注写方式（平面表达方式）	集中标注	编号	第7～12页
		截面竖向尺寸	
		配筋	
		标高差（选注）	
		必要的文字注解（选注）	
	原位标注	截面平面尺寸	第12～18页
		多柱独立基础的基础梁钢筋	

二、独立基础钢筋构造知识体系

独立基础钢筋构造知识体系，见表5-2-2。

表 5-2-2 独立基础钢筋构造知识体系

<table>
<tr><th>钢筋种类</th><th colspan="2">钢筋构造情况</th><th>16G101-3 页码</th></tr>
<tr><td rowspan="4">底板底部钢筋</td><td rowspan="2">一般情况</td><td>阶形独立基础</td><td>第 67 页</td></tr>
<tr><td>坡形独立基础</td><td>第 67 页</td></tr>
<tr><td rowspan="2">长度缩减 10%</td><td>对称独立基础</td><td rowspan="2">第 70 页</td></tr>
<tr><td>非对称独立基础</td></tr>
<tr><td>杯口独基</td><td colspan="2">单杯、双杯</td><td>第 71 页</td></tr>
<tr><td colspan="3">高杯口独基侧壁外侧及短柱钢筋</td><td>第 72 页</td></tr>
<tr><td colspan="3">双柱及多柱独基顶部钢筋</td><td>第 68 页</td></tr>
<tr><td colspan="3">设梁的独基</td><td>第 69 页</td></tr>
</table>

第三节 独立基础钢筋计算精讲

一、独立基础实例施工图

独立基础实例施工图，如图 5-3-1 所示，独立基础混凝土强度 C30。

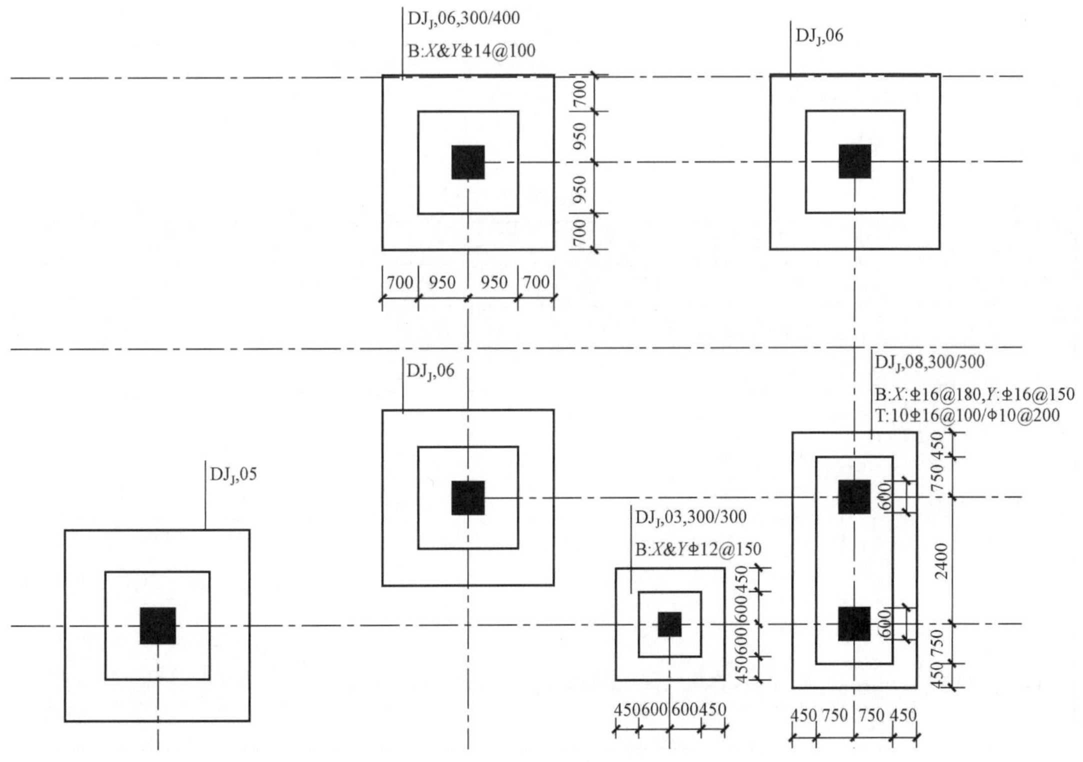

图 5-3-1 独立基础实例施工图

二、DJ03 实例计算

DJ03 实例计算过程，见表 5-3-1。

表 5-3-1　　**DJ03 实例计算过程**

钢筋	计算过程	计算依据
计算参数	端部保护层=20，起步距离=min(150/2,75)=75	16G101-3 第 67 页
x 向底部钢筋	长度=2100−2×20 =2060	
	根数=(2100−2×75)/150+1 =14	
y 向底部钢筋	长度=2100−2×20 =2060	
	根数=(2100−2×75)/150+1 =14	
三维钢筋效果图		

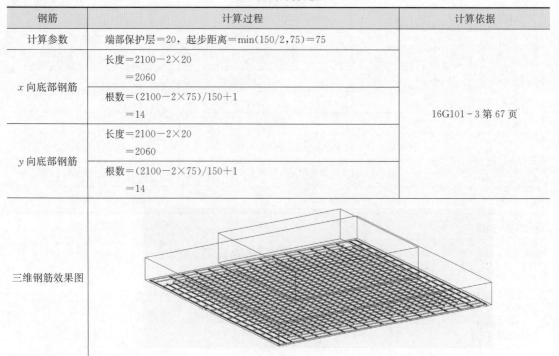

三、DJ06 实例计算

DJ06 实例计算过程，见表 5-3-2。

表 5-3-2　　**DJ06 实例计算过程**

钢筋	计算过程	计算依据
计算参数	端部保护层=20，起步距离=min(100/2，75)=50	16G101-3 第 70 页
x 向外侧第 1 根不缩减钢筋	长度=3300−2×20 =3260	
	根数=2	
x 向中间缩减 10%的钢筋	长度=3300×0.9 =2970	
	根数=(3300−2×50)/100+1−2 =31	式中："−2"是指减去两侧各 1 根不缩减的钢筋
y 向外侧第 1 根不缩减钢筋	长度=3300−2×20 =3260	16G101-3 第 70 页
	根数=2	
y 向中间缩减 10%的钢筋	长度=3300×0.9 =2970	
	根数=(3300−2×50)/100+1−2 =31	式中："−2"是指减去两侧各 1 根不缩减的钢筋

续表

钢筋	计算过程	计算依据
三维钢筋效果图		

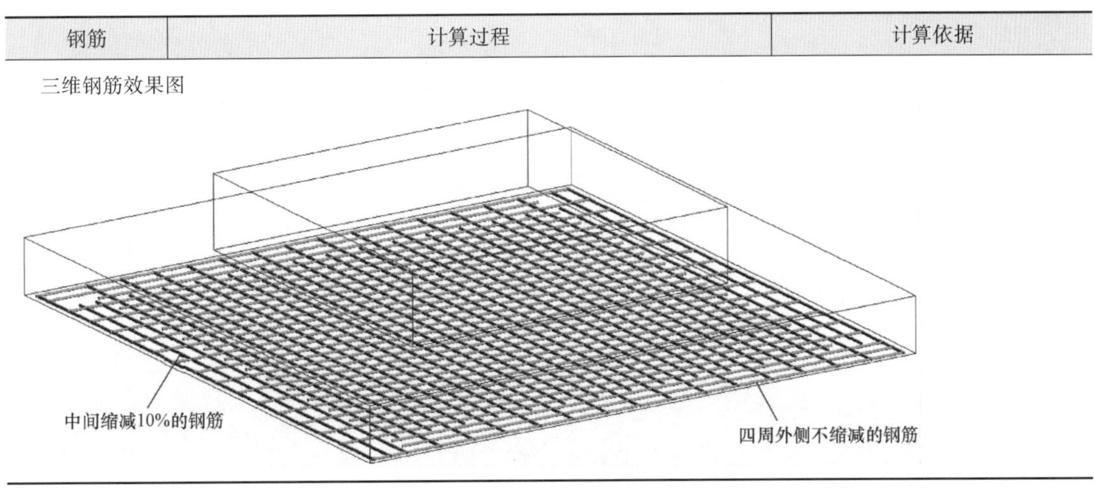

四、DJ08 实例计算

DJ08 实例计算过程，见表 5-3-3。

表 5-3-3　DJ08 实例计算过程

钢筋	计算过程	计算依据
计算参数	端部保护层=20，起步距离=min(s/2，75)	16G101-3 第 67 页
	l_a=29d（16G101-3 第 59 页查表计算）	
x 向底部钢筋	长度=2400−2×20 =2360	
	根数=(4800−2×75)/180+1 =27	
y 向底部钢筋	外侧不缩减的钢筋长度=4800−2×20 =4760	16G101-3 第 70 页
	根数=2	
	中间缩减的钢筋长度=4800×0.9 =4320	
	根数=(2400−2×75)/150+1−2 =14	式中："−2"是指减去两侧各 1 根不缩减的钢筋
顶部纵向受力筋	长度=2400−600+2×l_a =2400−600+2×29×16 =2728	16G101-3 第 68 页
	根数=10	见施工图具体标注
顶部分布筋	长度=9×100+2×min(100/2，75)+2×6.25d =9×100+2×min(100/2，75)+2×6.25×10 =1125（6.25d 为光圆钢筋两端弯钩）	16G101-3 第 61 页分布筋长度按受力筋布置范围加两端挑出起步距离
	根数=(2728−2×75)/200+1 =14	分布筋在受力筋长度范围内布置，两端减起步距离

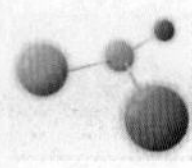

续表

钢筋	计算过程	计算依据

三维钢筋效果图：

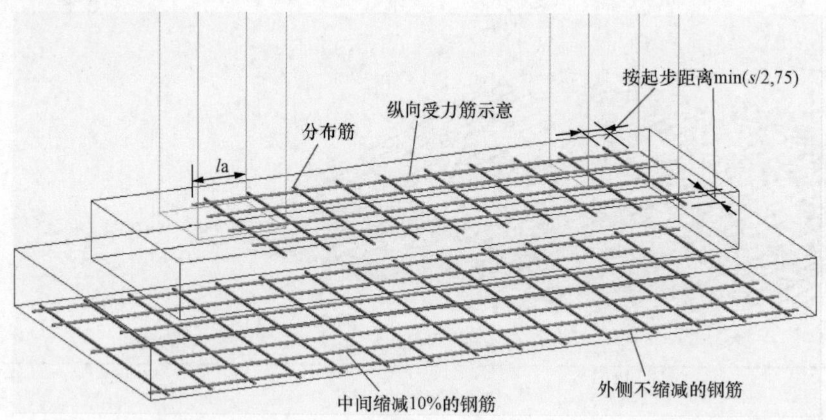

第六章

桩承台基础构件

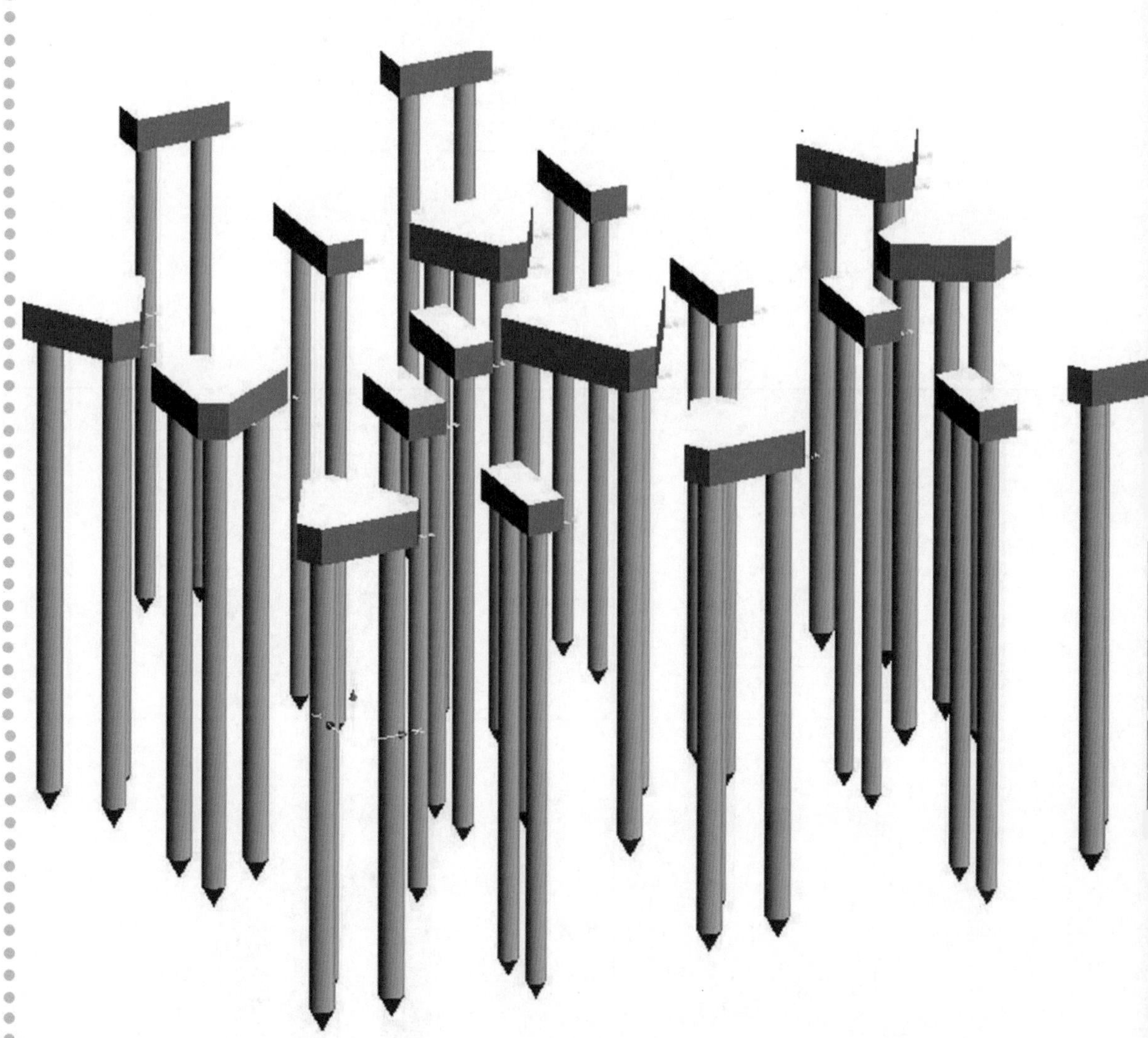

第一节　桩承台基础钢筋计算知识体系

一、桩承台基础钢筋计算知识体系

桩承台基础钢筋计算的知识体系可以这样来分析：①桩承台基础分多少种；②桩承台基础中都有哪些钢筋；③这些钢筋在实际工程中会遇到哪些情况。

图 6-1-1 所示为理解桩承台基础构件钢筋计算的思路，要形成这样的一幅蓝图，对桩承台基础构件的钢筋计算有宏观的认识。同时，这也是学习平法钢筋计算的一种学习方法，就是要对知识点进行系统的梳理，形成条理，便于理解和掌握。

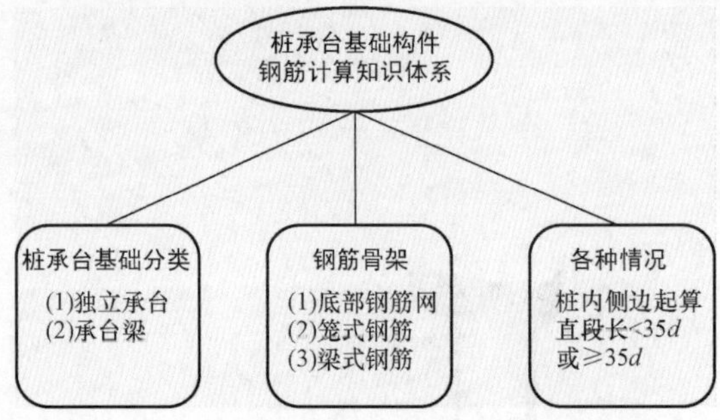

图 6-1-1　桩承台基础钢筋计算知识体系

二、桩承台基础的分类

桩承台基础的分类，见表 6-1-1。

表 6-1-1　　桩承台基础分类

筏基类型		实例三维图
普通承台	矩形承台	承台 桩
	三桩承台（等腰、等边）	承台 桩

续表

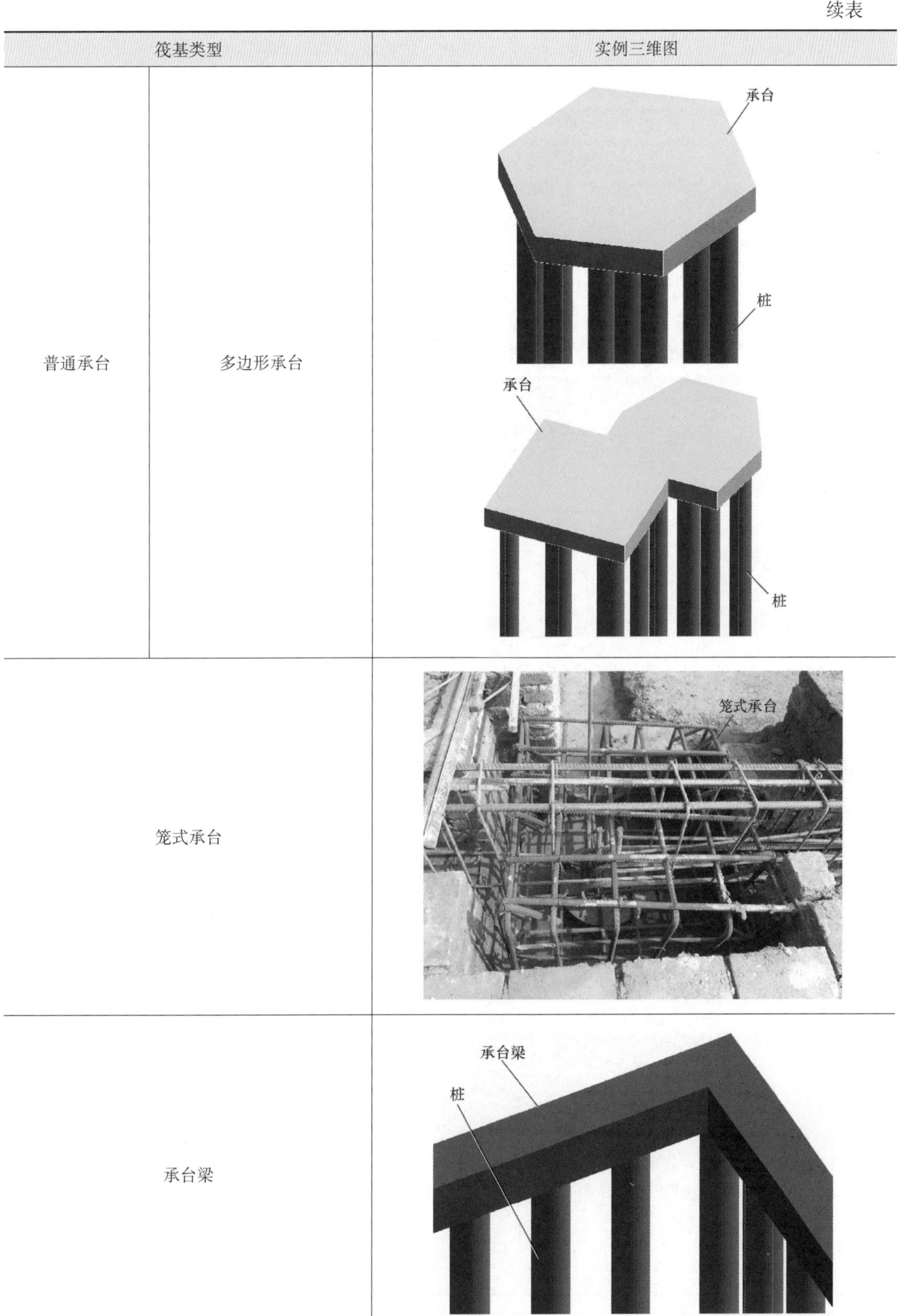

筏基类型		实例三维图
普通承台	多边形承台	
笼式承台		
承台梁		

三、桩承台基础钢筋骨架

桩承台基础钢筋骨架，见表 6-1-2。

表 6-1-2　　桩承台基础钢筋骨架

独立基础骨架	三维钢筋图示	图集出处
独立承台（矩形）	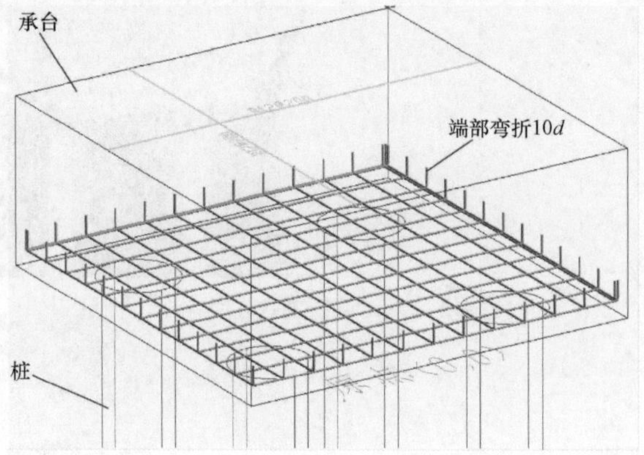	16G101-3 第 94 页
独立承台（三桩）	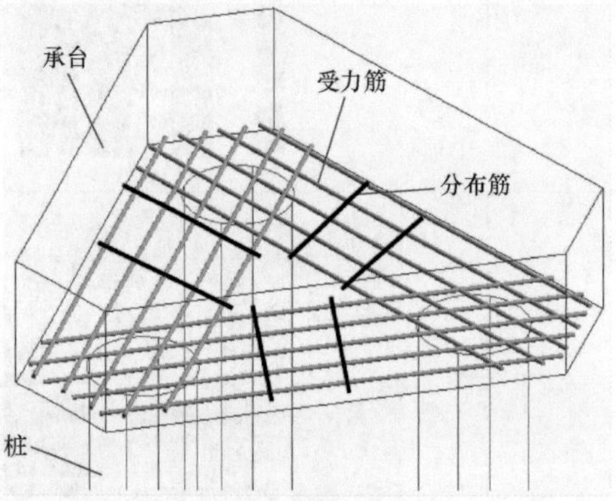	16G101-3 第 95、96 页
独立承台（六边形）	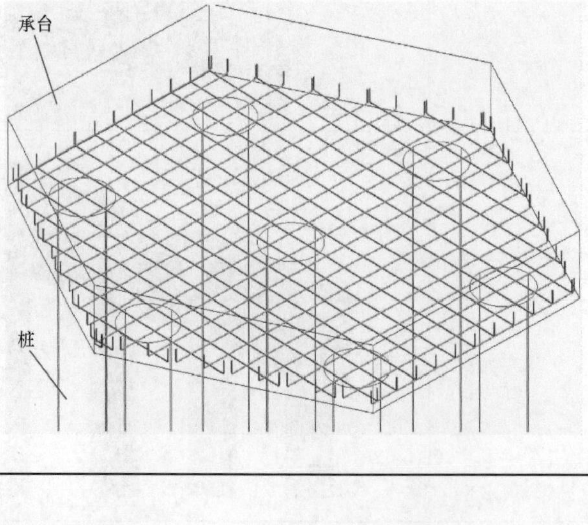	16G101-3 第 97 页

续表

独立基础骨架	三维钢筋图示	图集出处
独立承台 （笼式配筋）	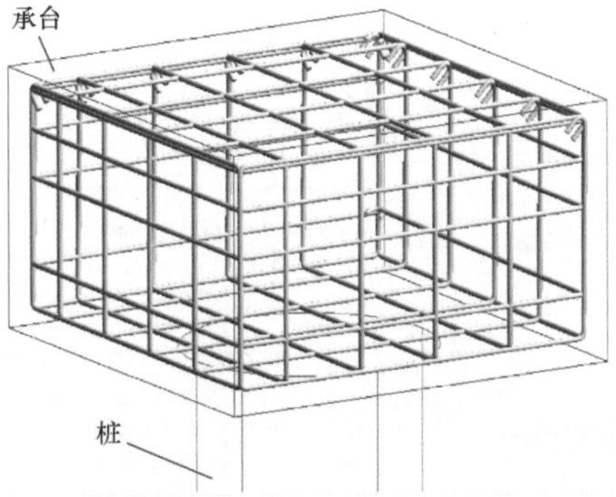 承台 桩	—
承台梁	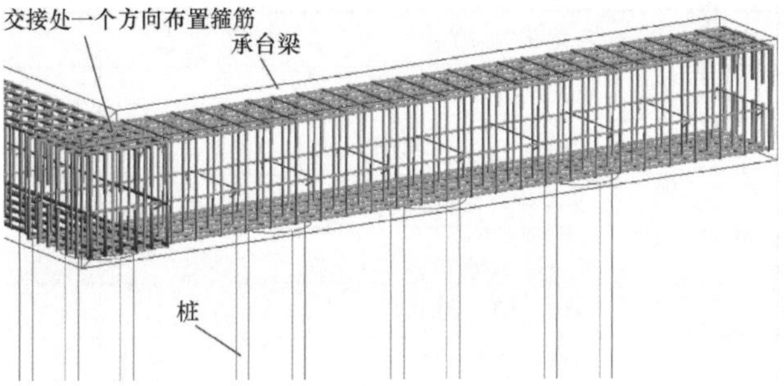 交接处一个方向布置箍筋 承台梁 桩	16G101－3 第 100、101 页

第二节　G101 平法图集桩承台基础构件的学习方法

G101 平法图集由“制图规则”和“构造详图”两部分组成，通过学习制图规则来识图，通过学习构造详图来了解钢筋的构造及计算。

一、桩承台基础平法识图知识体系

桩承台基础平法识图知识体系，见表 6－2－1。

表 6－2－1　　桩承台基础平法识图知识体系

桩承台基础识图知识体系		16G101－3 页码
平法表达方式	平面注写方式	第 46～48 页
	截面注写方式	第 51 页
数据项	编号	第 46～48 页
	截面尺寸	
	配筋	
	标高差（选注）	
	必要的文字注解（选注）	

续表

桩承台基础识图知识体系			16G101－3 页码
数据注写方式（平面表达方式）	集中标注	编号	独立承台第 46～48 页 承台梁第 49～50 页
		截面竖向尺寸	
		配筋	
		标高差（选注）	
		必要的文字注解（选注）	
	原位标注	截面平面尺寸	独立承台第 48 页 承台梁第 50 页

二、桩承台基础钢筋构造知识体系

桩承台基础钢筋构造知识体系，见表 6－2－2。

表 6－2－2　　　桩承台基础钢筋构造知识体系

钢筋种类	钢筋构造情况		16G101－3 页码
底板底部钢筋	矩形独立承台	阶形	第 94 页
		坡形	第 94 页
	三桩独立承台	等边	第 95 页
		等腰	第 96 页
	六边形独立承台		第 97、98 页
承台梁钢筋	单排桩承台梁		第 100 页
	双排桩承台梁		第 101 页

第三节　桩承台基础钢筋计算精讲

一、实例 1：矩形承台

1. 实例 1 施工图

实例 1 施工图，如图 6－3－1 所示。

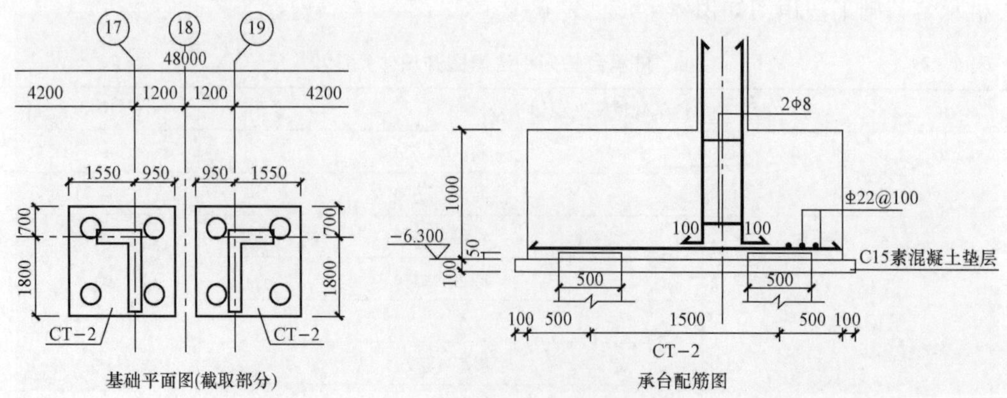

图 6－3－1　实例 1 施工图（承台混凝土强度 C30）

2. 实例1钢筋计算过程

实例1钢筋计算过程，见表6-3-1。

表6-3-1　　实例1钢筋计算过程

钢筋	计算过程	计算依据
计算参数	端部保护层=20，起步距离=min(75，s/2)，参照独立基础	16G101-3第57页
判断钢筋端头收头方式	$35d+0.1D=35\times22+0.1\times500=820$ 从桩内侧边算起的钢筋直段长=500+250−20 =730 因为730<$35d+0.1D$，所以本例中承台钢筋伸至端部弯折$10d$	16G101-3第94页
X向钢筋	长度=1550+950−2×20+10×22 =2680	16G101-3第94页
	根数=[1800+700−2×min(75，50)]/100+1 =25	
Y向钢筋	长度=1800+700−2×20+10×22 =2680	
	根数=[1550+950−2×min(75，50)]/100+1 =25	

三维钢筋效果图

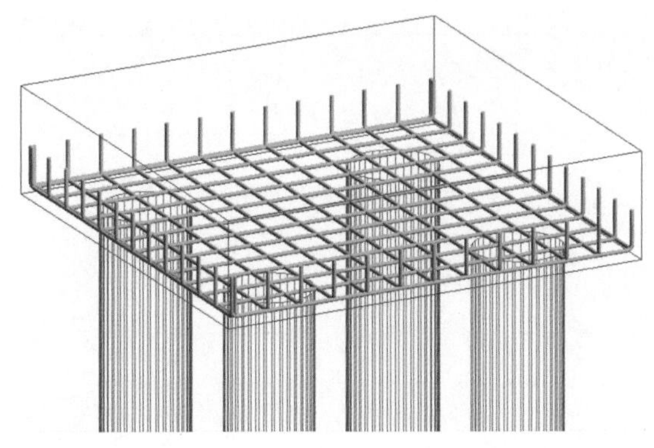

二、实例2：承台梁

1. 实例2施工图

实例2施工图，如图6-3-2所示。

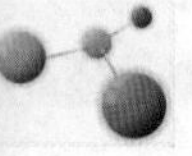

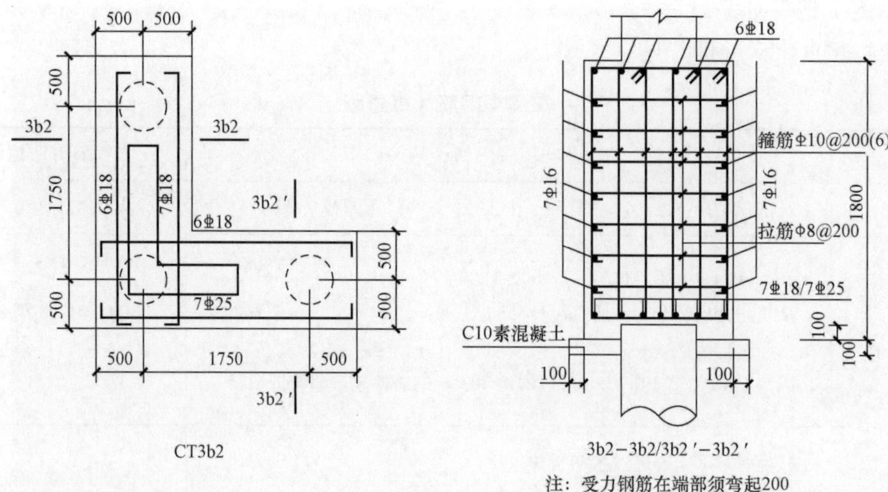

图 6-3-2　实例 2 施工图（承台梁混凝土强度 C30）

2. 实例 2 钢筋计算过程

实例 2 钢筋计算过程，见表 6-3-2。

表 6-3-2　　**实例 2 钢筋计算过程**

钢筋	计算过程	计算依据
计算参数	侧面及顶面保护层＝25，底部保护层 100	16G101-3 第 57 页
	起步距离＝min(75，$s/2$)	参考独基
	箍筋计算方式：按外皮计算钢筋长度（不考虑弯曲调整值）	造价钢筋翻样，一般未考虑弯曲调整值
	箍筋 135°弯钩长度：不抗震 6.9d，抗震 11.9d	本例按基础构件不抗震，取 6.9d
顶部纵筋 6Φ18	长度＝1750＋2×500－2×25＋2×200 ＝3100	16G101-3 第 100 页 钢筋端部按施工图要求弯折 200
	根数＝2×6 ＝12（L 横向及 L 竖向各 7 根）	
底部纵筋 1 7Φ25	长度＝1750＋2×500－2×25＋2×200 ＝3100	
	根数＝7	
底部纵筋 2 7Φ18	长度＝1750＋2×500－2×25＋2×200 ＝3100	
	根数＝7	
侧部纵筋	长度＝1750＋2×500－2×25 ＝2700	侧部纵筋不用弯折
	根数＝4×7＝28 根	

续表

钢筋	计算过程	计算依据
外大箍筋	长度=2×[(1000−2×40)+(1800−25−100)]+2×6.9×10 =5328	
	L横向段根数 =[1750+2×500−2×min(75，100)]/200+1 =14	
	L纵向段根数 =[1750−2×min(75，100)]/200+1 =9	L交接处，只在一个方向布置箍筋
里小箍筋	长度=2×[(1000−2×25−2d−18)/5+18+2d) +(1800−25−100)]+2×6.9×d =2×[(1000−2×25−2×10−18)/5+18+2×10) +(1800−25−100)]+2×6.9×10 =3929	式中："−2d−18"是算至纵筋中心线，然后除以5，再"+18+2d"，算至小箍筋外皮
	根数=外大箍筋根数×2 =(14+9)×2 =46	6肢箍，中间有两个小箍筋，故根数=外大箍筋根数×2
拉筋	长度=1000−2×25+2×6.9×8 =1061	
	根数=7×(14+9) =161	每排拉筋根数同外大箍筋根数

三维钢筋效果图

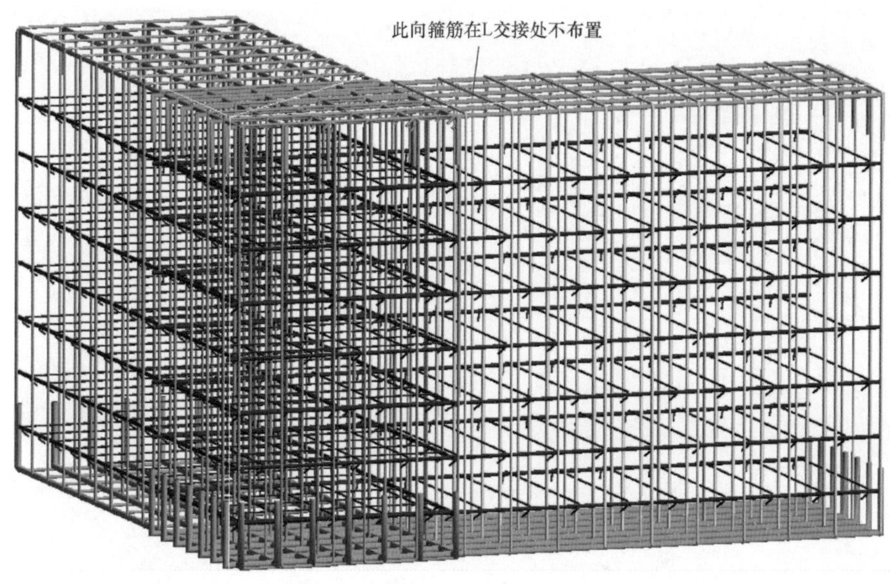

第七章

条形基础构件

第一节　条形基础钢筋计算知识体系

一、条形基础钢筋计算知识体系

条形基础钢筋计算的知识体系可以这样来分析：①条形基础分多少种；②条形基础中都有哪些钢筋；③这些钢筋在实际工程中会遇到哪些情况。

图 7-1-1 所示为理解条形基础构件钢筋计算的思路，要形成这样的一幅蓝图，对条形基础构件的钢筋计算有个宏观的认识。同时，这也是学习平法钢筋计算的一种学习方法，就是要对知识点进行系统的梳理，形成条理，便于理解和掌握。

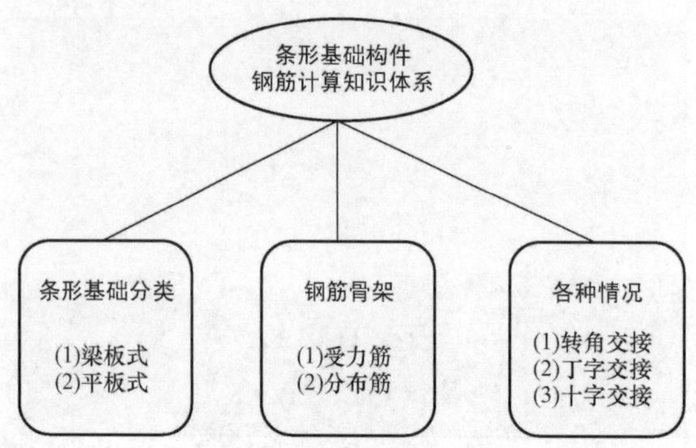

图 7-1-1　条形基础钢筋计算知识体系

二、条形基础的分类

条形基础的分类，见表 7-1-1。

表 7-1-1　　条形基础的分类

条基类型	阶形条基底板	坡形条基底板
板式条基		
梁板式条基		

三、条形基础钢筋骨架

条形基础钢筋骨架，见表 7 - 1 - 2。

表 7 - 1 - 2　　条形基础钢筋骨架

条基构件	钢筋骨架说明	钢筋骨架示意图
条基底板	条基底板由受力筋和分布筋组成网片式的钢筋骨架。顺着条基长向的是分布筋，顺着条基断面方向的是受力筋	
基梁	梁板式条基的基梁由纵筋和箍筋组成钢筋骨架。此时，条基底板的分布筋在基梁宽度范围内不布置	

第二节　G101 平法图集条形基础构件的学习方法

G101 平法图集由“制图规则”和“构造详图”两部分组成，通过学习制图规则来识图，通过学习构造详图来了解钢筋的构造及计算。

一、条形基础平法识图知识体系

条形基础平法识图知识体系，见表 7 - 2 - 1。

表 7 - 2 - 1　　条形基础平法识图知识体系

条形基础识图知识体系		16G101 - 3 页码
平法表达方式	平面注写方式	第 21～27 页
	截面注写方式	第 28～29 页

续表

<table>
<tr><th colspan="3">条形基础识图知识体系</th><th>16G101－3页码</th></tr>
<tr><td rowspan="5">数据项</td><td colspan="2">编号</td><td rowspan="5">第21～29页</td></tr>
<tr><td colspan="2">截面尺寸</td></tr>
<tr><td colspan="2">配筋</td></tr>
<tr><td colspan="2">标高差（选注）</td></tr>
<tr><td colspan="2">必要的文字注解（选注）</td></tr>
<tr><td rowspan="6">数据注写方式（平面表达方式）</td><td rowspan="5">集中标注</td><td>编号</td><td rowspan="5">基础梁第21～22页
条基底板第24～25页</td></tr>
<tr><td>截面竖向尺寸</td></tr>
<tr><td>配筋</td></tr>
<tr><td>标高差（选注）</td></tr>
<tr><td>必要的文字注解（选注）</td></tr>
<tr><td>原位标注</td><td>基梁：支座底部纵筋、附加钢筋
条基底板：截面平面尺寸</td><td>基础梁第22页
条基底板第26页</td></tr>
</table>

二、条形基础钢筋构造知识体系

条形基础钢筋构造知识体系，见表7－2－2。

表7－2－2　　条形基础钢筋构造知识体系

<table>
<tr><th>钢筋种类</th><th colspan="2">钢筋构造情况</th><th>16G101－3页码</th></tr>
<tr><td rowspan="5">基础梁钢筋</td><td rowspan="3">纵筋</td><td>非贯通筋</td><td>第79页</td></tr>
<tr><td>端部构造</td><td>第81页</td></tr>
<tr><td>有高差</td><td>第83页</td></tr>
<tr><td colspan="2">加腋</td><td>第80页</td></tr>
<tr><td colspan="2">箍筋</td><td>第80页</td></tr>
<tr><td rowspan="2">条基底板钢筋</td><td colspan="2">各种交接构造</td><td>第76～78页</td></tr>
<tr><td colspan="2">受力筋缩减</td><td>第78页</td></tr>
</table>

第三节　条形基础钢筋计算精讲

一、条形基础实例施工图

条形基础实例平面图，如图7－3－1所示。图中所有墙厚均为240，条基混凝土强度C30。

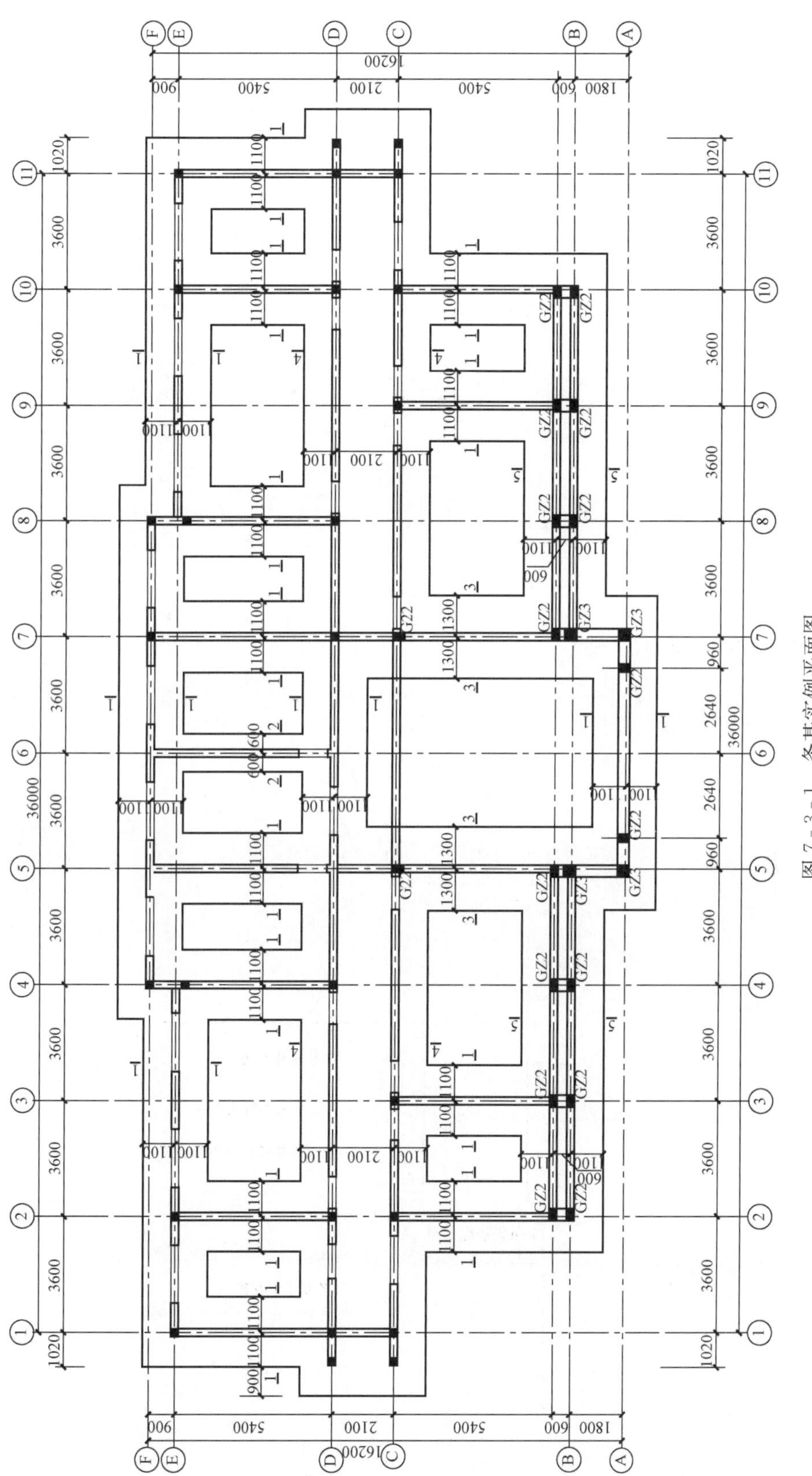

图 7-3-1　条基实例平面图

条形基础实例配筋详图，如图 7-3-2 所示。图中，墙厚 240，条基混凝土强度 C30。

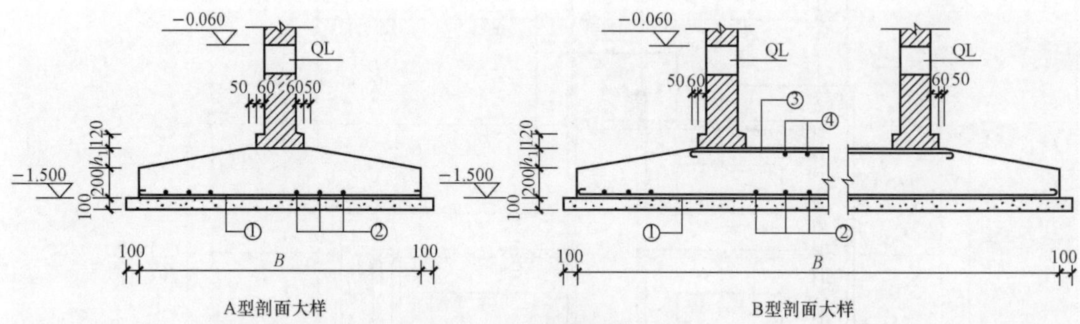

基础参数表

剖面号	类型	基础宽度B	h_1	配筋①	配筋②	配筋③	配筋④
1−1	A	2200	100	ϕ14@125	ϕ8@200		
2−2	A	1200	100	ϕ10@200	ϕ8@200		
3−3	A	2600	150	ϕ14@125	ϕ8@200		
4−4	B	4300	100	ϕ14@125	ϕ8@200	ϕ10@200	ϕ10@200
5−5	B	2800	100	ϕ14@125	ϕ8@200	ϕ10@200	ϕ10@200

图 7-3-2　条基实例配筋详图

二、条形基础实例钢筋计算

1. ①轴条基钢筋计算过程

①轴 1-1 条基钢筋计算过程，见表 7-3-1。

表 7-3-1　　**①轴 1-1 条基钢筋计算过程**

钢筋	计算过程	计算依据
计算参数	端部保护层＝20，起步距离＝min（75，$s/2$）	16G101-3 第 57、77 页
钢筋计算简图	5400 条基转角交接 条基底板受力筋 条基底板分布筋 (4−4条基宽度)/4 条基丁字交接	

续表

钢筋	计算过程	计算依据
底板受力筋	长度=2200−2×20+2×6.25×14 =2335（光圆钢筋端部加 6.25d 弯钩）	16G101－3 第 76 页
	根数=[5400+(4300/4)−min(75，125/2)]/125+1 =53	
底板分布筋	长度=5400−2200+2×20+2×150+2×6.25×8 =3640	
	根数=[2200−2×min(75，200/2)]/200+1 =12	
三维钢筋效果图	式中：6.25d 为光圆钢筋末端弯钩长度；分布筋长度中，“+2×20”，见下图 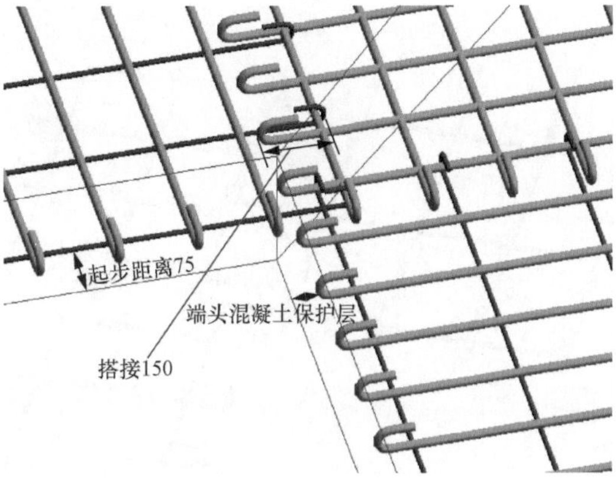 起步距离75 端头混凝土保护层 搭接150	

2. ②轴线Ⓑ-Ⓒ轴间的 1-1 条基钢筋计算过程

②轴线上Ⓑ-Ⓒ轴间的 1-1 条基，跟①轴 1-1 条基钢筋布置方式相同，只是轴线尺寸不同。

②轴线上Ⓑ-Ⓒ轴间的 1-1 条基钢筋计算过程，见表 7-3-2。

表 7-3-2　　②轴线上Ⓑ-Ⓒ轴间的 1-1 条基钢筋计算过程

钢筋	计算过程	计算依据
计算参数	端部保护层=20，起步距离=min(75，s/2)	
钢筋计算简图	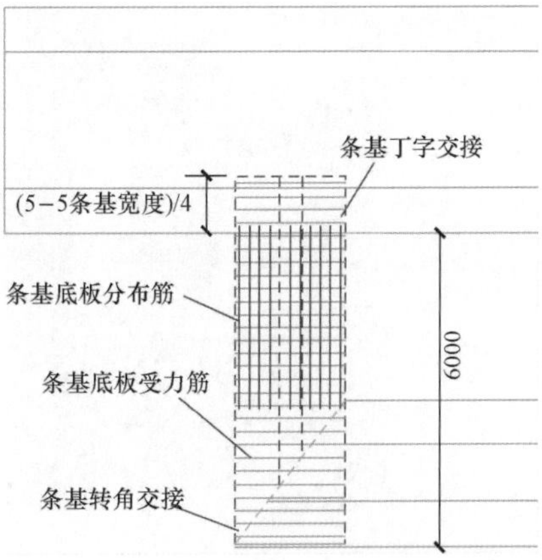 条基丁字交接 (5−5条基宽度)/4 条基底板分布筋 条基底板受力筋 条基转角交接 6000	

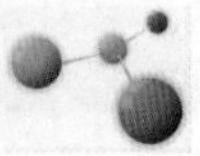

续表

钢筋	计算过程	计算依据
底板受力筋	长度＝2200－2×20＋2×6.25×14 ＝2335	16G101－3 第 76 页
	根数＝[6000＋(4300/4)－min(75,125/2)]/125＋1 ＝58	
底板分布筋	长度＝6000－2800＋2×20＋2×150＋2×6.25×8 ＝3640	
	根数＝[2200－2×min(75,200/2)]/200＋1 ＝12	
三维钢筋效果图	式中：6.25d 为光圆钢筋末端弯钩长度。分布筋长度中，“＋2×20”，见下图： 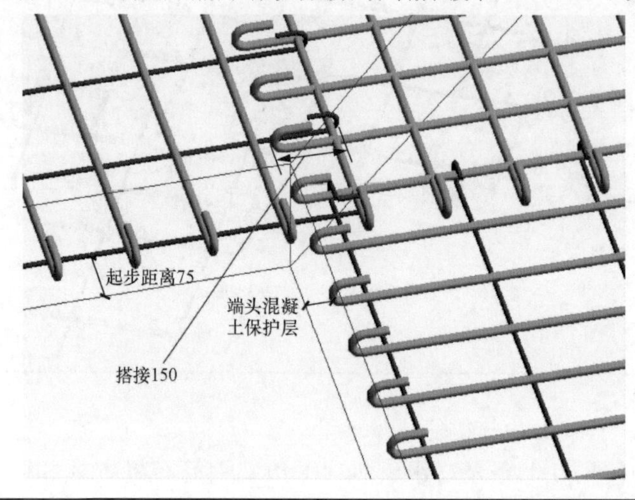 	

3. ④轴线上Ⓓ-Ⓕ间 1-1 条基钢筋计算过程

④轴线上Ⓓ-Ⓕ间 1-1 条基，与周边条基的交接情况，如图 7－3－3 所示。

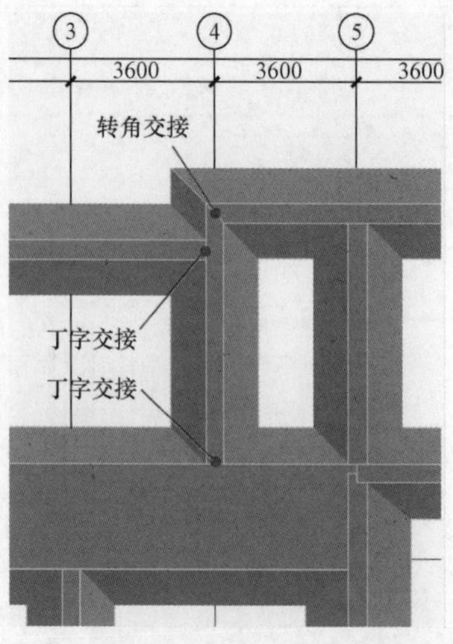

图 7－3－3　④轴线上Ⓓ-Ⓕ间 1-1 条基转角交接情况

④轴线上Ⓓ-Ⓕ间 1-1 条基钢筋计算过程，见表 7-3-3。

表 7-3-3　④轴线上Ⓓ-Ⓕ间 1-1 条基钢筋计算过程

钢筋	计算过程	计算依据
计算参数	端部保护层＝20，起步距离＝min(75，$s/2$)	
钢筋计算简图	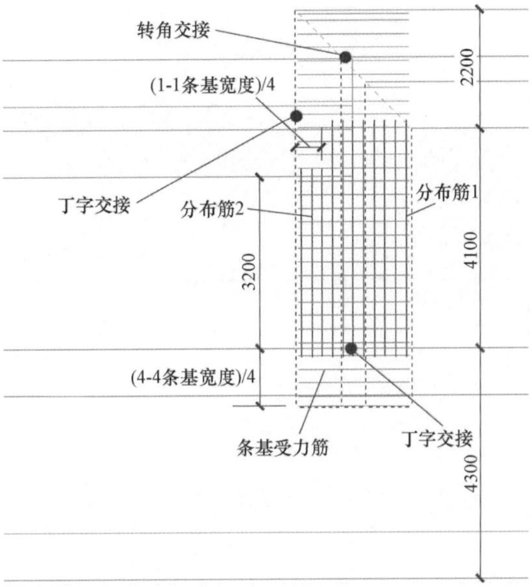 转角交接 (1-1条基宽度)/4 丁字交接 分布筋2 分布筋1 2200 4100 3200 (4-4条基宽度)/4 条基受力筋 丁字交接 4300	
底板受力筋	长度＝2200－2×20＋2×6.25×14 ＝2335	16G101-3 第 76 页
	根数＝[4100＋(4300/4)＋(2200/4)]/125＋1 ＝47	
底板分布筋 1	长度＝4100＋2×20＋2×150＋2×6.25×8 ＝4540	
	根数＝[2200－min(75,200/2)－2200/4]/200 ＝8（与分布筋 2 连续布置，故此处不＋1）	
底板分布筋 2	长度＝3200＋2×20＋2×150＋2×6.25×8 ＝3640	16G101-3 第 76 页
	根数＝[2200/4－min(75,200/2)]/200＋1 ＝4（与分布筋 1 连续布置，故此处＋1）	

续表

钢筋	计算过程	计算依据
三维钢筋效果图		

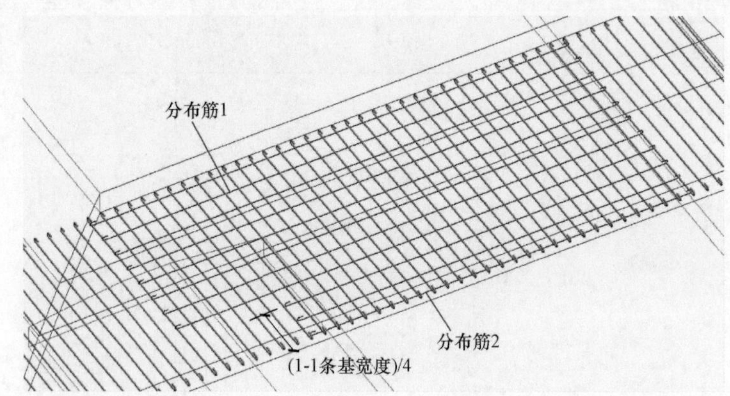

第八章

筏形基础构件

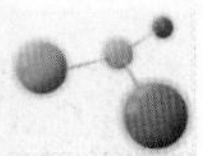

第一节　筏形基础钢筋计算知识体系

一、筏形基础钢筋计算知识体系

筏形基础钢筋计算的知识体系可以这样来分析：①筏形基础的分类；②筏形基础中都有哪些钢筋；③这些钢筋在实际工程中会遇到哪些情况。

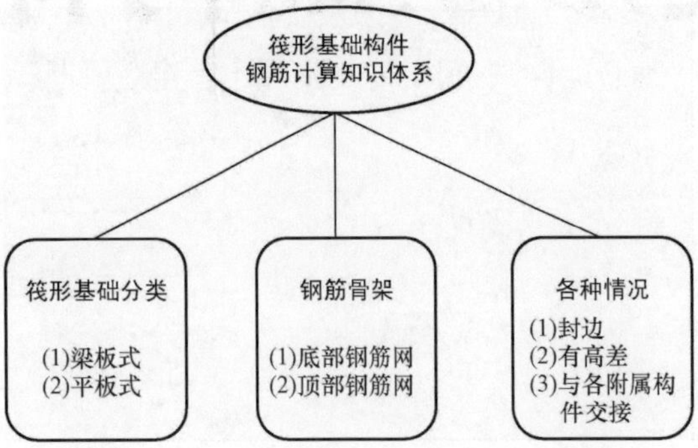

图 8-1-1 所示为理解筏形基础构件钢筋计算的思路，要形成这样的一幅蓝图，对筏形基础构件的钢筋计算有宏观的认识。同时，这也是学习平法钢筋计算的一种学习方法，就是要对知识点进行系统的梳理，形成条理，便于理解和掌握。

图 8-1-1　筏形基础钢筋计算知识体系

二、筏形基础的分类

筏形基础的分类，见表 8-1-1。

表 8-1-1　　筏形基础的分类

筏基类型		实例三维图
梁板式筏基		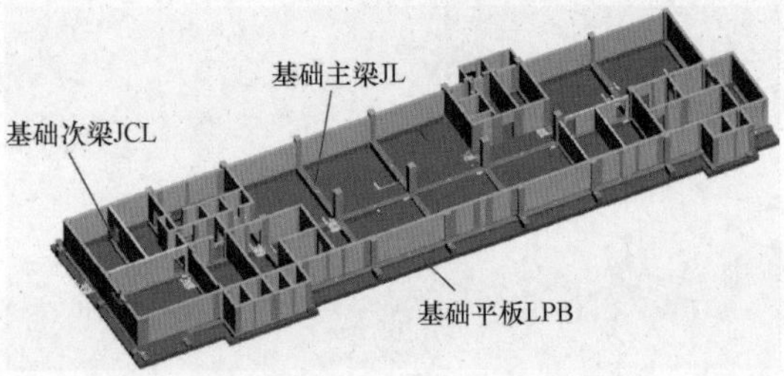
平板式筏基	由 X 向与 Y 向柱下板带和跨中板带构成的平板式筏基	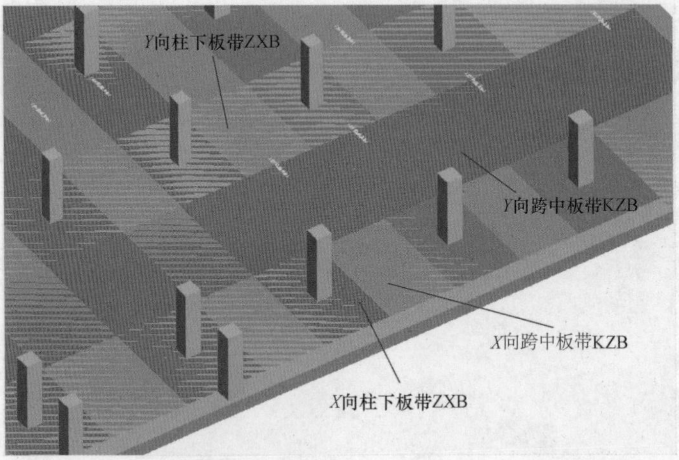

续表

筏基类型		实例三维图
平板式筏基	不划分板带的整体基础平板	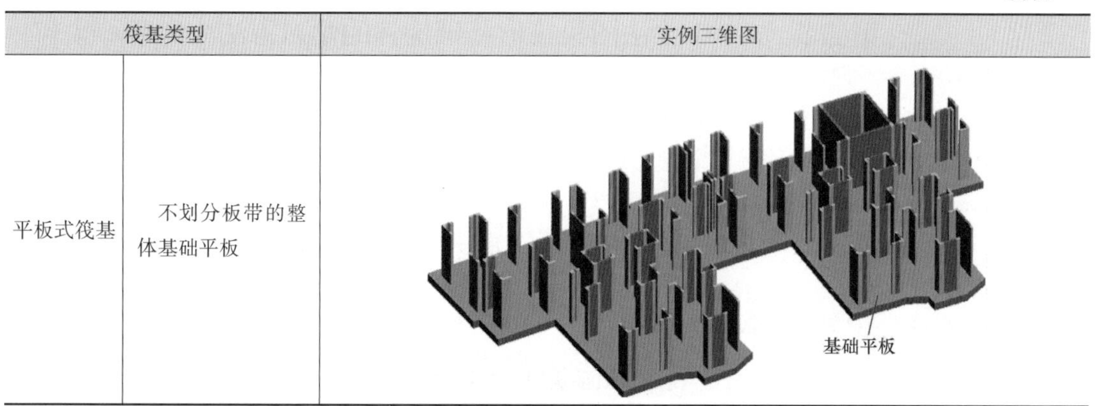

三、筏形基础钢筋骨架

筏形基础钢筋骨架，见表 8-1-2。

表 8-1-2　　筏形基础钢筋骨架

筏形基础构件	三维钢筋图示	图集出处
基础主梁	柱 上部下排钢筋:l_a 非贯通筋延伸长度max(l_n/3,l_n') 下部上排钢筋伸至尽端不弯折 外伸段 基础主梁JL	16G101-3 第 81 页
基础次梁	上部钢筋锚固≥12d且伸至主梁中心线 侧部构造筋锚固15d 侧部抗扭筋锚固l_a 基础次梁 底部非贯通筋断点 下部钢筋伸至主梁对边弯折15d 基础主梁	16G101-3 第 85 页
筏基平板	基础梁 柱 钢筋弯折12d 筏板外伸	16G101-3 第 89 页

第二节　G101 平法图集筏形基础构件的学习方法

G101 平法图集由“制图规则”和“构造详图”两部分组成，通过学习制图规则来识图，通过学习构造详图来了解钢筋的构造及计算。

一、筏形基础平法识图知识体系

梁板式筏形基础的基础主梁和基础次梁的平法知识体系，见本书第一章梁构件，此处只讲解筏形基础平板。

筏形基础平法识图知识体系，见表 8-2-1。

表 8-2-1　　筏形基础平法识图知识体系

<table>
<tr><th colspan="3">筏形基础识图知识体系</th><th>16G101-3 页码</th></tr>
<tr><td>平法表达方式</td><td colspan="2">平面注写方式</td><td>第 33～37 页</td></tr>
<tr><td rowspan="3">数据项</td><td colspan="2">编号</td><td rowspan="3">第 33～37 页</td></tr>
<tr><td colspan="2">截面尺寸</td></tr>
<tr><td colspan="2">配筋</td></tr>
<tr><td rowspan="4">数据注写方式（平面表达方式）</td><td rowspan="3">集中标注</td><td>编号</td><td rowspan="3">第 33～34 页</td></tr>
<tr><td>截面尺寸</td></tr>
<tr><td>配筋</td></tr>
<tr><td>原位标注</td><td>附加非贯通筋</td><td>第 34 页</td></tr>
</table>

二、筏形基础钢筋构造知识体系

梁板式筏形基础的基础主梁和基础次梁的平法知识体系，见本书第一章梁构件，此处只讲解筏形基础平板。

筏形基础钢筋构造知识体系，见表 8-2-2。

表 8-2-2　　筏形基础钢筋构造知识体系

<table>
<tr><th>钢筋种类</th><th colspan="2">钢筋构造情况</th><th>16G101-3 页码</th></tr>
<tr><td rowspan="5">底部及顶部贯通筋</td><td rowspan="2">端部</td><td>无外伸</td><td>第 89 页</td></tr>
<tr><td>有外伸</td><td>第 89 页</td></tr>
<tr><td rowspan="2">中间区域</td><td>板顶有高差</td><td>第 89 页</td></tr>
<tr><td>板底有高差</td><td>第 89 页</td></tr>
<tr><td colspan="2">封边构造</td><td>第 93 页</td></tr>
<tr><td colspan="3">附加非贯通筋</td><td>第 88 页</td></tr>
<tr><td colspan="3">筏板与各类基础连接</td><td>第 110 页</td></tr>
</table>

第三节　筏形基础钢筋计算精讲

一、筏形基础实例施工图

筏形基础实例施工图，如图 8－3－1 所示。

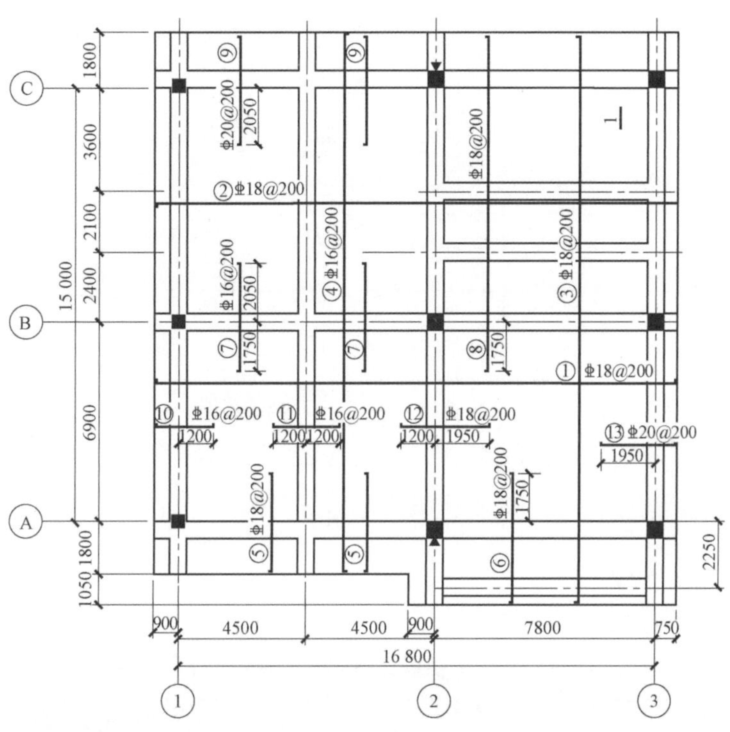

说明：

1. 材料：混凝土C30，设计抗渗等级S6，素混凝土垫层C15。
2. 钢筋构造措施见标准图11G101-3。
3. 支承马凳采用Φ14@1000,未注明分布筋采用Φ10@200。
4. 未注明基础主梁为600×900、基础次梁为500×800。

Ⓐ、Ⓒ轴线偏心尺寸50/550。

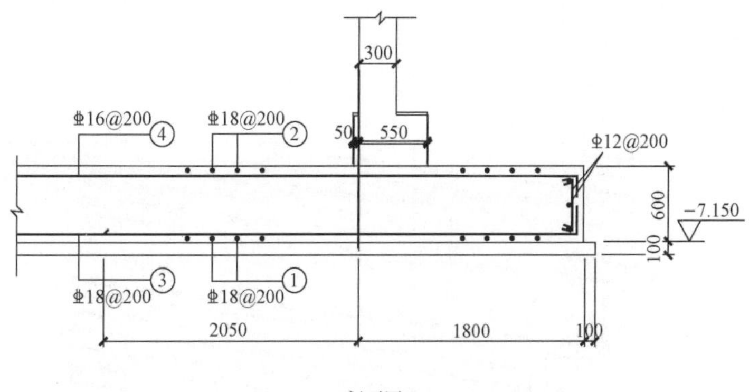

1—1剖面图

图 8－3－1　筏形基础实例施工图

二、筏形基础实例钢筋计算过程

本筏形基础实例为梁板式筏形基础，其中基础主梁和基础次梁的钢筋计算，详见本书第一章梁构件，此处只讲解筏形基础平板部分。

1. X 向通长筋计算简图

X 向通长筋计算简图，如图 8-3-2 所示。

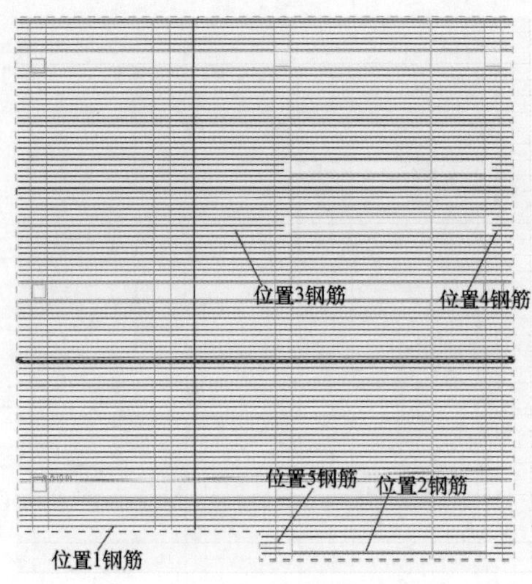

图 8-3-2　X 向钢筋计算简图

2. X 向通长筋计算过程

X 向通长筋计算过程，见表 8-3-1。

表 8-3-1　　X 向通长筋计算过程

钢筋	计算过程	计算依据
计算参数	端部保护层＝20，钢筋定尺长度＝9000	16G101-3 第 57 页
位置 1 钢筋（X 向下部通长筋）	长度＝16800＋900＋750－2×20＋2×12d ＝16800＋900＋750－2×20＋2×12×18 ＝18842 焊接接头个数＝18842/9000－1＝2	16G101-3 第 89 页
位置 1 钢筋（X 向上部通长筋）	长度＝16800＋900＋750－2×20＋2×12d ＝16800＋900＋750－2×20＋2×12×18 ＝18842 焊接接头个数＝18842/9000－1＝2	

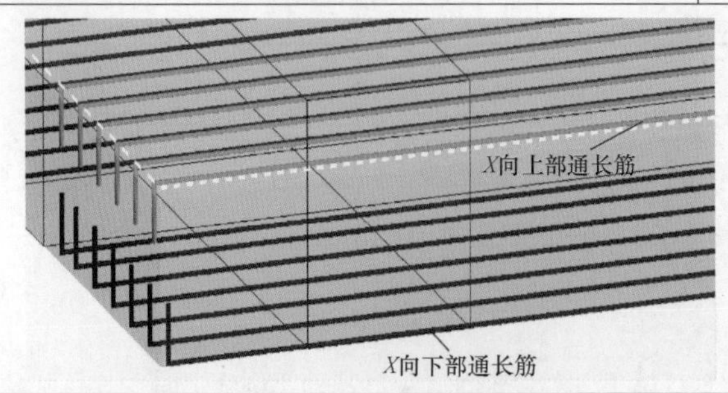

续表

钢筋	计算过程	计算依据
位置1钢筋Ⓐ—Ⓑ轴间根数	根数=[6900−300−50−2×min(200/2，75)]/200+1 =33（筏板钢筋在基础梁间的净空范围布置）	起步距离 $s/2$ 且≤75 16G101-3第89页
位置2钢筋（X向下部及上部通长筋）	长度=7800+900+750−2×20+2×12d =7800+900+750−2×20+2×12×18 =9842 根数排布至基础梁边，计算过程略	16G101-3第89页

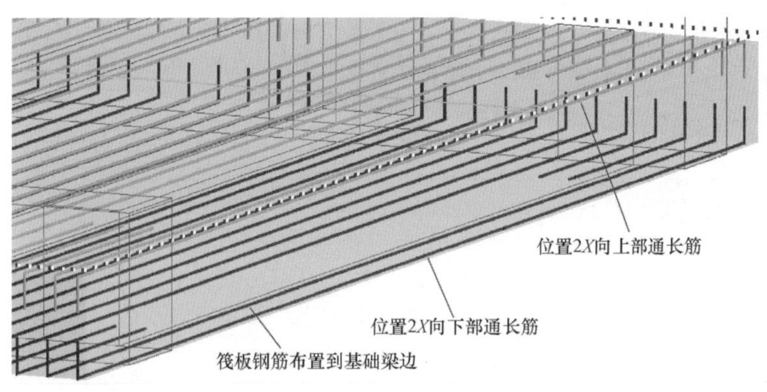

钢筋	计算过程	计算依据
位置3钢筋（X向下部及上部通长筋）	长度=4500×2+900−20+12d−300+l_a =4500×2+900−20+12×18−300+35×18 =10446 焊接接头个数=10446/9000−1=1 根数排布至基础梁边，计算过程略	16G101-3第89页，16G101-3第59页查表得 l_a=35d

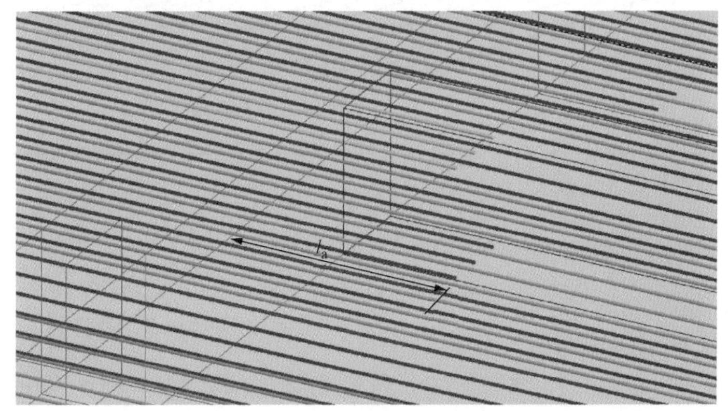

钢筋	计算过程	计算依据
位置4钢筋（X向下部及上部通长筋）	长度=750−20+12d−300+l_a =750−20+12×18−300+35×18 =1276 根数排布到基础梁边，计算过程略	16G101-3第89页

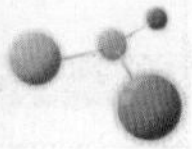

续表

钢筋	计算过程	计算依据
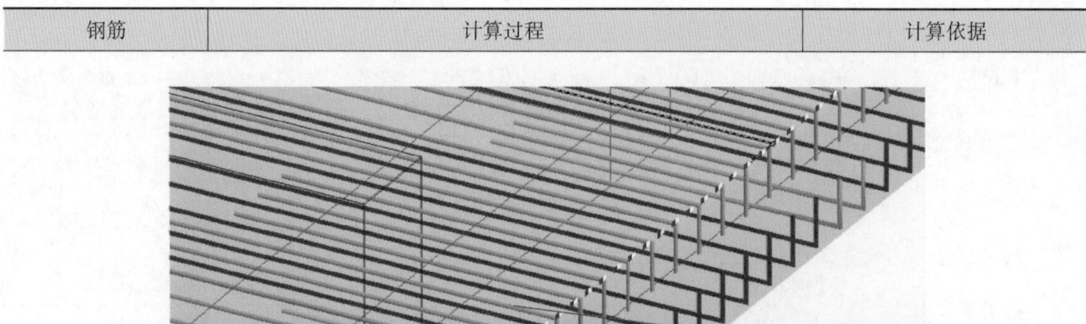		
位置 5 钢筋（X 向下部及上部通长筋）	长度＝900－20＋12d－300＋l_a ＝900－20＋12×18－300＋35×18 ＝1426	16G101－3 第 89 页
	根数排布到基础梁边，计算过程略	

3.*Y* 向通长筋计算

Y 向底部及顶部通长筋计算方法，可参照 *X* 向通长筋，本例不再重复，请读者自行练习。

4. 底部非贯通筋计算过程

本例中，底部非贯通筋以基础边缘的 5 号钢筋和中间区域的 12 号钢筋为例，其余非贯通筋请读者自行练习，钢筋计算过程见表 8－3－2。

表 8－3－2　　底部非贯通筋计算过程

钢筋	计算过程	计算依据
计算参数	端部保护层＝20，钢筋定尺长度＝9000	16G101－3 第 57 页

续表

<table>
<tr><th>钢筋</th><th>计算过程</th><th>计算依据</th></tr>
<tr><td rowspan="2">5 号钢筋</td><td>长度=1750+1800−20+12d
=3746</td><td rowspan="2">16G101-3 第 89 页</td></tr>
<tr><td>①—⑫轴间根数
=[4500−250−300−2×min(200/2，75)]/200+1
=20</td></tr>
</table>

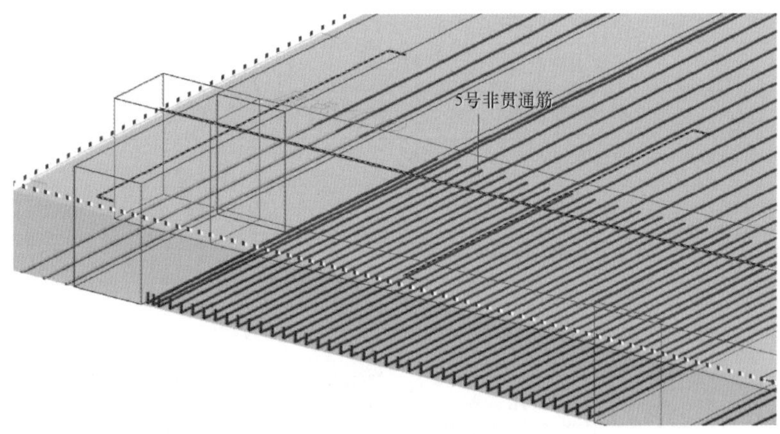

<table>
<tr><td rowspan="2">12 号钢筋</td><td>长度=1200+1950
=3150</td><td rowspan="2">16G101-3 第 89 页</td></tr>
<tr><td>Ⓐ—Ⓑ轴间根数
= [6900−300−50−2×min (200/2，75)]/200+1
=33</td></tr>
</table>

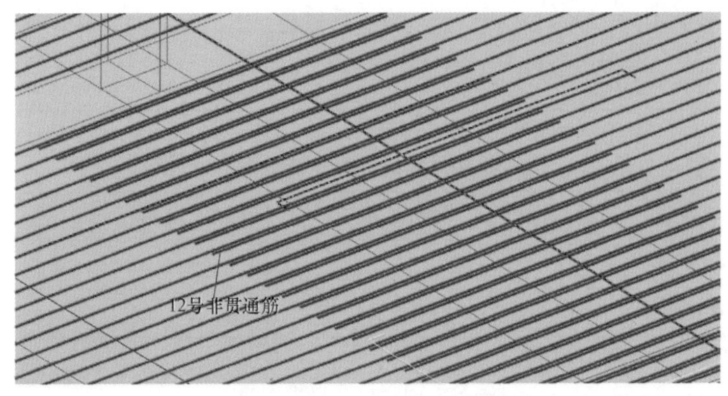

附录A　G101平法钢筋计算总结大表

附表 A-1　梁构件钢筋计算总结大表

项　　目	出　处
上部通长筋总结	表 1-3-35
侧部钢筋总结	表 1-3-48
下部钢筋总结	表 1-3-68
支座负筋总结	表 1-3-83
箍筋总结	表 1-3-86
吊筋总结	表 1-3-89
楼层框架梁和屋面框架梁的区别	表 1-4-3
屋面框架梁总结	表 1-4-19
框支梁钢筋计算总结	表 1-5-4
非框架梁钢筋计算总结	表 1-6-14
悬挑梁钢筋计算总结	表 1-7-16
16G101-3 基础主梁和基础次梁总结	表 1-8-19
承台梁、基础连梁钢筋总结	表 1-9-12

附表 A-2　柱构件钢筋计算总结大表

项　　目	出　处	项　　目	出　处
柱插筋总结	表 2-2-1	顶层框架柱钢筋计算总结	表 2-4-13
中间层框架柱钢筋计算总结	表 2-3-21		

附表 A-3　板构件钢筋计算总结大表

项　　目	出　处	项　　目	出　处
板底钢筋计算总结	表 3-2-14	支座负筋计算总结	表 3-4-17
板顶钢筋计算总结	表 3-3-13		

附表 A-4　墙构件钢筋计算总结大表

项　　目	出　处	项　　目	出　处
墙身水平筋计算总结	表 4-2-20	墙柱钢筋计算总结	表 4-4-16
墙身竖向筋计算总结	表 4-3-19	墙梁钢筋计算总结	表 4-5-16

附录B 关于16G101新平法图集的相关变化

序号	项目	11G101	16G101
1	锚固长度	—	—
2	抗震搭接长度	按 1.2、1.4、1.6 计算	不允许 100%搭接
3	基础构件混凝土保护层	—	减少
4	偏心条基缩减		单侧>=1250 才缩减
5	基础梁外伸封边	按筏基封边	取消封边
	条基分布筋转角处搭接	与受力筋搭接 150	从构件边缘算起 150
6	边缘构件插筋	全部插至基础底部	满足条件时仅角筋插至基础底部
7	梁上柱插筋构造	底部弯折 $12d$	底部弯折 $15d$
8	柱箍筋加密	跃层柱	单边跃层柱
9	柱变截面纵筋		弯折位置调下
10	剪力墙插筋	全部插至基础底部	间隔插至基础底部
11	墙插筋底部弯折	$6d$	max（$6d$，150）
	墙柱插筋	同墙身竖向筋	单列墙柱插筋构造
12	剪力墙拉筋形式	两端 135°	两端 135°或一端 90°
13	墙水平筋端部无暗柱	两种构造	一种构造
14	水平筋与拐角暗柱	12G901	同端部直形暗柱
15	连续墙与端柱	水平筋连续通过端柱	可每跨锚固
16	墙水平筋与端柱	可直锚但必须伸至对边	可直锚
17	300～800 圆洞	6 根斜补强筋	4 根补强筋+1 根环形加强筋
18	LLk	无	增加 LLk 构件
19	非框架梁下部纵筋弯锚	$15d$	$7.5d/9d$
20	受扭非框架梁	—	锚固长度比普通非框架梁大
21	竖向折梁钢筋弯折长度	$10d$	$20d$
22	框架梁变截面	低跨钢筋直锚>=l_{aE}	低跨钢筋直锚 max（$0.5h_c+5d$，l_{aE}）
23	框架梁纵筋锚固起算位置	—	当上层柱截面小于下层柱时，梁上部钢筋锚固起算点按上层柱边，下部钢筋锚固起算位置按下层柱边
24	悬挑梁上部纵筋直锚	可以直锚	要伸至对边弯折

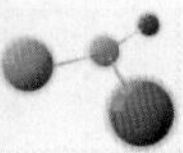

续表

序号	项目	11G101	16G101
25	Lg 梁	—	新增
26	非框架梁顶部有高差	分断开和斜弯通过	不区分高差，都断开
27	悬挑梁上部双排筋，且当 $l<5h_b$	—	钢筋全部伸至端部弯折 $12d$
28	纯悬挑梁上部筋直锚	可以直锚	—
29	悬挑梁下部钢筋	—	能连通时可与里跨下部筋连通设置
30	转换层板	下部钢筋锚固 l_a	下部钢筋直锚 l_a，弯锚伸至对边弯折 $15d$

参　考　文　献

[1] 中国建筑标准设计研究院．16G101－1混凝土结构施工图平面整体表示方法制图规则和构造详图（现浇混凝土框架、剪力墙、梁、板）．北京：中国计划出版社，2016.

[2] 中国建筑标准设计研究院．16G101－3混凝土结构施工图平面整体表示方法制图规则和构造详图（独立基础、条形基础、筏形基础及桩基承台）．北京：中国计划出版社，2016.

[3] 国家标准设计研究院．12G901－1混凝土结构施工图钢筋排布规则与构造详图（现浇混凝土框架、剪力墙、梁、板）．北京：中国计划出版社，2012.